零点起飞学

UG NX 8.5
辅助设计

◎谢丽华 编著

清华大学出版社

北 京

内 容 简 介

UG（Unigraphics NX）为产品设计及加工过程提供了数字化造型和验证手段，针对用户的虚拟产品设计和工艺设计的需求，提供了经过实践验证的解决方案。

本书以最新版的 UG NX 8.5 软件为操作平台，将基本界面、草图、曲线、建模、曲面、装配和工程图所涉及的常用知识系统分为 7 章讲解，在 8、9 章通过对电蚊香和齿轮泵两个综合案例的讲解，使理论知识和工程实际紧密结合。

本书重点突出，对每一个实例都有详细的讲解，内容由浅到深，从易到难，各章节既相互独立又前后关联，语言浅显易懂，简练流畅，实用性强，可操作性高，不仅教会用户怎么使用软件，更重要的是体现一种创新性的思维方式。

本书适合作为各大中专院校的机械类或近机类学生的专业教材，也可以作为读者自学教程及专业人员的参考手册。

图书在版编目（CIP）数据

零点起飞学 UG NX 8.5 辅助设计 / 谢丽华编著. —北京：清华大学出版社，2014
（零点起飞）
ISBN 978-7-302-33922-9

Ⅰ. ①零…　Ⅱ. ①谢…　Ⅲ. ①计算机辅助设计 – 应用软件　Ⅳ. ①TP391.72

中国版本图书馆 CIP 数据核字（2013）第 220425 号

责任编辑：袁金敏
封面设计：张　洁
责任校对：胡伟民
责任印制：何　芊

出版发行：清华大学出版社
　　　　　网　　址：http：//www.tup.com.cn，http：//www.wqbook.com
　　　　　地　　址：北京清华大学学研大厦 A 座　　　邮　　编：100084
　　　　　社 总 机：010-62770175　　　　　　　　　邮　　购：010-62786544
　　　　　投稿与读者服务：010-62776969，c-service@tup.tsinghua.edu.cn
　　　　　质 量 反 馈：010-62772015，zhiliang@tup.tsinghua.edu.cn
印 刷 者：三河市君旺印装厂
装 订 者：三河市新茂装订有限公司
经　　销：全国新华书店
开　　本：185mm×260mm　　　　印　张：27　　　　字　　数：675 千字
　　　　　（附光盘 1 张）
版　　次：2014 年 6 月第 1 版　　　　　　　　　印　　次：2014 年 6 月第 1 次印刷
印　　数：1～3500
定　　价：69.00 元

产品编号：053249-01

前　　言

基本内容

UG（Unigraphics NX）是 Siemens PLM Software 公司推出的一产品工程解决方案，它为用户的产品设计及加工过程提供了数字化造型和验证手段。Unigraphics NX 针对用户的虚拟产品设计和工艺设计的需求，提供了经过实践验证的解决方案。Unigraphics NX 8.5（简称 UG NX 8.5）是 Siemens PLM Software 公司在 2012 年 12 月推出的产品全生命周期管理软件，它在设计、仿真及制造上的功能都有所增强。

本书针对入门读者的学习特点，结合了作者多年使用 UG 的教学和实践经验，以常用产品为例，由浅入深、图文并茂，详细地介绍了 UG NX 8.5 的草图绘制方法、特征建模、装配设计及工程图等方面的内容。在讲解过程中通过大量实例操作，使用户循序渐进地熟悉软件、学习软件、掌握软件。每章都从工具开始介绍，结合案例解析，最后通过上机练习，使理论与实践紧密结合，本书分 9 章。

第 1 章介绍 UG NX 8.5 中文版的基本应用模块、工作界面、基本操作及常用工具。

第 2 章介绍了草图基本知识、绘制草图的基本几何体及其他草图工具，草图几何约束和尺寸约束的相关知识。

第 3 章对曲线的基本知识、绘制和编辑曲线的工具进行详细描述。

第 4 章介绍了实体建模的相关内容，包括基本知识、基准特征、基本特征建模、基于曲线的建模、特征操作及编辑特征。

第 5 章对自由曲面建模的方法进行阐述，包括曲面工具、编辑曲面工具。

第 6 章介绍了装配的功能，包括装配导航器、装配命令及转配检验。采用最常见的减速箱装配来进一步学习。

第 7 章介绍了 UG 制图模块的使用，涉及工程图参数设置、视图的基本操作、标注工具，并通过阶梯轴和支架工程图案例说明工程图模块的操作。

第 8 章通过生活中常见的液体电蚊香案例，系统地论述了自底向上装配设计的过程。

第 9 章介绍了机械行业中被广泛应用的齿轮泵的建模过程，通过该案例帮助用户进一步熟悉和学习 UG 的建模和装配方法。

主要特点

本书作者是长期使用 UG 进行教学、科研和实际生产工作的教师或工程师，有着丰富的教学和编著经验。在内容编排上，按照用户学习的一般规律，结合大量实例讲解操作步骤，能够使用户快速、真正地掌握 UG 软件的使用。

本书具有以下鲜明的特点：

- ❏ 从零开始，轻松入门；
- ❏ 图解案例，清晰直观；
- ❏ 图文并茂，操作简单；
- ❏ 实例引导，专业经典；
- ❏ 学以致用，注重实践。

读者对象

- ❏ 学习 UG 设计的初级用户
- ❏ 具有一定 UG 基础知识、希望进一步深入掌握模具设计的中级用户
- ❏ 大、中专院校机械相关专业的学生
- ❏ 从事产品设计、三维建模及机械加工的工程技术人员

本书既可以作为院校机械专业的教材，也可以作为用户自学教程，同时也非常适合作为专业人员的参考手册。

为了方便用户学习，本书配套提供了资料光盘，其中包含本书主要实例源文件，这些文件都保存在与章节相对应的文件夹中。

本书由谢丽华主编，由宋一兵主审，参与编写的还有刘文莲、康鹏桂、韩远飞、马荣林、贾曲萧、尚苑、刘志强、管殿柱、王献红、付本国、赵秋玲、赵景波、张洪信、谈世哲等。

感谢您选择了本书，希望我们的努力对您的工作和学习有所帮助，也希望您对本书提出意见或建议。

零点工作室网站地址：www.zerobook.net
零点工作室联系信箱：gdz_zero@126.com

零点工作室
2013 年 10 月

目　　录

第 1 章　UG NX 8.5 基础

UG（Unigraphics NX）是 Siemens PLM Software 公司推出的一个产品工程解决方案，它为用户的产品设计及加工过程提供了数字化造型和验证手段。Unigraphics NX 针对用户的虚拟产品设计和工艺设计需求，提供了经过实践验证的解决方案。本章主要介绍 NX 8.5 的工作界面及主要操作命令，系统参数设计的方法，在 UG 中常用到的工具、菜单的使用方法和图层设置的方法。

1.1　UG NX 8.5 的简介

UG NX 8.5 软件采用复合建模技术，其中融合了实体建模、曲面建模和参数化建模等多方面的技术，提供了一个基本虚拟产品开发环境，使产品从设计到真正的加工实现了数据的无缝集成，从而优化了企业的产品设计与制造。

该软件不仅具有强大的实体造型、曲面造型、虚拟装配和工程图设计等功能模块，而且在设计过程中可进行有限元分析、机构运动分析、动力学分析和仿真模拟，从而提高了设计的可靠性。同时，可用建立的三维模型直接生成数控代码，用于产品的加工，其后处理程序支持多种类型数控机床。

1960 年，McDonnell Douglas Automation 公司成立。

1976 年，收购了 Unigraphics CAD/CAE/CAM 系统的开发商——United Computer 公司，UG 的雏形问世。

1983 年，UG 上市。

1986 年，Unigraphics 吸取了业界领先的、为实践所证实的实体建模核心——Parasolid 的部分功能。

1989 年，Unigraphics 宣布支持 UNIX 平台及开放系统的结构，并将一个新的与 STEP 标准兼容的三维实体建模核心 Parasolid 引入 UG。

1990 年，Unigraphics 作为 McDonnell Douglas（现在的波音飞机公司）的机械 CAD/CAE/CAM 的标准。

1991 年，Unigraphics 开始了从 CAD/CAE/CAM 大型机版本到工作站版本的转移。

1993 年，Unigraphics 引入复合建模的概念，初步实现了实体建模、曲线建模、框线建模、半参数化及参数化建模融为一体。

1995 年，Unigraphics 首次发布了 Windows NT 版本。

1996 年，Unigraphics 发布了能自动进行干涉检查的高级装配功能模块、最先进的 CAM 模块及具有 A 类曲线造型能力的工业造型模块，它在全球迅猛发展，占领了巨大的市场份额，已经成为高端及商业 CAD/CAE/CAM 应用开发的常用软件。

1997 年，Unigraphics 新增了包括 WAVE（几何链接器）在内的一系列工业领先的新增功能。WAVE 这一功能可以定义、控制、评估产品模板，被认为是在未来几年业界最有影响的新技术。

2000 年，Unigraphics 发布了新版本的 UG17，使 UGS 成为工业界第一个可以装载包含深层嵌入"基于工程知识"（KBE）语言的世界级 MCAD 软件产品的供应商。

2001 年，Unigraphics 发布了新版本 UG18，新版本对旧版本的对话框进行了调整，使得在最少的对话框中能完成更多的工作，从而简化了设计。

2002 年，Unigraphics 发布了 UG NX 1.0.新版本继承了 UG18 的优点，改进和增加了许多功能，使其功能更强大、更完美。

2003 年，Unigraphics 发布了新版本 UG NX 2.0。新版本基于最新的行业标准，它是一个全新支持 PLM 的体系结构。EDS 公司同其主要客户一起设计了这样一个先进的体系结构，用于支持完整的产品工程。

2004 年，Unigraphics 发布了新版本的 UG NX 3.0，它为用户的产品设计与加工过程提供了数字化造型和验证手段，它针对用户的虚拟产品的设计和工艺设计的需要，提供经过实践验证的解决方案。

2005 年，Unigraphics 发布了新版本的 UG NX 4.0，它是崭新的 NX 体系结构，使得开发与应用更加简单和快捷。

2007 年 04 月，UGS 公司发布了 NX 5.0，它是 NX 的下一代数字产品开发软件，帮助用户以更快的速度开发创新产品，实现更高的成本效益。

2008 年 06 月，Siemens PLM Software 发布 NX 6.0，建立在新的同步建模技术基础之上的 NX 6 将在市场产生重大影响。同步建模技术的发布标志着 NX 的一个重要里程碑，并且向 MCAD 市场展示 Siemens 的郑重承诺。NX 6 将促进重要客户生产力的极大提高。

2009 年 10 月，Siemens PLM Software 推出 NX 7.0，它引入了"HD3D"（三维精确描述）功能，即一个开放、直观的可视化环境，有助于全球产品开发团队充分发掘 PLM 信息的价值，并显著提升其制定卓有成效的产品决策能力。此外，NX 7.0 还新增了同步建模技术的增强功能。修复了很多 6.0 所存在的漏洞，稳定性方面较 6.0 也有很大提升。

2010 年 5 月 20 日 Siemens PLM Software 在上海世博会发布了功能增强的 NX7 最新版本（NX 7.5），NX GC 工具箱将作为 NX 7 最新版本的一个应用模块与 NX 7 同步发布。NX GC 工具箱是为满足中国用户对 NX 特殊需求推出的本地化软件工具包。在符合国家标准（GB）基础上，NX GC 工具箱做了进一步完善和大量的增强工作。

2011 年 09 月 Siemens PLM Software 发布了 UG 8.0。

2012 年 10 月 Siemens PLM Software 发布了 UG 8.5。

1.2 NX 基础应用模块

UG NX 8.5 功能强大，包括许多功能模块，其中涉及工业设计及制造的多个领域。它通过不同的功能模块实现不同的用途，如创建几何体、构建装配体和生成图纸等。

1.2.1　基本环境

NX 的功能模块由一个为基本环境所必备应用模块提供支持。每个 NX 用户都必须安装这个基本环境。用户根据各自不同的需求，可以选择性地配置其他功能模块。基本环境包括打开、创建、存储等文件操作；着色、消隐、缩放等视图操作；视图布局；图层管理；绘图及绘图机队列管理等基本操作。

当用户新建文档时选择了空白模板，或者打开旧的文档，就会进入 NX 的基本环境，如图 1-1 所示。

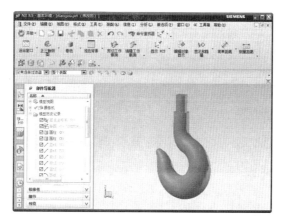

图 1-1　基本环境的界面

1.2.2　建模模块

UG NX 8.5 建模模块提供了一个实体建模环境，用户可以快速地进行概念设计，也可以交互式地创建和编辑部件几何体，通过向模型添加特征来创建实体模型。

建模模块提供设计产品几何结构的各类工具，包括草图设计、曲线生成及编辑、标准设计特征的生成和编辑，如图 1-2 所示。

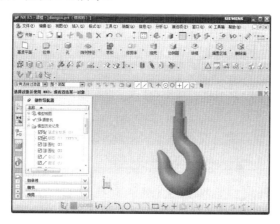

图 1-2　建模模块的界面

1.2.3　装配模块

UG NX 8.5 装配模块提供并行的自上而下和自下而上的产品开发方法，装配模型中零件数据是对零件本身的链接映像，保证装配模型和零件设计完全双向相关，并改进了软件操作性能，减少了对存储空间的需求，零件设计修改后装配模型中的零件会自动更新，同时可在装配环境下直接修改零件设计。

装配作为一个可开启或关闭的应用模块显示在应用模块工具条中，开启装配功能界面如图 1-3 所示。

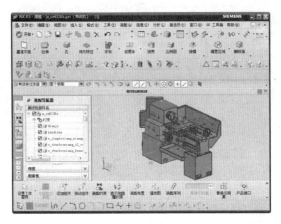

图 1-3　开启装配功能界面

1.2.4　制图模块

通过 UG NX 8.5 制图模块可创建和 3D 模型完全关联的 2D 文档。制图模块提供了自动视图布置、剖视图、各向视图、局部放大图、局部剖视图、自动、手工尺寸标注、形位公差、粗糙度符合标注、标准汉字输入、视图手工编辑、装配图剖视、爆炸图、明细表自动生成等工具。制图模块界面如图 1-4 所示。

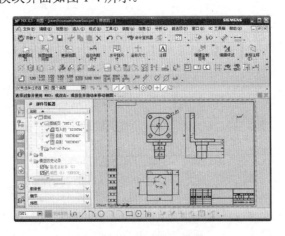

图 1-4　制图模块的界面

1.3　工 作 界 面

启动 UG NX 8.5 中文版有以下两种方法。

❑　双击桌面上 UG NX 8.5 快捷方式图标 。

执行【开始】/【所有程序】/【Siemens NX 8.5】/【NX 8.5】命令，启动 UG NX 8.5
中文版。

UG NX 8.5 中文版启动界面如图 1-5 所示，在该界面可以进行文件的新建或打开操作，
并且在图形窗口中解释了 NX 系统的基本概念。

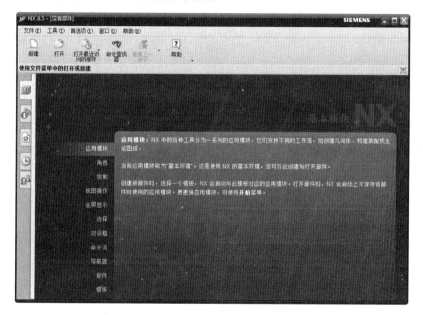

图 1-5　NX 的启动界面

1.3.1　操作界面

单击工具条上的【新建】按钮 ，弹出【新建】对话框，选择【模型】模板，单击【确
定】按钮 ，进入建模模块的界面，如图 1-6 所示。

该界面主要由标题栏、菜单栏、工具栏、提示栏、选择栏、状态栏、绘图区和资源
条组成。

❑　标题栏

标题栏显示软件的版本、当前所进入的模块、新建的文件名。对于未被保存的数据，
在文件名后显示"修改的"。在右边有三个按钮，分别为【最小化】按钮 、【最大
化】按钮 及【关闭】按钮 ，分别对应整个 UG NX 8.5 程序窗口进行相应的操作。

❑　菜单栏

菜单栏包含当前模块下可以使用的命令。每一个模块对应不同的命令，用户可以自

行定制。对当前文件进行【最小化】、【最大化】及【关闭】操作。

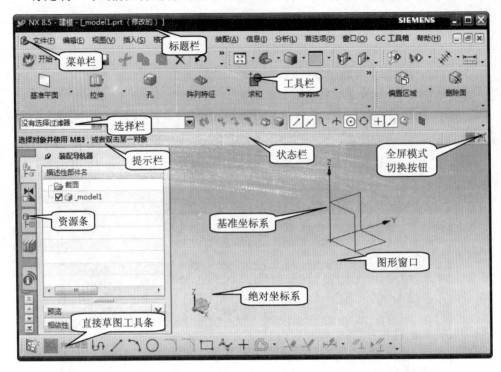

图 1-6　建模模块界面

❑ 工具栏

工具栏用于显示下拉菜单中的命令，方便用户调用功能命令。所显示的工具栏及工具栏中的命令受"角色"影响。用户可以根据使用情况自定义工具栏所显示的命令。将鼠标悬停在工具栏中的任何命令上，会出现与之相关的简单提示信息，如图 1-7 所示。在这些信息的帮助下，用户可以快速了解各命令的功能。

❑ 选择栏

用户通过选择栏中的相应选择按钮过滤需要选择的对象。

❑ 提示栏

提示栏中提示用户如何操作调用的命令。

❑ 状态栏

状态栏中显示用户选择的对象名称。

❑ 绘图区

绘图区是建模、装配、绘图、分析的主要区域。

❑ 资源条

资源条包括上网导航、部件导航器、装配导航器、重用库、历史记录、系统材料、角色和系统化可视场景等。

1.3.2 【拉伸】命令对话框

UG NX 8.5 中的多数命令对话框均专注于任务，并通过自上向下的工作流展现选项。

如图 1-8 所示的【拉伸】命令对话框。选项是成组展现的，用户可以展开或折叠组。

图 1-8 【拉伸】命令对话框

图 1-7 相关命令的信息帮助

📖 【确定】和【应用】按钮仅在命令的所有必需操作均完成时可用。如果调整对话框大小，不会在关闭此对话框之后保留定制大小。

❑ 折叠或者展开组
单击选项组的标题可以折叠或者展开对话框组。

❑ 对话框中的视觉提示
对话框的当前选项会以橙色高亮显示。在图形窗口中为当前选择选项所选的对象以选择颜色显示。

❑ 红色星号 ✳ 图标
表示尚未选择必需的选项。

❑ 绿色对勾 ✔ 图标
表示用户已作出或软件已自动判断出必需的选择。

❑ 绿色🖾
表示下一个默认操作。
单击 ∨∨∨ 按钮可查看所有对话框选项。单击 ∧∧∧ 按钮可查看较少的对话框选项。
单击鼠标中键接受默认操作并前进至下一步。

❑ 重置对话框
如果展开或折叠某个对话框中的成组选项，或者更改值，则可以恢复原始显示和默认值。要重置对话框，在对话框的标题栏上，单击【重置】按钮🔄。

❑ 隐藏对话框
要隐藏或者显示某个对话框组，则在对话框标题栏中，单击对话框选项⚙，然后选择折叠对话框以显示或隐藏对话框。将对话框附加到图形屏幕的顶部后，单击标题栏以隐藏对话框，再次单击可以显示该对话框。对话框和图形屏幕顶部分离后，双击标题栏以隐藏对话框，再次双击可以显示该对话框；按快捷键【F3】，可以在"只显示对话框"、"同时隐藏对话框及屏显输入框"、"同时显示对话框及屏显输入框"三种情况之间进行循环切换。

❑ 捕捉对话框

将对话框的标题栏拖动到靠近图形窗口的顶部，对话框将自行捕捉到该位置。如果不想捕捉对话框，则按住【Ctrl】键并将对话框移到首选位置。

1.3.3 屏显输入框

如果需要在命令对话框中为某个特征输入值，则该特征会提供一个屏显输入框。当用户在该屏显输入框中更改某选项值时，该选项的值会在命令对话框中更新，如图 1-9 所示。

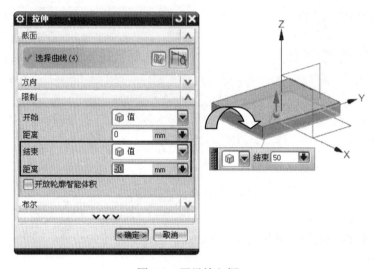

图 1-9　屏显输入框

（1）控制柄

控制柄可用于拖动屏显输入框。用鼠标按住如图 1-10 所示位置，可以拖放至绘画区合适位置。

（2）选择选项

屏显输入框提供许多对话框通用的选择选项，如图 1-11 所示。用户可根据需要选择对应的选项。

图 1-10　屏显输入框的控制柄

图 1-11　屏显输入框的选择选项

1.3.4 全屏模式

单击工具栏中的【全屏】按钮 可以进入全屏模式，此时图形窗口充满整个 NX 窗口，菜单和工具栏在一个小窗口中显示，如图 1-12 所示。再次单击【全屏】按钮▣可切换至普通模式。

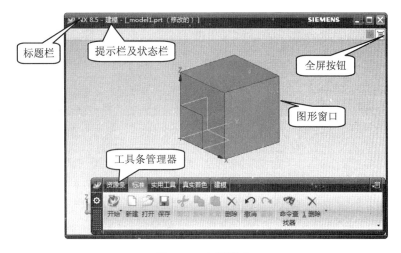

图 1-12　全屏模式

- ❑ 标题栏：显示当前部件文件的信息。
- ❑ 提示行和状态行：提示需要采取的下一个操作，并显示关于功能和操作的消息。
- ❑ 全屏按钮：使用此按钮可在全屏和标准屏幕显示模式之间切换。
- ❑ 图形窗口：用于创建、显示和修改部件。
- ❑ 工具条管理器：提供对菜单、活动工具条和资源条的访问。

1.4　文件的基本操作

文件的基本操作是 UG 软件中最基本和常用的操作。在使用 UG 软件进行建模前都必须有文件的存在。本节主要介绍文件的新建、打开和保存方式。

1.4.1　新建文件

在标准工具条上单击【新建】按钮，或执行【文件】/【新建】命令，或者按快捷键【Ctrl】+【N】，打开【新建】对话框，如图 1-13 所示。

（1）模板的选择

在文件新建对话框中，单击所需模板的类型选项卡（如模型或图纸）。

文件新建对话框选项显示现在选定模板的默认信息。可在预览和属性中查看信息，以确定是否选择了正确的模板。

（2）单位

针对某一给定单位类型显示可用的模板，包括英制、公制或全部，默认为毫米。

（3）新文件名称

新建文件的名称是在用户默认设置中定义的，用户也可以输入新名称。文件名可以由除表格所列字符之外的任何 ASCII 字符组成。注意，不能使用中文字符，如表 1-1 所示。

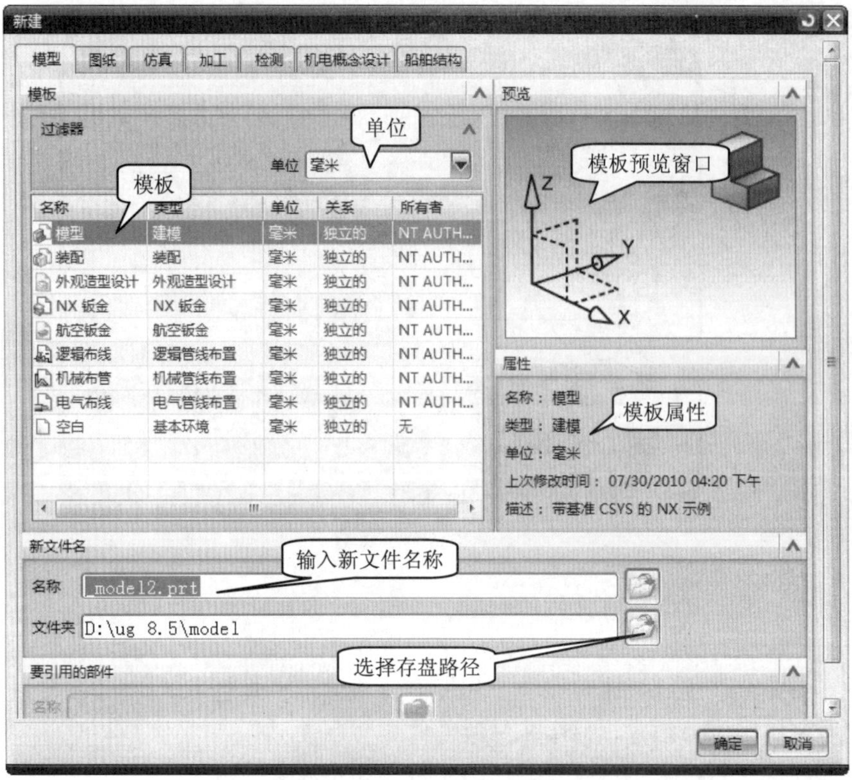

图 1-13 【新建】对话框

表 1-1 新建文件名称不可使用字符

符号	名称	符号	名称	符号	名称
" "	双引号	:	冒号	\	反斜杠
*	星号	<	小于号	' '	反引号
/	正斜杠	>	大于号	|	竖线

（4）存盘路径

指定新文件所在的目录。用户可以输入一个新目录，也可以浏览选择一个。如果要浏览选择目录，可单击【打开】按钮 以打开选择目录对话框。

1.4.2 打开文件

可通过以下任意方法打开现有文件：

（1）单击工具栏上的【打开】按钮 ，弹出【打开】对话框，如图 1-14 所示，指定目录以从中选择文件，（所有具有 .prt 文件类型扩展名的文件类型都可作为 NX 部件文件被打开。

（2）从【历史记录】 资源条中选择一个部件文件单击打开。

（3）将部件文件从 Windows 或 Internet Explorer 浏览器窗口拖到 NX 图形窗口。

（4）从【文件】/【最近打开的部件】列表中选择一个部件文件。

（5）通过【文件】/【关闭】/【关闭并重新打开选定的部件】和【关闭并重新打开所有已修改的部件】命令打开选定的部件文件。

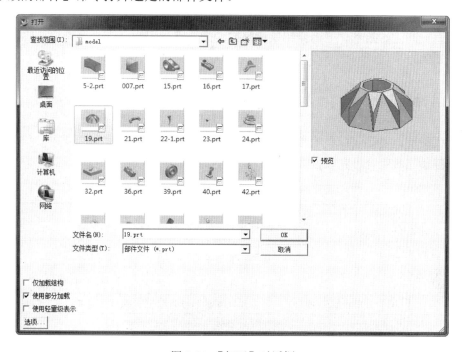

图 1-14 【打开】对话框

1.4.3 保存文件

用户在建模的过程中，为了防止因意外发生的数据丢失，通常要及时保存文件。UG NX 8.5 有以下几种保存方式。

（1）直接保存

直接将工作部件和任何已修改的组件保存在原来的文件中。执行【文件】/【保存】命令，或者单击【保存】按钮，即可保存已打开的文件。

（2）仅保存工作部件

执行【文件】/【仅保存工作部件】命令。使用该命令只能以当前名称和当前位置保存工作部件。这十分有用，例如，用于在大的装配中仅对一个组件进行更改时。

（3）另存为

执行【文件】/【另存为】命令。使用该命令可复制工作部件。可以将副本保存到其他目录或更改其名称。仅当在更改名称后才能将副本保存到当前目录。

（4）全部保存

执行【文件】/【全部保存】命令。使用该命令可保存所有打开的部件和顶层装配部件，同时也保存已打开但未显示的部件，但不包括部分打开的部件，如装配组件。

1.5 UG 的操作方式

用户与 NX 系统的交互都是通过鼠标和键盘功能键来完成的，熟练使用鼠标和快捷键可以极大地提高工作效率。下面介绍鼠标键的功能、键盘快捷键、快捷菜单、快捷工具条及窗口控制的方法。

1.5.1 鼠标键功能

要最大限度地发挥鼠标在 NX 建模中的作用，最好使用三键鼠标，使用鼠标或使用鼠标按键与键盘按键组合可完成很多任务，如表 1-2 所示。

表 1-2 鼠标按键与键盘按键组合完成的任务

图例	操　作	执　行　任　务
	单击命令或选项	通过对话框中的菜单或选项选择命令
	单击对象	在图形窗口中选择对象
	按住【Shift】并单击这些项。	在列表框中选择连续的多项 在工作区选择多个对象时，可取消对应对象的选择
	按住【Ctrl】并单击这些项	选择或取消选择列表框中的非连续项
	双击该对象	对某个对象启动默认操作
	单击鼠标中键	循环完成某个命令中的所有必需步骤，然后单击确定或应用按钮
	按住【Alt】并单击鼠标中键	取消对话框
	右键单击对象	显示特定于对象的快捷菜单
	右键单击图形窗口的背景，或按住【Ctrl】并右键单击图形窗口的任意位置	显示视图弹出菜单
	按住中键	模型的旋转
	滚动中键	向前滚动，模型被缩小；向后滚动，模型被放大。注意：指向需放大或缩小的部位
	同时按住中键和右键 或者按住【Shift】和中键	模型的平移
	同时按住中键和左键 或者按住【Ctrl】和中键	模型的缩放

当鼠标拾取对象时，如果多个对象重叠在一起不方便拾取时，把鼠标悬停在待选对象上直到出现【快速拾取光标】按钮，单击出现【快速拾取】对话框，如图 1-15 所示。根据用户需求选择备选对象。

图 1-15 【快速拾取】对话框

1.5.2 键盘快捷键

使用键盘快捷键是一种快速访问的方法。表 1-3 列出了部分常用的系统缺省的快捷键。用户也可以自行定制或更改快捷键的设置。

表 1-3　常用的系统缺省的快捷键

键盘按键	功能	键盘按键	功能
【F1】	查看关联的帮助（需安装帮助文件）	【Alt】+【Enter】	在标准显示和全屏显示之间切换
【Home】	在正三轴测图中定向几何体	【Ctrl】+【B】	隐藏所选对象
【End】	在正等测图中定向几何体	【Ctrl】+【Shift】+【B】	颠倒显示与隐藏
【Ctrl】+【F】	使几何体的显示适合图形窗口	【Ctrl】+【Shift】+【K】	使选定的对象显示
【Ctrl】+【W】	根据类型显示或隐藏对象	【Esc】	取消选择或者退出当前命令

1.5.3　快捷菜单

在不同的对象上右击会出现不同的弹出菜单项目。

在绘图空白区右击时弹出的快捷菜单，如图 1-16 所示。在工具条右击时弹出的快捷菜单，如图 1-17 所示。在模型上右击时弹出的快捷菜单，如图 1-18 所示。

除右键快捷菜单外，还有一种环绕型的快捷菜单。长按鼠标右键，系统弹出这种快捷菜单。在绘图空白区长按右键弹出的快捷菜单，如图 1-19 所示，在模型上长按右键弹出的快捷菜单，如图 1-20 所示。

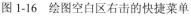

图 1-16　绘图空白区右击的快捷菜单　　图 1-17　工具条右击的快捷菜单　　图 1-18　模型上右击的快捷菜单

图 1-19　绘图空白区长按右键的快捷菜单　　　　图 1-20　模型上长按右键的快捷菜单

1.5.4　快捷工具条

快捷工具条是包含最可能用于所选对象的命令工具条。属于 NX UG 8.5 的新增功能。如果选择相同类型的一个或多个对象，快捷工具条会显示特定于选定对象类型的命令。如果选择不同类型的多个对象，快捷工具条会显示在所有选定对象类型中可以使用的命令。

当没有对话框被打开时，选择图形窗口中的一个或多个对象，NX 将只显示快捷工具条。如图 1-21 所示。当没有对话框打开，右键单击图形窗口中的一个或多个对象，部件导航器或装配导航器，NX 将同时显示快捷工具条和快捷菜单，如图 1-22 所示。

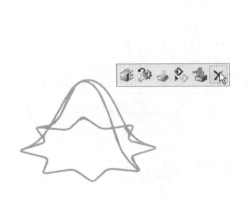

图 1-21　快捷工具条　　　　图 1-22　快捷工具条及快捷菜单

通过执行【工具】/【定制】命令，打开【定制】对话框，在【快捷工具条】选项卡中可以将命令添加到快捷工具条中，该快捷工具条才能显示。

1.5.5　窗口控制

在 UG NX 8.5 建模过程中，用户可以利用【视图】工具栏中的各项命令进行窗口显示方式的控制操作，如图 1-23 所示。

1．视图操作

在【视图操作】下拉菜单中，NX 提供 8 种视图操作，包括【适合窗口】、【根据选择调整视图】、【适合所有视图】、【缩放】、【放大/缩小】、【平移】、【旋转】和【透视】，如图 1-24 所示。或者在绘图空白区右击，也可得到 5 种视图操作，如图 1-25 所示。

图 1-23　【视图】工具栏

图 1-24　【视图】工具栏（1）　　　图 1-25　【视图】工具栏（2）

2．切换视图方向

在【定向视图】下拉菜单中，NX 提供 8 种方向视图，包括【前视图】、【后视图】、【左视图】、【右视图】、【仰视图】、【俯视图】及【正等测图】和【正三轴测图】，如图 1-26 所示。或者在绘图空白区右击的快捷菜单中【定向视图】子菜单中的命令也可以将视图定向到默认的 8 个标准视图方向，得到对应视图方向的视觉效果，如图 1-27 所示。

图 1-26　【视图】工具栏图　　　　　　　　图 1-27　【视图】工具栏

3．模型显示类型

利用【渲染样式】下拉菜单或绘图空白区长按右键的快捷菜单及绘图空白区右击的快捷菜单中的选项，可以为模型选择不同的渲染样式，如图 1-28、图 1-29 所示。

图 1-28　渲染样式下拉菜单　　　　　图 1-29　右键快捷菜单下的渲染样式下拉菜单

各种渲染样式的命令图解如表 1-4 所示。

表 1-4　渲染样式

选项	说明	图解	选项	说明	图解
带边着色	着色并突出显示边线		着色	着色不显示边线	
带有淡化边的线框	线框显示，看不见的边用浅色线条显示		带有隐藏边的线框	线框显示，隐藏看不见的边	
静态线框	全部线框显示		艺术外观	形象显示部件的材质等外观效果	
面分析	显示面分析的结果		局部着色	当定义了局部着色的对象着色显示，其他以线框形式显示	

4．背景色控制

在【背景色】下拉菜单中，系统提供了 4 种背景色，包括【浅色背景】、【渐变浅灰色背景】、【渐变深灰色背景】及【深色背景】，如图 1-30 所示。

图 1-30 【背景色】工具条

1.6　用户化定制

在菜单栏空白区域右击，弹出用户化【定制】菜单，如图 1-31 所示，用户可以根据需要，定制菜单和工具条、图标大小、屏幕提示、提示行和状态行位置、保存和加载角色等，完成相应操作后，单击【定制】/【角色】/【创建】保存当前的用户界面，如图 1-32 所示。或者执行【工具】/【定制】命令，如图 1-33 所示，弹出【定制】对话框。

图 1-31　用户【定制】菜单

图 1-32　【角色】对话框

图 1-33　【定制】菜单栏

1.7　UG 常用工具

在 UG NX 软件操作的过程中，有一些工具要经常使用，使用这些工具可以大大提高工作效率，下面介绍点构造器及矢量构造器。

1.7.1　点构造器

点构造器也称为点的工具，用于根据用户需要捕捉已有的点或者创建新的点。当系统提示【指定点】时，单击【完整点工具】（或【点构造器】）按钮，弹出【点】对话框，或者执行【插入】/【基准/点】/【点】命令，弹出【点】对话框，在要求用户为某一进行中的操作指定临时点时，也可能自动出现，如图 1-34 所示。

下面是对话框中各选项组的含义及用法。

图 1-34　点构造器

1．【类型】

从列表中选择指定点的创建方法或单击最常用方法的按钮。创建点的典型方法具体如表 1-5 所示。

表 1-5　创建点的典型方法

类　　型	图标	说　　明
【自动判断的点】	⚡	根据选择内容指定要使用的点类型。系统使用单个选择来确定点，所以自动推断的选项被局限于光标位置（仅当光标位置也是一个有效的点方法时有效）、现有点、端点、控制点及圆弧/椭圆中心
【光标位置】	⊞	在光标的位置指定一个点位置。位于 WCS 的平面中。用户可使用栅格快速准确地定位点（首选项→栅格和工作平面）
【现有点】	+	通过选择一个现有点对象来指定一个点位置。通过选择一个现有点，使用该选项在现有点的顶部创建一个点或指定一个位置。在现有点的顶部创建一个点可能引起迷惑，因为用户将看不到新点，但这是从一个工作图层得到另一个工作图层点的副本的快速方法
【端点】	╱	在现有直线、圆弧、二次曲线及其他曲线的端点指定一个点位置
【控制点】	⌐	在几何对象的控制点上指定一个点的位置
【交点】	⊹	在两条曲线的交点或一条曲线和一个曲面或平面的交点处指定一个点位置
【圆弧中心/椭圆中心/球心】	⊙	在圆弧、椭圆、圆或椭圆边界或球的中心指定一个点的位置
【圆弧/椭圆上的角度】	◿	在沿着圆弧或椭圆成角度的位置指定一个点位置。软件从正向 XC 轴参考角度，并沿圆弧按逆时针方向测量。用户还可以在一个圆弧未构建的部分（或外延）定义一个点
【象限点】	◯	在圆弧或椭圆四分点指定一个点的位置。用户还可以在一个圆弧未构建的部分（或外延）定义一个点
【点在曲线/边上】	╱	在曲线或边上指定一个点位置
【点在面上】	🖿	在面上指定一个点位置
【两点之间】	╱	在两点之间指定一个点位置
【按表达式】	=	使用 X、Y 和 Z 坐标将点位置指定为点表达式

2．【点位置】

【选择对象】⊕：用于根据某个点与所选对象的关系来指定该点。用于自动判断终点、现有点、控制点、圆弧中心/椭圆中心/球心和象限点类型。

【指定光标位置】⊞：用于根据图形窗口中光标的当前位置来指定点。只用于光标位置类型，如图 1-35 所示。

3．【选择圆弧或椭圆】⌒

用于选择圆弧或椭圆。然后可以指定一个角度以确定在该圆弧或椭圆（0 至 360）上的点的位置，该选项与角度选项结合使用。只用于【圆弧/椭圆上的角度】类型，如图 1-36 所示。

4．【选择表达式】=

只用于按表达式类型。用于选择现有的点表达式，以便将其值作为指定新的点表达式的基础，如图 1-37 所示。

图 1-35　指定光标位置

图 1-36　圆弧/椭圆上的角度

5．【面】

只用于点在面上类型。用于选择要定位点的面，如图 1-38 所示。

6．【输出坐标】

□ 【绝对-工作部件】：定义相对于工作部件的绝对坐标系的点。当 WCS 未在绝对坐标系上设置时，该选项很有用。

图 1-37　按表达式

图 1-38　点在面上

□ 【绝对-显示部件】：定义相对于显示部件的绝对坐标系的点。当用户在装配环境下工作，并且显示部件中的绝对坐标系与工作部件中的不同时，该选项很有用，该选项将创建非关联的点。

- ❑【WCS】：定义相对于工作坐标系的点。
- ❑【XC、YC、ZC/X、Y、Z】：用于指定 WCS 或绝对点坐标。

7.【偏置】

用于指定与参考点相关的点，包括【直角坐标系】、【圆柱坐标系】、【球坐标系】、【沿矢量】和【沿曲线】5 种方法。

8.【设置】

【关联】：单击选中☑关联复选框，使该点成为关联而不是固定的，以便使其以参数关联到其父特征。关联点将作为点显示在部件导航器中。

1.7.2　矢量构造器

使用矢量工具（也称为"矢量构造器"）可在创建或编辑对象时指定临时矢量方向。在相应的对话框中单击【指定矢量】/【矢量构造器】按钮 ，如图 1-39（a）所示。在要求用户为某一进行中的操作指定方向时，【矢量】对话框会自动出现，如图 1-39（b）所示。

下面是对话框中各选项组的含义及用法。

1.【类型】

指定矢量的移动方向。可单击表示最常用方法的按钮，也可从表 1-6 中选择。

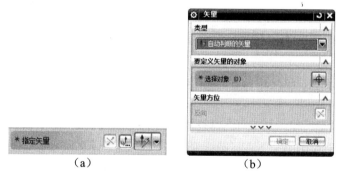

（a）　　　　（b）

图 1-39　矢量构造器

表 1-6　典型创建矢量的方法

类型	图标	说明
【自动判断的矢量】		指定相对于选定几何体的矢量
两点		在任意两点之间指定一个矢量
与 XC 成一角度		在 XC-YC 平面中，在与 XC 轴成指定角度处指定一个矢量
曲线/轴矢量		指定与基准轴的轴平行的矢量，或指定与曲线或边在曲线、边或圆弧起始处相切的矢量。如果是完整的圆，软件将在圆心并垂直于圆面的位置处定义矢量。如果是圆弧，软件将在垂直于圆弧平面并通过圆弧中心的位置处定义矢量

类型	图标	说明
在曲线矢量上		在曲线上的任一点指定一个与曲线相切的矢量。可按照弧长或百分比弧长来指定位置
单元表面法向		指定与基准面或平面的法向平行的矢量。对于 B 曲面，可以指定矢量的通过点，这个点可以是原始拾取点，或者用户可以指定一个不同的点。指定的点将投影到 B 曲面上来确定法矢
XC 轴		指定一个与现有 CSYS 的 XC 轴或 X 轴平行的矢量
YC 轴		指定一个与现有 CSYS 的 YC 轴或 Y 轴平行的矢量
ZC 轴		指定一个与现有 CSYS 的 ZC 轴或 Z 轴平行的矢量
-XC 轴		指定一个与现有 CSYS 的负方向 XC 轴或负方向 X 轴平行的矢量
-YC 轴		指定一个与现有 CSYS 的负方向 YC 轴或负方向 Y 轴平行的矢量
-ZC 轴		指定一个与现有 CSYS 的负方向 ZC 轴或负方向 Z 轴平行的矢量
视图方向		指定与当前工作视图平行的矢量
按系数		按系数指定一个矢量
按表达式		使用矢量类型的表达式来指定矢量

1.8 综 合 实 例

本节通过创建第一个 UG 模型（机座），以加深对 UG NX 8.5 工作界面、文件的基本操作（如新建、打开、保存文件）、UG 的操作方式（鼠标、键盘、快捷键的使用）、UG 常用工具等的了解。

1.8.1 创建第一个 UG 模型

设计要求

本节通过建立零件相关尺寸如图 1-40 所示的 UG 模型，帮助用户初步了解 UG 建模的基本流程。

设计思路

（1）选择草图平面，可以是【在平面上】（已存在的基准面或者实体平面、新建基准面），也可以是【在轨迹上】。

（2）绘制草图，利用草绘工具及限制方法来约束草图。

（3）利用完成的草图，使用相关命令建立模型。

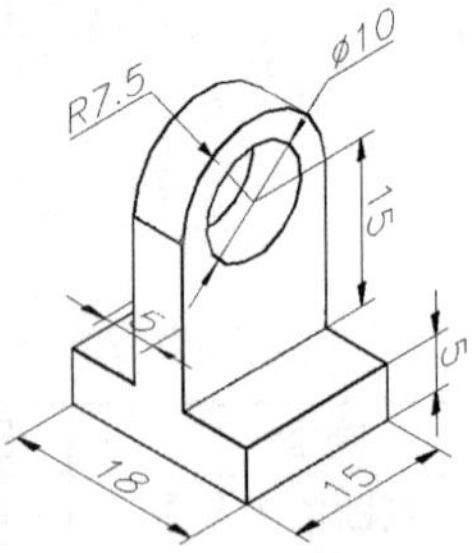

图 1-40 零件模型

新建文件

（1）启动 UG NX 8.5，在标准工具条上，单击【新建】按钮，或执行【文件】/【新建】命令，或按快捷键【Ctrl】+【N】，打开【新建】对话框，如图 1-41 所示，指定文件名称及存盘路径，单击【确定】按钮。

① 在【模板】列表中选择【模型】。

② 在【名称】文本框中输入文件名称，如 1.prt。

③ 单击【文件夹】文本框中右边的【打开】按钮，指定一个存放路径。

图 1-41　【新建】对话框

（2）系统进入【建模】应用模块后，在【部件导航器】中，右击【基准坐标系（0）】，单击弹出快捷菜单中的【显示】按钮，将会在绘图区显示一个基准坐标系，此坐标系是选择【模型】模板后系统创建的。

绘制截面草图

（1）单击【特征】工具栏上的【在任务环境中绘制】按钮，或执行【插入】/【草图】命令，弹出【创建草图】对话框，如图 1-42 所示。选择 Z-Y 平面作为草绘平面，单击【确定】按钮，或单击鼠标中键，进入草图环境中。

（a）【创建草图】对话框

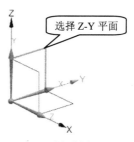

（b）选择草图平面

图 1-42　选择草绘草图

（2）单击【草图工具】栏中【连续自动标注尺寸】按钮 ，取消连续自动标注尺寸功能。

（3）【草图工具】中【轮廓】按钮 处于激活状态，绘制如图 1-43 所示的轮廓。注意长按左键，可在绘制直线或圆弧之间进行切换。

（4）单击【草图工具】栏中【圆】按钮○绘制圆，如图 1-44 所示。

（5）单击【草图工具】栏中【直线】按钮 ，绘制直线，如图 1-45 所示。

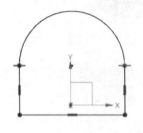 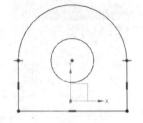 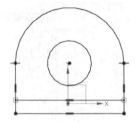

图 1-43　轮廓　　　　　　　　图 1-44　绘制圆　　　　　　　　图 1-45　绘制直线

（6）单击【草图工具】栏中【几何约束】按钮 ，或执行【插入】/【几何约束】命令，也可按快捷键【C】，弹出【几何约束】对话框，如图 1-46 所示。单击【点在曲线上】按钮 ，【选择要约束的对象】为线 1，【选择要约束到的对象】为坐标原点，如图 1-47 所示。

（7）继续单击【几何约束】对话框中【中点】按钮 ，【选择要约束的对象】为线 1，【选择要约束到的对象】为坐标原点。

 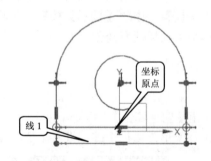

图 1-46　【几何约束】对话框　　　　　图 1-47　选择约束及约束到的对象

（8）继续单击【几何约束】对话框中【点在曲线上】按钮 ，【选择要约束的对象】为圆心，【选择要约束到的对象】为 Y 轴。

（9）继续单击【几何约束】对话框中【相切】按钮 ，【选择要约束的对象】为弧 2，【选择要约束到的对象】分别为线 3、线 4，如图 1-48 所示。

（10）单击【草图工具】栏中【自动判断尺寸】按钮 ，或执行【插入】/【尺寸】/【自动判断】命令，也可按快捷键【D】，弹出【尺寸】选项卡，如图 1-49 所示。选择绘制的线 1，在弹出的屏显输入框中输入 15 mm 并按【Enter】键，此线段被约束为 15 mm，如图 1-50 所示。

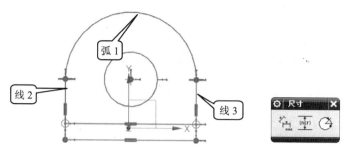

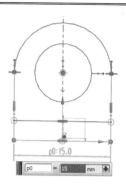

图 1-48　选择约束及约束到的对象　　图 1-49　【尺寸】选项卡　　图 1-50　标注尺寸

（11）继续按要求标注其他相关尺寸，标注完成的草图如图 1-51 所示。

（12）单击【草图】栏中【完成草图】按钮 🏁，或者使用快捷键【Ctrl】+【Q】，退出草图并返回建模环境。

✅拉伸

（1）单击【特征】工具条中【拉伸】按钮 📇，或执行【插入】/【设计特征】/【拉伸】命令，或者使用快捷键【X】，打开【拉伸】对话框。在【选择条】中更改【曲线规则】为【区域边界曲线】，如图 1-52（a）所示。单击选择如图 1-52（b）所示的区域为拉伸截面，在【限制】组中的的【结束】下拉菜单中选择【对称值】，在【距离】文本输入框中输入 9，如图 1-52（c）所示，单击【确定】按钮，或单击鼠标中键，创建拉伸特征，如图 1-52（d）所示。

图 1-51　完成标注的草图

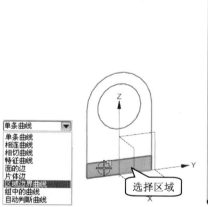

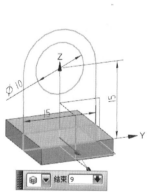

（a）更改曲线规则　　（b）选择【拉伸】截面　　　（c）【拉伸】对话框　　　（d）【拉伸】特征

图 1-52　完成"拉伸 1"特征

📖　第一次执行【拉伸】命令，单击【应用】按钮，将创建拉伸特征而不退出【拉伸】对话框，此时可以继续执行【拉伸】命令。

（2）继续执行【拉伸】命令，单击选择如图 1-53a 所示的区域为拉伸截面，在【限制】组中的【结束】下拉菜单中选择【对称值】，在【距离】文本输入框中输入 2.5，如图 1-53b 所示，单击【确定】按钮，或单击鼠标中键，创建拉伸特征，如图 1-53c 所示。

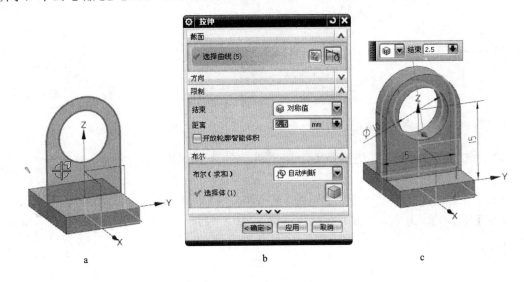

图 1-53 "拉伸 2"特征

保存零件

完成零件建模后，执行【文件】/【保存】命令，或单击【保存】按钮，保存文件。

1.8.2 修改第一个 UG 模型

设计要求

任何零件模型建立的过程都是建立特征和修改特征的结合过程。UG 有强大而完善的特征建模工具，同样为修改特征提供了很强的便捷性。本节通过讲解如何修改用户的第一个 UG 模型，使用户了解 UG 建模的修改操作方法。

设计思路

（1）激活要修改的对象。
（2）输入相关修改数值。
（3）完成零件修改。

修改特征尺寸值

（1）在【部件导航器】中或绘图区双击任何特征，该特征对话框将被重新激活。
（2）在【部件导航器】中激活"拉伸（2）"，在屏显输入框中输入数值 7.5，如图 1-54 所示。

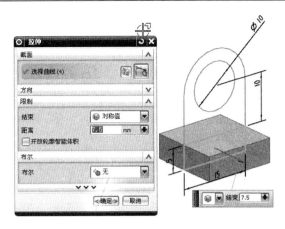

图 1-54　更改"拉伸 2"特征

✅ **编辑草图**

　　在【部件导航器】中双击"草图（1）"，或在绘图区双击"草图（1）"以激活"草图（1）"，继续双击草图尺寸 15 并更改为 10，如图 1-55 所示，退出草图。

✅ **删除特征**

　　在【部件导航器】中右击相应的特征，执行【删除】命令，可以将特征删除。如果删除的特征与其他特征具有关联性，将弹出提示对话框，如图 1-56 所示，单击【确定】按钮，关联特征将同时被删除。

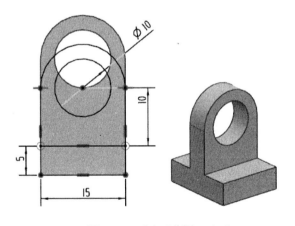

图 1-55　更改"草图（1）"

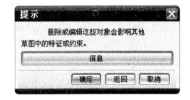

图 1-56　【提示】对话框

1.9　本 章 小 结

　　本章是本书的基础，简单介绍了 UG NX 8.5 的基础应用模块、工作界面、文件的基本操作、UG 的操作方式、用户化定制及常用工具等基础知识，并通过一个简单实例进行巩固。通过本章的学习，用户应该熟悉 UG NX 8.5 软件的工作界面，掌握基本操作方法和管理对象的技巧和方法。

1.10 思考与练习

1．思考题

（1）UG 系统供了哪些基础应用模块？

（2）UG NX 8.5 对话框有什么特点？

（3）UG 鼠标键和快捷键的用法有哪些？

2．练习题

根据已学过的方法绘制如图 1-57、图 1-58 所示的两个上机操作的 UG 模型。

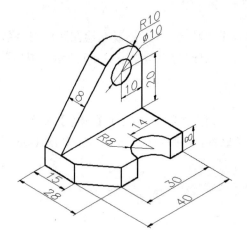

图 1-57 上机练习 1

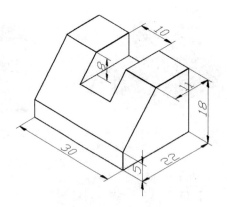

图 1-58 上机练习 2

第 2 章　草　　图

草图功能是 UG 系列软件特征建模的一个重要方法，主要适用于创建截面较复杂的特征建模。一般情况下，用户的三维建模都是从创建草图开始的，即先利用草图功能创建出特征的大略形状，再利用草图的几何和尺寸约束功能，精准设置草图的形状和尺寸。

本章主要介绍在 NX 8.5 中草绘图形的基本命令及创建草图的方法。草图功能是 UG 软件中三维建模的一种重要方法，适用于截面比较复杂的三维模型。一般情况下，用户都是先利用草图功能创建出模型的截面形状，再利用拉伸、回转命令完成实体特征的创建。

2.1　草图基本知识

草图是驻留于指定平面的二维曲线和点的命名集合。通过扫掠、拉伸或旋转草图可以得到实体或片体，创建详细部件特征。旋转和拉伸是对草图生成特征最常用的方法，如图 2-1、图 2-2 所示。如果用户对草图进行了修改，相应的特征也会随着改变。

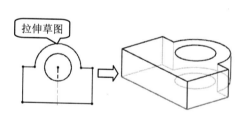

图 2-1　由二维草图拉到三维实体

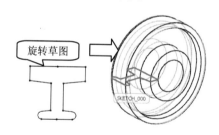

图 2-2　由二维草图旋转到三维实体

2.1.1　草图绘制的典型步骤

（1）选择草图平面创建类型，为某一平面或路径指定草图平面的一个水平或竖直参考及草图原点，进入草图绘制界面

（2）设置约束识别和创建选项。

（3）创建草图几何图形。根据设置，草图自动创建若干约束。

（4）添加、修改或删除约束。

（5）根据设计意图修改尺寸参数。

（6）完成草图并退出草图环境。

2.1.2　草图创建和编辑模式

UG 提供了两种草图创建和编辑模式，分别为【直接草图工具条】和【草图任务环境】，如图 2-3 所示。

在建模、外观造型设计或钣金应用模块中创建或编辑草图，或者在查看草图更改对模型产生的实时效果时可使用直接草图工具条；编辑内部草图，尝试对草图进行更改，但保留该选项以放弃所有更改，在其他应用模块中创建草图，可以使用草图任务环境。

（a）【直接草图工具条】　　　　　　　　　　　　　　　　　　（b）【草图任务环境】

图 2-3　草图创建和编辑模式

2.1.3　内部草图和外部草图

1．内部草图

使用如拉伸、回转或变化扫掠等命令直接创建的草图是内部草图。草图仅与一个特征相关联时，可以使用内部草图。

2．外部草图

使用草图命令单独创建的草图是外部草图，可以从部件中的任意位置查看和访问。使用外部草图可以保持草图可见，并使其被多个特征所引用。

3．内部草图和外部草图的区别

内部草图只能从其所属的特征进行访问。它们不在部件导航器中列出，并且不显示在图形窗口中。外部草图可以从部件导航器和图形窗口访问。

除了草图所属的特征外，用户不能通过任何其他特征来使用内部草图，除非将其设为外部草图。一旦将草图设为外部草图，该草图原先所属的特征便无法控制它。

4．内部草图与外部草图之间的转换

（1）内部草图转换成外部草图

在【部件导航器】中，右击使用内部草图的特征，如图 2-4 所示，弹出快捷菜单，如图 2-5 所示，选择【使草图为外部的】，被"拉伸（1）"所引用的内部草图将会转变为外部草图"草图（1）'SKETCH_000'"，如图 2-6 所示。

（2）外部草图转换成内部草图

可在【部件导航器】中，右击原先的所有者，然后选择将草图设为内部，如图 2-7 所示。将 草图（1）"SKETCH_000" 设为内部草图后，它就不再出现在部件导航器中，如图 2-8 所示。

图 2-4　选择使用内部草图的特征　　图 2-5　【使草图为外部的】　　图 2-6　内部草图变
　　　　　　　　　　　　　　　　　　　　　快捷菜单　　　　　　　　　　　为外部草图

图 2-7　【使草图为内部的】快捷菜单　　　　图 2-8　外部草图转换成内部草图

5．编辑内部草图

（1）在【部件导航器】中，右击"拉伸（1）"特征，然后选择编辑草图。

（2）在图形窗口中，双击"拉伸（1）"特征，然后在【拉伸】对话框中单击【绘制截面】按钮。

2.1.4　草图平面

UG 提供了两种草图平面来绘制草图，分别为基于平面绘制草图和基于路径绘制草图。

1．基于平面绘制草图

"基于平面绘制草图"是在现有平面（基准面）或创建新的平面（基准面）来绘制草图。想要将草图特征关联到平面对象（如基准平面或面），可以创建"基于平面绘制草图"，如图 2-9 所示。

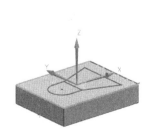

图 2-9　基于平面绘制草图

2．基于路径绘制草图

当用户为特征（如变化扫掠）构建输入轮廓时，可以创建基于路径绘制草图。草图平面沿所指定的轨迹曲线变化且始终垂直于该曲线，如图 2-10 所示。

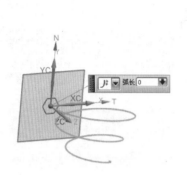

图 2-10　基于路径绘制草图

2.1.5　草图模块

1．进入草图环境

根据 NX8.5 所提供的【直接草图工具条】和 【草图任务环境】两种草图创建和编辑模式可进入草图环境 。【草图】命令集成在【直接草图】工具条上，或者选择菜单栏中【插入】/【草图】命令；【在任务环境中绘制】命令集成在【特征】工具条上，或者选择菜单栏中【插入】/【草图】命令，如图 2-11 所示。

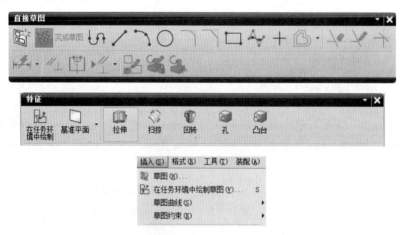

图 2-11　直接草图和特征工具栏及插入菜单

2．退出草图绘制

如果在建模环境中，完成绘制草图以后，可单击【直接草图】工具栏上的【完成草图】按钮 完成草图，如图 2-12 所示，或执行【文件】/【完成草图】命令，或按快捷键"【Ctrl】+

【Q】"退出草图的绘制。

如果根据 NX8.5 所提供的【草图任务环境】创建进入草图环境，完成草图的绘制后，可以单击【草图工具】工具条上的【完成草图】按钮 或执行【任务】/【完成草图】命令，或按快捷键【Ctrl】+【Q】退出草图的绘制，如图 2-13 所示。

图 2-12　建模环境退出【直接草图】　　　　图 2-13　【草图任务环境】下退出草图

3．草图界面

和 UG NX 其他模块相同，草图模块也有自己的界面，具有可定制的工具条、对话框、快捷菜单及其他组件，如图 2-14 所示。

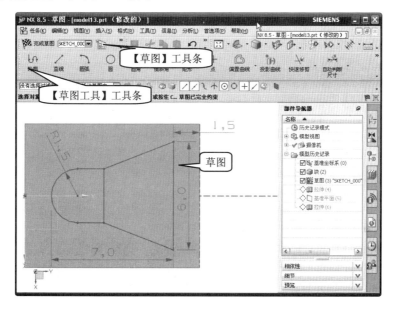

图 2-14　草图模块界面

4．草图工具条

草图模式下有两个主要的工具条，分别为【草图】工具条和【草图工具】工具条。其中，【草图】工具条中集成的将草图整体作为对象进行操作的工具，如图 2-15 所示。

图 2-15　【草图】工具条

❑　【完成草图】 ：用于退出草图任务环境，快捷键为【Ctrl】+【Q】。

❑　【草图名称】 ：当前工作草图的名称，可以进行重命名，也可从下拉菜单中选择现有的草图进行编辑。

- ❏ 【定向视图到草图】 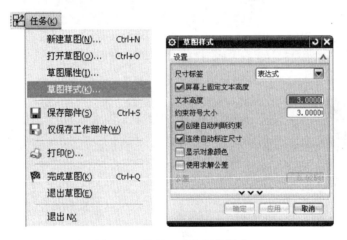：将视图定向到草图平面，快捷键为【Shift】+【F8】。
- ❏ 【定向视图到模型】：可将草图定向到启动草图任务环境时应用的部件视图。
- ❏ 【重新附着】：将草图移到另一个平面、面或路径上，或者更改草图方位。
- ❏ 【创建定位尺寸】：建立草图的位置尺寸，通过下拉菜单可以调出编辑、删除和重新定义定位尺寸命令。
- ❏ 【延迟评估】：对草图进行约束后，可延迟进行评估。
- ❏ 【评估草图】：系统对草图进行计算评估，只有选择了【延迟评估】才可使用。
- ❏ 【更新模型】：草图改变后，可以更新基于草图生成的模型。
- ❏ 【显示对象颜色】：实现当前草图中对象的颜色。

5. 草图样式

执行【任务】/【草图样式】命令，打开【草图样式】对话框，如图 2-16 所示，在该对话框中可编辑活动草图执行的样式。设置【尺寸标签】下拉菜单，可以更改样式分别为【表达式】、【名称】和【值】。

图 2-16　编辑活动草图的样式

2.2　绘制基本几何体

在 UG NX8.5 中，【草图工具】工具条集合了【草图曲线】、【草图操作】和【草图约束】3 个工具条上的全部工具，如图 2-17 所示。绘制草图几何的工具相应命令也可以在【插入】菜单栏中找到。草图工具中命令具体见表 2-1 所示。

图 2-17　【草图工具】工具条

表 2-1　【草图工具】工具条的说明

图标	名　称	说　明
	轮廓	以线串形式创建一系列首尾相连的直线或圆弧
	直线	根据约束自动判断来创建直线
	圆弧	通过三点或指定中心点和端点创建圆弧
	圆	通过三点或指定中心点和端点创建圆
	圆角	在两条或三条曲线之间创建圆角
	倒斜角	连接两条草图线之间的尖角
	矩形	通过三种方法创建矩形
	多边形	创建有指定边数的多边形
	艺术样条	通过点或极点动态创建样条
	拟合样条	通过将样条拟合到指定的数据点来创建样条
	椭圆	通过指定以下项来创建曲线（代表平面和圆锥的相交曲线）
	点	在草图中创建点
	偏置曲线	对草图平面上的曲线链进行偏置
	阵列曲线	对与草图平面平行的边、曲线和点设置阵列
	镜像曲线	通过指定的草图直线，制作草图几何图形的镜像副本
	交点	在指定几何体通过草图平面的位置创建一个关联点和基准轴
	添加现有曲线	可将现有曲线和点，以及椭圆、抛物线和双曲线等二次曲线添加到活动草图中
	派生直线	基于现有直线新建直线
	投影曲线	将草图外的曲线、边或点沿着草图平面的法线投影到草图上
	相交曲线	可以创建一个平滑的曲线链，其中的一组切向连续面与草图平面相交
	快速修剪	将曲线修剪到任一方向上最近的实际交点或虚拟交点
	快速延伸	将曲线延伸到它与另一条曲线的实际交点或虚拟交点处
	制作拐角	通过将两条输入曲线延伸和/或修剪到一个公共交点来创建拐角
	自动判断尺寸	创建尺寸约束
	几何约束	对草图几何体中添加几何约束
	设为对称	创建对称约束
	显示草图约束	显示对草图施加的所有几何约束
	自动约束	设置自动施加于草图的约束
	自动标注尺寸	在所选曲线和点上根据一组规则创建尺寸标注
	显示/移除约束	显示与草图几何图形关联的几何约束
	转换至/自参考对象	可将草图曲线从活动曲线转换为参考曲线，或将尺寸从驱动尺寸转换为参考尺寸
	备选解	可针对尺寸约束和几何约束显示备选解，并选择一个结果
	自动判断约束和尺寸标注	控制哪些约束和尺寸在曲线构造过程中被自动判断
	创建自动判断约束	在曲线构造过程中激活自动判断约束
	连续自动标注尺寸	在每次操作后自动标注草图曲线的尺寸

📖 表中所列的按钮都有两种状态，分别是"打开"和"关闭"状态。"打开"呈白色显示，表示功能被打开，"关闭"呈灰色显示，表示功能被关闭。通过单击可以在这两种状态之间进行切换。

2.2.1 轮廓

在【草图工具】工具条中单击【轮廓】按钮⟲或者执行【插入】/【曲线】/【轮廓】命令（快捷键【Z】），系统弹出【轮廓】选项卡，执行【轮廓】命令可以以线串形式创建连续的直线或圆弧，即上一段曲线的终点为下一段曲线的终点。按住左键不放，可以在直线和圆弧之间进行切换。

进入任务环境中的草图界面后，系统自动弹出【轮廓】选项卡，其中，系统默认的对象类型为【直线】，输入模式为【坐标模式】，如图 2-18 所示。

图 2-18 【轮廓】选项卡

1．【轮廓】选项条

【直线】☑：单击该按钮，可以在绘图工作界面指定任意两点创建直线。

【圆弧】☐：单击该按钮，可以在绘图工作界面指定任意两点绘制圆弧。

【坐标模式】☒：单击该按钮，在绘图工作区显示【XC】和【YC】文本框。在文本框中输入所需数值，确定指定点。

【参数模式】☐：单击该按钮，在绘图工作区显示【长度】和【角度】或者【半径】数值输入文本框。将鼠标放在合适位置单击，可创建直线或圆弧。与【坐标模式】不同之处在于将数值输入文本框后，【坐标模式】是确定的，而【参数模式】是浮动的。

2．直线/圆弧切换

通过拖动并长按左键可以在绘制直线与圆弧之间进行切换，或者在【轮廓】选项条中单击【直线】按钮☑ 或【圆弧】按钮☐ 进行切换。

从一条直线过渡到圆弧，或从一段圆弧过渡到另一段圆弧，象限符号显示如图 2-19 所示。包含曲线的象限和与其顶点相对的象限是相切象限（象限 1 和 2）和垂直的象限（象限 3 和 4 ）。要控制圆弧的方向，将光标放在某一个象限内，然后按顺时针或逆时针方向将光标移出象限。

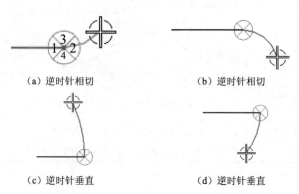

(a) 逆时针相切　　　　　　　　　　(b) 逆时针相切

(c) 逆时针垂直　　　　　　　　　　(d) 逆时针垂直

图 2-19 直线/圆弧切换及象限符号

【例 2-1】　利用【轮廓】命令创建如图 2-20 所示的图形。

设计基本思路：执行【轮廓】命令，长按左键在直线和圆弧之间进行切换，完成图形。

（1）单击【草图工具】工具条中的【轮廓】按钮 ⌐。

（2）将光标移至 CSYS 原点，出现【捕捉到点】图标 + 时单击，开始绘制直线 1，如图
2-21 所示。

图 2-20　草图 1

图 2-21　绘制第一条直线的起点

（3）单击关闭【连续自动标注尺寸】图标 ✎。

（4）向右移动光标，出现水平约束辅助线，单击完成第一条直线，如图 2-22 所示。

（5）向上移动光标，出现竖直约束辅助线，然后单击完成第二条直线，如图 2-23 所示。

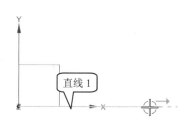

图 2-22　绘制第一条直线

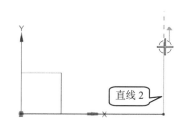

图 2-23　绘制第二条直线

（6）向左移动光标，出现水平约束辅助线，然后单
击完成第三条直线，如图 2-24 所示。

（7）长按左键，切换到绘制圆弧模式，从第三象限
滑动鼠标，控制绘出的圆弧 1 与直线 3 垂直，如图 2-25
所示，当出现水平辅助线显示圆弧两端点共线时，单击
以完成圆弧 1，如图 2-26 所示。

（8）长按左键，切换回绘制直线模式，将光标移至
轮廓的第一条直线起点处，如图 2-27 所示，一直向上移动光标，直到看到垂直辅助线，单
击完成直线 4，如图 2-28 所示。

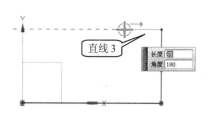

图 2-24　绘制第三条直线

（9）单击第一条直线起点，封闭轮廓，如图 2-29 所示，并按【Esc】键退出【轮廓】
绘制，结果如图 2-30 所示。

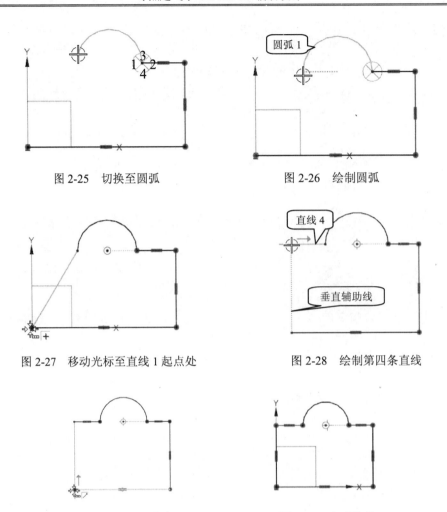

图 2-25　切换至圆弧　　　　　图 2-26　绘制圆弧

图 2-27　移动光标至直线 1 起点处　　　图 2-28　绘制第四条直线

图 2-29　封闭轮廓　　　　　图 2-30　完成结果

2.2.2　直线

在【草图工具】工具条中单击【直线】按钮□或者执行【插入】/【曲线】/【直线】命令（快捷键【L】），弹出【直线】选项卡，如图 2-31 所示，其中，各参数的含义与【轮廓】对话框中对应的参数含义相同。

【例 2-2】　利用【直线】命令创建一条直线，起点和线 1 的端点 1 重合，并平行于参考线，如图 2-32 所示。

图 2-31　【直线】选项卡

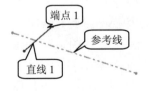

图 2-32　例 2-2 图

（1）单击【草图工具】工具条中的【直线】按钮□。

（2）单击选中直线 1 的端点 1，如图 2-33 所示，沿参考线平行方向移动鼠标，出现平行约束符号时单击，以完成直线绘制，如图 2-34 所示。

图 2-33　捕捉线 1 端点绘制直线起点　　　　图 2-34　出现平行约束

（3）按【Esc】键退出【直线】绘制，结果如图 2-35 所示。

2.2.3　圆弧

在【草图工具】工具条中单击【圆弧】按钮，或者执行【插入】/【曲线】/【圆弧】命令（快捷键【A】），弹出【圆弧】选项卡，输入模式为坐标模式。其中，各参数的含义与【轮廓】对话框中对应的参数含义相同，如图 2-36 所示。

图 2-35　完成结果　　　　　　　图 2-36　【圆弧】选项卡

在 UG NX 8.5 草图绘制中提供了两种创建圆弧的方法。

1.　【三点定圆弧】

系统默认的是三点定圆弧，使用该选项创建过三点或过两点（圆弧的起点、终点）的圆弧。

（1）【过三点】：指定圆弧的两点，再指定弧上第三点，完成圆弧绘制，如图 2-37 所示。

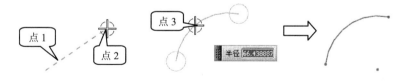

图 2-37　【过三点】绘制圆弧

移动光标穿过圆形标记，则第三点从弧上一点变为弧的端点，如图 2-38 所示。反之亦然。

（2）【两点+半径值】：指定两点，在浮动对话框中输入圆弧半径，移动光标拉出圆弧开口方向，将会出现 4 个可能的圆弧，当出现需要的圆弧时单击左键或中键来创建圆弧，如图 2-39 所示。

图 2-38　移动光标穿过圆形标记

图 2-39　使用【两点+半径】方式创建圆弧

2. 【中心和端点定圆弧】

通过指定圆弧的中心点和两个端点来创建圆弧，如图 2-40 所示。

图 2-40　使用【中心和端点定圆弧】绘制圆弧

2.2.4　圆

在【草图工具】工具条中单击【圆】按钮○或者执行【插入】/【曲线】/【圆】命令（快捷键【O】），系统弹出【圆】选项卡，如图 2-41 所示。

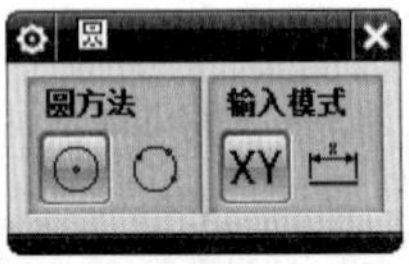

在 UG NX 8.5 草图绘制中也提供了两种创建圆的方法。

（1）【圆心和直径定圆】⊙：使用指定圆心和直径值来创建圆，如图 2-42 所示。系统默认的是圆心和直径定圆，输入模式为坐标模式，其中，各参数的含义与【轮廓】对话框中对应的参数含义相同。

图 2-41　【圆】选项卡

图 2-42　【圆心和直径】创建圆

使用这种方法可以复制多个相同直径的圆。在屏显输入框中输入相应直径数值，并按【Enter】键或【Tab】键，系统记忆该直径圆，移动光标到新的位置单击放置多个副本，单击鼠标中键退出复制模式。

（2）【三点定圆】⊙：指定三点创建圆，也可以通过指定两点和直径值创建圆，在可能的两种方案中选择一个，如图 2-43 所示。

图 2-43　【三点定圆】创建圆

2.2.5　矩形

在【草图工具】工具条中单击【矩形】按钮□或者执行【插入】/【曲线】/【矩形】命令（快捷键【R】），弹出【矩形】选项卡，如图 2-44 所示。

在 UG NX 8.5 草图绘制中提供了三种创建矩形的方法。

【按 2 点】⬚：通过指定长方形两个对角点确定长度和高度来绘制矩形，矩形四边分别添加水平和竖直约束，如图 2-45 所示。系统默认【按 2 点】绘制矩形，输入模式为坐标模式。

图 2-44　【矩形】选项卡

图 2-45　【按 2 点】绘制矩形

【按 3 点】⬚：创建与 X 轴和 Y 轴成角度的矩形。第一个点指定矩形一个角点，第二个点指定矩形的宽度和角度，第三个点限定矩形的高度，如图 2-46 所示。

图 2-46　【按 3 点】绘制矩形

【从中心】⬚：第一个点指定矩形中心点，第二个点指定矩形的宽度和角度，第三个点限定矩形的高度，如图 2-47 所示。

图 2-47　【从中心】绘制矩形

2.2.6 多边形

在【草图工具】工具条中单击【多边形】按钮⊙或者执行【插入】/【曲线】/【多边形】命令（快捷键【P】,弹出【多边形】对话框，如图 2-48 所示。

【中心点】：指定多边形中心点所处的位置。

【边数】：指定多边形是几边形。

UG NX 8.5 草图绘制中提供了 3 种确定多边形大小的方式。

图 2-48 【多边形】对话框

1．【内切圆半径】

此选项是利用多边形的内切圆来创建多边形，分别在【半径】和【旋转】文本框内输入所需数值，单击【确定】按钮或鼠标中键完成多边形的创建。旋转角度如图 2-49 所示。

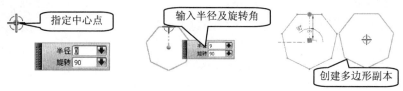

图 2-49 用【内切圆半径】创建多边形

使用这种方法可以复制多个相同尺寸的多边形。在屏显输入框中输入相应半径及旋转数值，并按【Enter】键，系统记忆该多边形，移动光标到新的位置单击放置新的多边形。

2．【外接圆半径】

此选项是利用多边形的外接圆半径来创建多边形。外接圆半径是原点到多边形顶点的距离。分别在【半径】和【旋转】文本框内输入所需数值，单击【确定】按钮或鼠标中键完成多边形的创建，如图 2-50 所示。

同【内切圆半径】方法相同，【外接圆半径】可以创建多边形副本。

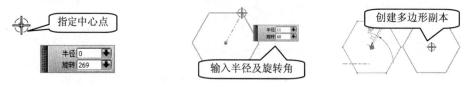

图 2-50 用【外接圆半径】创建多边形

3．【边长】

此选项是利用多边形的外接圆半径来创建多边形。分别在【长度】和【旋转】文本框内输入所需数值，单击【确定】按钮或鼠标中键完成多边形的创建。旋转角度如图 2-51 所示。

图 2-51　用【边长】创建多边形

同【内切圆半径】方法相同，【边长】也可以创建多边形副本。

2.2.7　椭圆

在【草图工具】工具条中单击【椭圆】按钮◯或者执行【插入】/【曲线】/【椭圆】命令，弹出【椭圆】对话框，如图 2-52 所示。

【中心】：用于定义椭圆中心点的位置。

【大半径】：指椭圆的长轴半径。

【小半径】：指椭圆的短轴半径。

【限制】：用于控制椭圆是否封闭。

【角度】：用于设置椭圆的旋转角度。

创建椭圆的步骤：

（1）设置椭圆的中心点。单击【指定点】右边的【点构造器】按钮，利用点构造器或者用鼠标选择点定义中心点。

（2）设置椭圆的大小半径。可以用点构造器定义椭圆大小半径或在大、小半径右侧的文本框内输入具体半径值。

（3）是否限制椭圆的封闭。如果椭圆是封闭的，则需要勾选【封闭的】复选框，若椭圆不封闭需在【起始脚】和【终止角】文本框输入角度值。

图 2-52　椭圆对话框

（4）设置椭圆旋转角度。在【角度】右侧文本框输入角度值，若【角度】值为 40，则效果如图 2-53 所示。

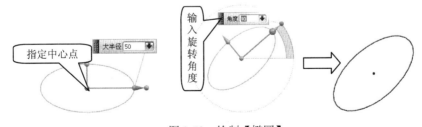

图 2-53　绘制【椭圆】

2.2.8　点

在【草图工具】工具条中单击【点】按钮⊞或者执行【插入】/【基准/点】/【点】命

令，弹出【点】对话框，如图 2-54 所示。

【点】：单击【指定点】右边的【点构造器】按钮，利
用点构造器或用鼠标选择点创建点。

图 2-54 【草图点】对话框

2.2.9 样条

样条是指利用一些指定点生成一条光滑的曲线。样条
是构造曲面的一种重要曲线。可以是二维的，也可以是三维的。可将样条曲线分为样条曲
线、艺术样条曲线和拟合样条曲线。

1．【样条曲线】

在【草图工具】工具条中单击【样条】按钮～或者执行【插入】/【曲线】/【样条】
命令，弹出【样条】对话框，如图 2-55 所示。

（1）【根据极点】

通过指定样条曲线的极点，使样条向各极点移动，但不通过该点，端点除外。

单击【样条】对话框中的【根据极点】按钮，弹出【根据极点生成样条】对话框，如
图 2-56 所示。

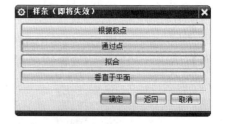

图 2-55 【样条】对话框　　　　图 2-56 【根据极点生成样条】对话框

【多段】：选择多段，需要设置曲线阶次，设置的极点数至少为曲线的阶次加 1。

【单段】：当选中该按钮时，对话框中的
【曲线阶次】和【封闭曲线】都不被激活，此方
式只产生一个节段的样条曲线。

【曲线阶次】：该选项主要用于设置样条
的阶次。样条中的极点数不得少于阶次。

【封闭曲线】：用于设置生成的样条是否
封闭。若勾选该选项，则样条是封闭的，即起
点和终点是同一个点，否则样条是开放的，如
图 2-57 所示。

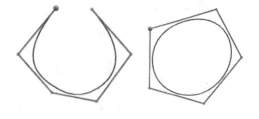

图 2-57 开放和封闭式的样条曲线

【文件中的点】：用于从已有文件中读取控制点的数据。对于用【根据极点】、【通过点】
和【拟合】创建样条，可以选择文件中的点。

【根据极点】创建样条操作步骤如下。

① 单击【草图工具】工具条中单击【样条】按钮～或者执行【插入】/【曲线】/【样

条】命令，弹出【样条】对话框。

② 单击【根据极点】按钮，进入【根据极点生成样条】对话框。

③ 在【曲线阶次】文本框输入曲线阶次，单击鼠标中键或【确定】按钮，进入【点构造器】对话框。

④ 利用点构造器指定 5 个极点，如图 2-58 所示。

⑤ 单击【确定】按钮，进入【指定点】对话框，单击【是】按钮完成样条绘制，效果如图 2-59 所示。

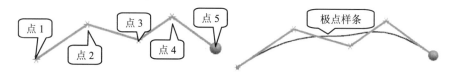

图 2-58 指定样条极点   图 2-59   生成样条曲线

（2）【通过点】

通过指定样条曲线的各定义点，生成一条通过各点的样条曲线，它与【根据极点】的最大区别在于生成的样条曲线将通过各控制点，此外，用户还可以在任意点处定义斜率或者曲率。

单击【样条】对话框中的【通过点】按钮，弹出【通过点生成样条】对话框，如图 2-60所示。该对话框与【根据极点生成样条】对话框相似，只是多了【指派斜率】和【指派曲率】两个按钮。单击鼠标中键或【确定】按钮，弹出【样条】对话框，如图 2-61 所示。

图 2-60 【通过点生成样条】对话框

图 2-61 【样条】对话框

【全部成链】：该选项是通过选择起点与终点之间的点集作为定义点来生成样条曲线。单击该按钮后系统会提示选取样条曲线的起点和终点，然后系统会自动判断起点与终点之间的点集生成样条曲线。

【在矩形内的对象成链】：单击该按钮后，系统会提示指定成链矩形，然后在矩形框中选中的点集中选择样条曲线的起点和终点，系统会自动判断起点与终点之间的点集生成样条曲线。

【在多边形内的对象成链】：单击该按钮后，系统会提示指定成链多边形，然后在多边形框中选中的点集中选择样条曲线的起点和终点，系统会自动判断起点与终点之间的点集生成样条曲线。

【点构造器】：该选项是利用点构造器定义样条曲线的各点来生成样条。单击该按钮后，弹出【点】对话框，依次选取各点，单击【确定】按钮，弹出【指定点】对话框，如图 2-62 所示，单击【是】按钮，弹出【通过点生成样条】对话框，此时【指派斜率】和【指派曲率】选项被激活，如图 2-63 所示；单击【否】按钮则重新选取点。单击【确定】按钮，生成样条曲线如图 2-64 所示。

图 2-62 【指定点】对话框　　　　图 2-63 【通过点生成样条】对话框

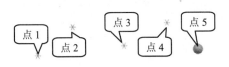

图 2-64 【通过点生成样条】的样条线

【指派斜率】：该选项通过设置生成的样条曲线通过各点时的斜率，来控制样条曲线的形状。单击【指派斜率】按钮，弹出【指派斜率】对话框，如图 2-65 所示。

【指派曲率】：该选项通过设置生成的样条曲线通过各点时的曲率，来控制样条曲线的形状。单击【指派曲率】按钮，弹出【指派曲率】对话框，如图 2-66 所示。

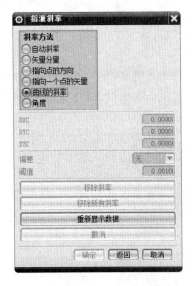

图 2-65 【指派斜率】对话框　　　　图 2-66 【指派曲率】对话框

（3）【拟合】

该选项是以拟合方式生成样条曲线。可以将样条与构造点以指定的公差进行拟合生成样条，生成的样条不必通过这些点，如图 2-67 所示。

图 2-67　生成【拟合】样条

单击【样条】对话框中的【拟合】按钮，弹出【样条】对话框，如图 2-68 所示。其中，系统提供了 5 种定义点集的方法，前 4 种前面介绍过了，第 5 种方式为【文件中的点】。

（4）【垂直于平面】

该选项是以正交于平面的曲线生成样条曲线。单击【样条】对话框中的【垂直于平面】按钮，弹出【样条】对话框，如图 2-69 所示。

图 2-68　【样条】对话框 1

图 2-69　【样条】对话框 2

2．【艺术样条】

艺术样条是通过定义点生成一个不确定的样条曲线，同时还可以指定定义点的斜率和曲率的曲线。

在【草图工具】工具条中单击【艺术样条】按钮　或者执行菜单栏中【插入】/【曲线】/【艺术样条】命令（快捷键【S】），弹出【艺术样条】对话框，如图 2-70 所示。

【通过点】：通过指定艺术样条曲线的各定义点，生成一条通过各点的艺术样条曲线。

【根据极点】：通过指定艺术样条曲线的极点，与样条曲线的生成方式类似。

【匹配的结点位置】：勾选该选项，指定的样条定义点与样条结点位置重合。

【封闭的】：该选项用于控制生成的艺术样条曲线是否闭合。

【等参数】：以等参数的方式约束曲面的方向。

【固定相切方向】：勾选该选项时，生成的曲面将有一个固定的相切方向。

【速率】：用于控制微调的速度。编辑非常精细的曲线点时，可以选择该选项以减少手柄拖动对应点时的相对移动距离。

用户可在 0~100 之间选择一个速率数值，数值越大，微调量越大，反之越小。趋近于 0 的值可产生更精确的点移动。

3.【拟合曲线】

在【草图工具】工具条中单击【拟合曲线】按钮 或者执行【插入】/【曲线】/【拟合曲线】命令，弹出【拟合曲线】对话框，如图 2-71 所示。创建类型分为阶次和段、阶次和公差、模板曲线三种。

图 2-70 【艺术样条】对话框

图 2-71 【拟合曲线】对话框

【阶次和段】：根据样条曲线的节段数生成样条曲线。

【阶次和公差】：根据样条曲线与数据点的最大许可公差生成样条曲线。

【模板曲线】：根据模板样条曲线，生成曲线阶次及结点顺序与模板曲线相同的样条曲线。

2.3 草图绘制工具

草图绘制工具的相关命令如图 2-72 所示。下面分别介绍圆角、倒斜角、派生直线、镜像曲线、偏置曲线、阵列曲线、添加现有曲线、投影曲线交点、快速修剪、快速延伸及制作拐点命令。

图 2-72 草图绘制工具

2.3.1 圆角、倒斜角

1. 圆角

圆角是指在草图中的两条或三条曲线之间创建圆角。在【草图工具】工具条中单击【圆

角】按钮□或者执行【插入】/【曲线】/【圆角】命令（快捷键【F】），
弹出【圆角】选项卡，如图 2-73 所示。

【修剪】：修剪输入曲线，如图 2-74 所示。

【取消修剪】：对原曲线不修剪也不延伸，使曲线保持修剪前的
状态，如图 2-75 所示。

图 2-73　【圆角】选项卡

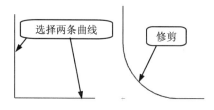 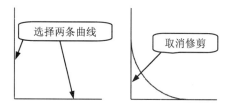

图 2-74　原曲线与修剪后的曲线　　图 2-75　原曲线与取消修剪后的曲线

【删除第三条曲线】：删除选定的第三条曲线，效果如图 2-76 所示。

【创建备选圆角】：反向创建圆角，圆角与两曲线形成环形，如图 2-77 所示。

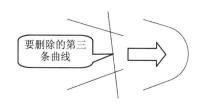 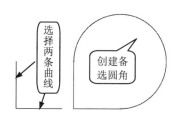

图 2-76　删除第三条曲线　　　　图 2-77　创建备选圆角

2. 倒斜角

倒斜角是指对两条草图线之间的尖角进行倒斜角。在【草图工具】工具条中单击【倒
斜角】□ 按钮或者执行【插入】/【曲线】/【倒斜角】命令，弹出【倒斜角】对话框，如
图 2-78 所示。系统提供了三种倒斜角方式：对称、非对称、
偏置和角度。

【修剪输入曲线】：勾选该选项是指修剪原曲线，如图
2-79 所示；若取消勾选该选项，则保持原曲线前提下倒斜
角，如图 2-80 所示。

2.3.2　派生直线

该选项是指以选取的直线为参考创建出新的直线。在
【草图工具】工具条中单击【派生直线】按钮□，或者执
行【插入】/【来自曲线集的曲线】/【派生直线】命令，
系统提示选择参考直线，根据选取直线的情况不同会出现

图 2-78　【倒斜角】对话框

不同的提示。

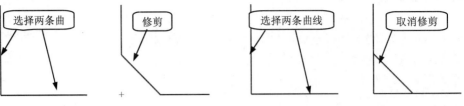

图 2-79　勾选修剪输入曲线　　　　　　图 2-80　取消勾选修剪输入曲线

1．偏置直线

该操作是将选取的直线按指定距离进行偏置而产生一条新的直线，偏置的方向是该直线的垂直方向。

单击【派生曲线】按钮，选取一条需要偏置的直线，移动鼠标到适当位置或直接在文本框输入偏置距离，单击鼠标中键或者按【Esc】键退出操作，如图 2-81 所示。

2．创建两条平行线的中心线

单击【派生曲线】按钮，分别选取两条平行直线，此时在两平行线中间生成一条新的直线。可以用绘图方法设置直线长度或者直接在【长度】文本框输入数值，按【Enter】键创建中心线，如图 2-82 所示。

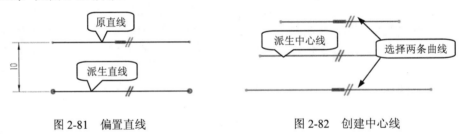

图 2-81　偏置直线　　　　　　　　　　图 2-82　创建中心线

3．创建两不平行线的角平分线

单击【派生曲线】按钮，分别选取两条不平行直线，此时，在两不平行线中间生成一条新的直线。可以用绘图方法设置直线长度或者直接在【长度】文本框输入数值，按【Enter】键创建角平分线，如图 2-83 所示。

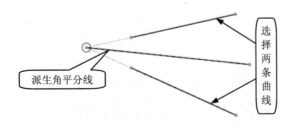

图 2-83　创建角平分线

2.3.3　镜像曲线

该选项是将草图几何对象以指定的一条直线为对称中心线，将所选取的草图对象进行镜像，复制出新的草图对象。镜像的曲线与原曲线形成一个新的整体，并且保持相关性，如图 2-84 所示。

在【草图工具】工具条中单击【镜像曲线】⬛ 按钮或者执行【插入】/【来自曲线集的曲线】/【镜像曲线】命令，弹出【镜像曲线】对话框，如图 2-85 所示。

【转换要引用的中心线】：勾选此选项，系统会将中心线转换为参考对象，若不勾选此选项，中心线保持原状态不变，如图 2-86 所示。

【显示终点】：勾选此选项，会显示出镜像后曲线的终点。

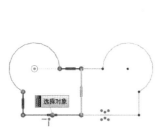
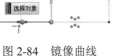
图 2-84　镜像曲线

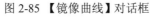
图 2-85　【镜像曲线】对话框

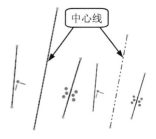
图 2-86　中心线转化为参考线与没有转化为参考线

镜像操作后，若删除镜像后的对象，则镜像原对象不变；将镜像后的对象进行尺寸标注，镜像的原对象也会跟着发生改变。

2.3.4　偏置曲线

该选项是将草图平面上的曲线链指定偏置距离来偏置曲线，并对偏置生成的曲线与原曲线进行约束，偏置曲线与原曲线具有关联性。

在【草图工具】工具条中单击【偏置曲线】按钮⬛或者执行【插入】/【来自曲线集的曲线】/【偏置曲线】命令，弹出【偏置曲线】对话框，如图 2-87 所示，生成的偏置曲线如图 2-88 所示。

图 2-87　【偏置曲线】对话框

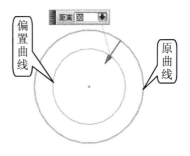
图 2-88　【偏置曲线】

【对称偏置】：勾选此选项后，创建的偏置曲线为对称偏置曲线，如图 2-89 所示。

【圆弧帽形体】：在【端盖选项】下拉菜单，勾选此选项后，创建的偏置曲线如图 2-90 所示。

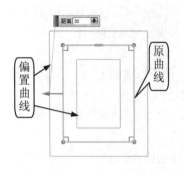
图 2-89　对称偏置曲线

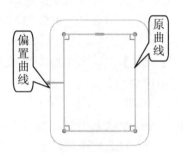
图 2-90　圆弧帽形体偏置曲线

2.3.5　阵列曲线

该选项是将草图平面上的曲线链指定布局来阵列曲线，并对阵列生成的曲线与原曲线进行约束，阵列曲线与原曲线具有关联性。

在【草图工具】工具条中单击【阵列曲线】按钮 或者执行【插入】/【来自曲线集的曲线】/【阵列曲线】命令，弹出【阵列曲线】对话框，如图 2-91 所示。【阵列曲线】提供了 3 种曲线的阵列方式，分别是线性、圆形和常规。

【线性】：阵列对象按照线性方式阵列。线性阵列的间距方式有【数量和间距】、【数量和跨距】和【节距和跨距】3 种。

【圆形】：阵列对象按照圆形方式阵列。线性阵列的间距方式也有【数量和间距】、【数量和跨距】和【节距和跨距】3 种。

【常规】：阵列对象按照从点到点、从坐标系到点、从点到坐标系和从坐标系到坐标系 4 种。

2.3.6　添加现有曲线

该选项是将已有的不属于草图对象的点或者曲线添加到当前的草图平面中。

在【草图工具】工具条中单击【添加现有曲线】按钮 或者执行【插入】/【来自曲线集的曲线】/【现有曲线】命令，弹出【添加曲线】对话框，如图 2-92 所示。

用户可以单击视图中需添加的曲线或点，也可以利用【过滤器】面板中的某些对象过滤器快速地选取某类对象。选完对象后，单击【确定】按钮，系统会自动将所选的曲线或点添加到当前草图中。

2.3.7　投影曲线

该选项是沿草图平面的法向将曲线、边或点（草图外部）投影到当前草图上。在【草图工具】工具条中单击【投影曲线】按钮 或者执行【插入】/【处方曲线】/【投影曲线】

命令，弹出【投影曲线】对话框，如图 2-93 所示。

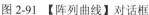

图 2-91　【阵列曲线】对话框

图 2-92　【添加曲线】对话框

选择要投影的曲线、边或点，单击鼠标中键或单击【确定】按钮，系统会将选中的曲线投影到当前草图平面中。

【关联】：勾选此选项，将使原来曲线与投影到草图上的曲线相关联。

【原先的】：选择该选项，投影到草图上的曲线和原来的曲线完全保持一致。

【样条段】：选择该选项，原曲线作为独立的样条段投影到草图上。

【单个样条】：选择该选项，原曲线被作为独立的单个样条投影到草图上。

【公差】：该选项决定被投影的多段曲线投影到草图工作平面上是否彼此邻接。如果他们的距离小于设置的公差值，将彼此邻接。

图 2-93　【投影曲线】对话框

2.3.8　交点

该选项是在曲线和草图平面之间创建一个交点。

在【草图工具】工具条中单击【交点】按钮 或者执行【插入】/【来自曲线集的曲线】/【交点】命令，弹出【交点】对话框，如图 2-94 所示。

选择要与草图平面创建交点的曲线，单击鼠标中键或者【确定】按钮，系统会将交点创建到当前草图平面上。

2.3.9　快速修剪

该选项是在草图上修剪对象，以任意方向将曲线修剪至最近的交点或选定的边界。可以通过按住鼠标左键拖动修剪多条曲线，也可以将光标移动的要修剪的曲线上预览将要修剪掉的部分。

在【草图工具】工具条中单击【快速修剪】 按钮或者执行【编辑】/【曲线】/【快速修剪】命令（快捷键【T】），弹出【快速修剪】对话框，如图 2-95 所示。

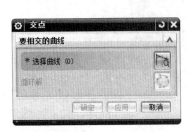

图 2-94 【交点】对话框

图 2-95 【快速修剪】对话框

【快速修剪】有如下两种操作方法：

（1）将光标移动到要修剪的曲线，如图 2-96 所示。单击完成修剪，如图 2-97 所示。

（2）修剪多条曲线，按住鼠标不放，将光标移过每条曲线，系统会对该曲线进行修剪，如图 2-98 所示。

图 2-96 选定曲线　　　　　　图 2-97 修剪曲线

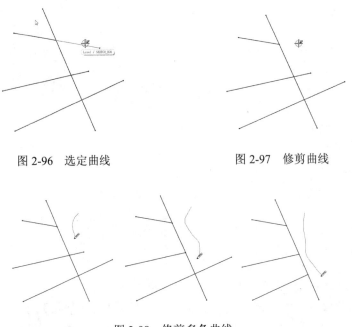

图 2-98 修剪多条曲线

2.3.10 快速延伸

该选项是在草图上延伸对象，将曲线延伸另一邻近曲线或选定的边界。可以通过按住鼠标左键拖动来延伸多条曲线，也可以将光标移动到要修剪的曲线上预览将要延伸的部分。

在【草图工具】工具条中单击【快速延伸】 按钮或者执行菜单栏中【编辑】/【曲线】/【快速延伸】命令（快捷键【E】），弹出【快速延伸】对话框，如图 2-99 所示。

【快速延伸】选项与【快速修剪】相似，此处不作介绍。

2.3.11　制作拐角

该选项是在草图上延伸或修剪两条曲线以制作拐角。可以通过按住鼠标拖动来给多条曲线制作拐点。

在【草图工具】工具条中单击【制作拐角】 按钮或者执行【编辑】/【曲线】/【制作拐角】命令，弹出【制作拐角】对话框，如图 2-100 所示。

图 2-99　【快速延伸】对话框

图 2-100　【制作拐角】对话框

不重合曲线制作拐点，如图 2-101 所示。

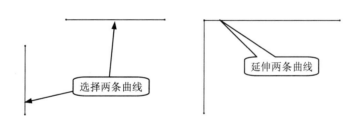

图 2-101　延伸两条曲线

两条相交曲线制作拐点，如图 2-102 所示。

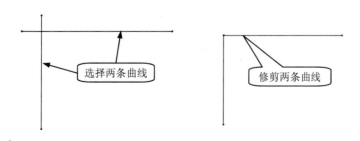

图 2-102　修剪两条曲线

2.4 草图的约束

创建完草图几何图形后，需要对其进行几何约束和尺寸定位。通过草图约束可以精确地控制草图的形状、大小和位置，从而精确控制草图中的对象并完整表达设计意图，从而创建参数驱动的设计。草图的约束共有两种类型，分别为几何约束和尺寸约束。当草图的几何形状和尺寸完全确定时，该草图为完全约束草图。但草图不一定要完全约束，只要完成设计目标即可，在没有特定要求时，建议采用完全约束来定义草图。本节主要介绍草图的约束。

2.4.1 草图点和自由度

草图工作界面的分析点称为草图点，控制这些草图点可以控制草图曲线，不同类型的草图曲线，其草图点也不相同，如图 2-103 所示。

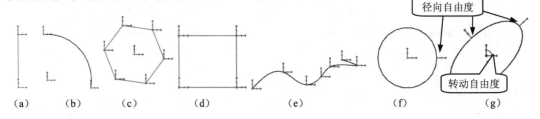

图 2-103 草图点

草图上可自由移动的点用【自由度(DOF)】箭头L来标记。【自由度】有三种类型：定位自由度，如图 2-103（a~e）所示。径向自由度，如图 2-103（f）所示。转动自由度，如图 2-103（g）所示。

没有添加约束的草图曲线在其草图点上显示出红色自由度箭头，表示该草图点可以沿着箭头对应方向移动。当将一个点约束为在给定方向上移动时，系统自动移除 DOF 箭头。应用一个约束可以移除多个 DOF 箭头。当所有箭头都消失时，草图线条即已完全约束并变成浅绿色，在状态栏中提示草图已完全约束。当对曲线或顶点应用的约束超过了对其控制所需的约束时，曲线或顶点就过约束了，默认情况下，几何图形及与其相关联的任何尺寸变为红色。当约束相互冲突时，默认情况下，冲突的约束及冲突中的相关几何图形变为品红色。

2.4.2 几何约束

草图对象的几何特征用【几何约束】来定义，建立两个及两个以上草图对象之间的相互几何关系。绘制完草图曲线后，根据需要对草图约束进行选择。具体约束类型见表 2-2 所示。

表 2-2　几何约束类型

图标	图中图标	名　称	说　明
		固定	根据以下所示的几何体类型，定义几何体的固定特性：1．点：固定位置。2．直线：固定角度。3．直线、圆弧或椭圆圆弧端点：固定端点位置。4．圆弧中心、椭圆圆弧中心、圆心或椭圆中心：固定中心点位置。5．圆弧或圆：固定半径及中心点位置。6．椭圆圆弧或椭圆：固定半径及中心点位置。7．样条控制点：固定控制点的位置
		完全固定	通过一个步骤来创建足够的约束完全定义草图几何图形的位置和方位
		重合	定义两个或多个的点具有相同位置
		同心	定义两个或多个的圆弧或椭圆弧具有相同中心
		共线	定义两条或多条直线位于相同或穿过同一直线的直线
		点在曲线上	定义一个点位于曲线上的
		点在线串上	定义一个点位于投影曲线上。必须先选择点，再选择曲线注：这是应用于投影曲线的唯一有效约束
		中点	定义一点的位置，使其与直线或圆弧的两个端点等距注：对于"中点"约束，可在除了端点以外的任意位置选择曲线
		水平	定义一条线水平
		竖直	定义一条线竖直
		平行	定义两条或多条直线或椭圆互相平行
		垂直	定义两条直线或椭圆互相垂直
		相切	定义两个对象相切
		等长	定义两条或多条直线等长
		等半径	定义两个或多个圆弧等半径
		定长	定义一条直线长度固定不变
		定角	定义一条直线相对于草图 CSYS 的角度固定不变
		镜像曲线	定义两个对象相互镜像
		设为对称	定义两个对象相互对称
		阵列曲线	定义曲线圆形阵列
		阵列曲线	在单方向定义曲线线性阵列
		阵列曲线	在两个方向定义曲线线性阵列
		阵列曲线	定义曲线常规阵列
		偏置曲线	偏置曲线命令对当前装配中的曲线链、投影曲线或曲线/边进行偏置，并使用"偏置"约束来对几何体进行约束
		曲线的斜率	定义一个样条（在定义点处选择）及另一个对象在选定点相切
		缩放，均匀	当两个端点都移动时（即当用户更改在端点之间创建的水平约束值时），样条会按比例缩放，以保持其原有形状
		缩放，非均匀	当移动两个端点时（即更改端点之间的水平约束值），样条会在水平方向上缩放，但是保持竖直方向上的原始尺寸。样条显示到草图中注：如果其内部所有定义点都已被约束，则无法将【缩放】约束应用到样条中
		修剪	【修剪配方曲线】命令修剪那些关联投影或相交到草图的曲线并创建一个修剪约束

1．显示草图约束

单击【草图工具】工具条中【显示草图约束】按钮，或者执行菜单栏中【工具】/【约束】/【显示草图约束】命令，可以显示对草图施加的所有几何约束，如图 2-104 所示。图 2-104（a）为功能关闭状态，图标显示为灰色；图 2-104（b）为功能打开状态，图标显示为白色。

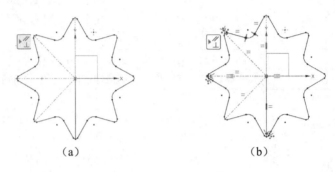

|（a）| |（b）|

图 2-104　【显示草图约束】命令显示草图几何约束符号

2．自动约束

自动约束是指系统用选择的几何约束类型，根据草图间的关系，自动添加相应约束到草图对象上的方法。【自动约束】的方法主要适用于位置关系已经明确的草图对象，对于约束那些添加到草图中的几何对象，尤其在该几何体从其他 CAD 系统导入时，自动约束命令特别有用。

在【草图工具】工具条中单击【自动约束】 按钮，或者执行【工具】/【约束】/【自动约束】命令，弹出【自动约束】对话框，如图 2-105 所示，利用该对话框可以对两个或两个以上的草图对象自动添加几何约束，在该对话框中选择添加到草图对象的约束类型，然后单击【确定】按钮。

【要约束的曲线】：选择要添加几何约束的曲线。

【要应用的约束】：包含了 11 种约束类型，可供用户进行设置。

【全部设置】：该选项可以选择全部约束。

【全部清除】：该选项可以清除全部约束。

【设置】：只有在公差范围以内的对象才可以受到约束条件的限制。

3．创建自动判断约束

在【草图工具】工具条中单击【创建自动判断约束】按钮，或者执行菜单栏中【工具】/【约束】/【创建自动判断约束】命令以创建自动判断约束对话框中定义的约束。默认情况下，该选项为开启状态，图标呈白色显示。

图 2-105　【自动约束】对话框

可使用创建自动判断约束命令，在曲线构造过程中激活自动判断约束。如果禁用自动判断约束，用户可在工作时充分利用这些约束，但实际的约束没有存储在文件中。预览几何约束时，可单击鼠标中键以锁定约束，防止草图曲线在任何其他方向移动。要在创建几何体时暂时禁用创建自动判断约束，则按住【Alt】键。

4．几何约束

在【草图工具】工具条中单击【几何约束】按钮  或者执行【插入】/【几何约束】命令（快捷键【C】），接着选择要添加约束的对象，系统将根据所选对象弹出【几何约束】对话框，在对话框中选择相应的按钮即可添加约束，如图 2-106 所示。

【约束】：指定要创建的约束的类型。具体类型说明见表 2-2 所示。

【要约束的几何体】：用于选择要约束的草图对象。

5．显示/移除约束

显示/移除约束用于查看几何对象的约束类型和约束信息，也可以删除对草图对象的几何约束限制。

在【草图工具】工具条中单击【显示/移除约束】 按钮，或者执行【工具】/【约束】/【显示/移除约束】命令，弹出【显示/移除约束】对话框，如图 2-107 所示。

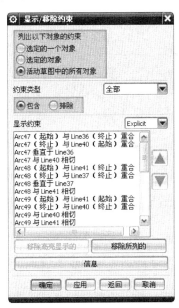

图 2-106 【几何约束】对话框　　　　图 2-107 【显示/移除约束】对话框

【选定的一个对象】：勾选该选项，用户只能在草绘工作界面选择一个草绘对象。

【选定的对象】：勾选该选项，用户能在草绘工作界面选择多个草绘对象。

【活动草图中的所有对象】：勾选该选项，系统会列出当前草图中所有对象的几何约束。

【约束类型】：该选项用于设置要显示的约束类型。当选择此下拉列表框时，会列出可选的约束类型，可以从中选择要显示的约束类型名称。

【包含】：选择该选项，则显示指定的约束类型。

【排除】：选择该选项，则显示指定的约束类型以外的其他约束。

【显示约束】：该列表框用于显示当前草图所选对象的指定类型的几何约束。当在列表中选择某一约束时，约束对应的草图对象会在草绘工作界面高亮显示，并在该对象旁显示草图对象的名称。

【移除高亮显示的】：用于移除当前高亮显示的几何约束，即用户选中的约束。

【移除所列的】：用于移除列出的所有几何约束。

【信息】：该选项用于查询约束信息。选择该选项，弹出【信息】对话框，如图 2-108 所示。该对话框用来显示当前所有草图对象之间的几何约束关系。

【例 2-2】 利用【几何约束】命令创建如图 2-109 所示图形中的约束。源文件为光盘中的 2.4.1.prt。

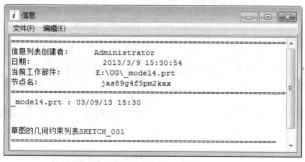

图 2-108 【信息】对话框   图 2-109 创建【几何约束】图例

设计基本思路：查看图形以确定图元所需添加的约束类型，利用【几何约束】命令，选择相应的约束类型及要约束的几何体，完成图形约束。

（1）打开文件 2.4.1.prt（或者打开参考【例 2-1】所做的草图），双击草图进入草绘环境。

（2）单击【草图工具】工具条中【显示草图约束】按钮，或者执行【工具】/【约束】/【显示草图约束】命令，确保【显示草图约束】功能为打开状态，图标显示为白色。

（3）在【草图工具】工具条中单击【几何约束】按钮或者执行【插入】/【几何约束】命令（快捷键【C】），打开【几何约束】对话框。草图点出现【自由度】箭头，状态栏提示完全约束草图所需的约束数，如图 2-110 所示。

（4）在【约束】组中，单击【竖直】开关，选择如图所示的直线 1 和直线 2，分别添加【竖直】约束，如图 2-111 所示。

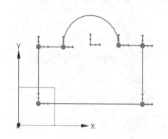

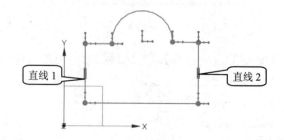

图 2-110 需约束的【自由度】   图 2-111 添加【竖直】约束

（5）在【约束】组中，单击【水平】开关 ⊟，选择如图所示的直线 3、直线 4 和直线 5，分别添加【水平】约束，如图 2-112 所示。

（6）在【约束】组中，单击【共线】开关 ⟍，选择【要约束的草图对象】为直线 3，选择【要约束到的草图对象】为直线 4，即添加了【共线】约束，如图 2-113 所示。

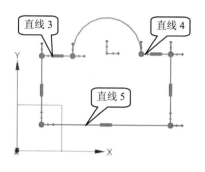

图 2-112　添加【水平】约束

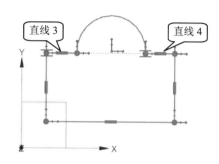

图 2-113　添加【共线】约束

（7）在【约束】组中，单击【点在曲线上】开关 ⊡，选择【要约束的草图对象】为圆心 6，选择【要约束到的草图对象】为直线 4，即添加了【点在曲线上】约束，如图 2-114 所示。

（8）在【约束】组中，单击【重合】开关 ⟋，选择【要约束的草图对象】为直线交点 7，选择【要约束到的草图对象】为坐标原点，即添加了【重合】约束，如图 2-115 所示。

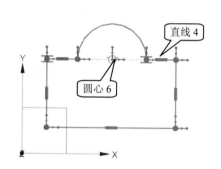

图 2-114　添加【点在曲线上】约束

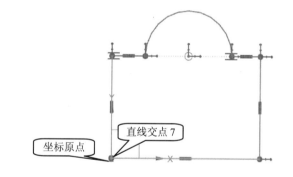

图 2-115　添加【重合】约束

（9）在【约束】组中，单击【中点】开关 ⊢，选择【要约束的草图对象】为圆心 6，选择【要约束到的草图对象】为直线 5，即添加了【中点】约束，如图 2-116 所示。

（10）按【Esc】键退出【几何约束】命令，单击【完成草图】按钮 ▦，退出草图环境。

【例 2-3】　利用第 1 章提到的【快捷工具条】同样可以添加约束。本例讲述如何利用【快捷工具条】创建如图 2-117 所示图形中的约束。源文件为光盘中的 2.4.2.prt。

设计基本思路：查看图形以确定图元所需添加的约

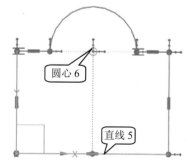

图 2-116　添加【中点】约束

束类型，拾取需添加约束的对象在快捷工具条中选择相应的约束予以添加，完成图形约束。

（1）打开文件 2.4.2.prt，双击草图进入草绘环境，打开草图如图 2-118 所示。

（2）单击【草图工具】工具条中【显示草图约束】按钮，或者执行【工具】/【约束】/【显示草图约束】命令，确保【显示草图约束】功能为打开状态，图标显示为白色。

（3）单击拾取直线 1 与圆弧 3，弹出【快捷工具条】工具条如图 2-119 所示，单击【相切】约束按钮，约束结果如图 2-120 所示。

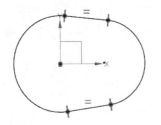

图 2-117　添加【约束】图例

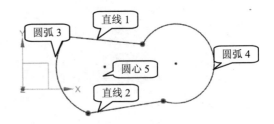

图 2-118　打开草图

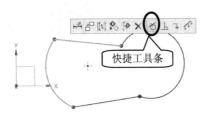

图 2-119　选中直线 1 和圆弧 3 的【快捷工具条】

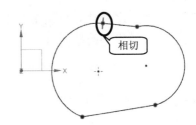

图 2-120　【相切】约束结果

（4）用同样的方法，约束直线 1 与圆弧 4、直线 2 与圆弧 3 及直线 2 与圆弧 4 相切，如图 2-121 所示。

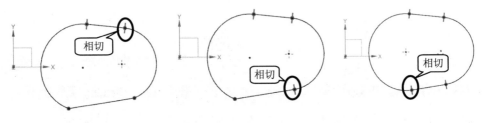

图 2-121　【相切】约束

（5）单击拾取圆心 5 与坐标原点，弹出【快捷工具条】如图 2-122 所示，单击【重合】约束按钮，【重合】约束结果如图 2-123 所示。

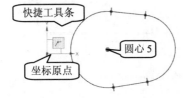

图 2-122　选中圆心 5 与坐标原点的【快捷工具条】

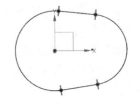

图 2-123　【重合】约束结果

（6）单击拾取直线 1 与直线 2，弹出【快捷工具条】如图 2-124 所示，单击【等长】约束按钮▤，【等长】约束结果如图 2-124 所示。

（7）按【Esc】键退出【几何约束】命令，单击【完成草图】按钮 ▨ ，退出草图环境。

2.4.3　尺寸约束

尺寸约束是对草图进行尺寸标注，通过约束尺寸改变草图的大小和形状。

在【草图工具】工具条中单击【自动判断尺寸】 ⊷ 按钮或者执行【插入】/【尺寸】/【自动判断尺寸】命令（快捷键【D】），弹出【尺寸】选项卡，如图 2-125 所示。

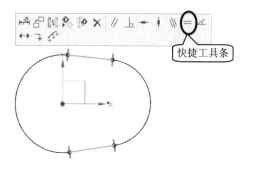

图 2-124　创建【等长】约束　　　图 2-125　【尺寸】选项卡

1．【草图尺寸对话框】按钮

单击【草图尺寸对话框】按钮 ，打开【尺寸】对话框，如图 2-126 所示。

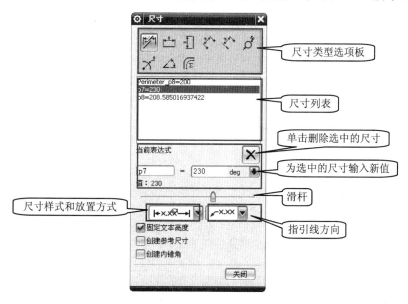

图 2-126　【尺寸】对话框

（1）尺寸类型选项板

系统提供了 9 种尺寸标注类型，详见表 2-3 所示。

表 2-3 【尺寸类型】详解

图标	名称	说　明	图例
	自动判断尺寸	系统会根据所选草图对象的类型和光标与所选对象的相对位置，采用相应的标注方法。当选择圆弧时，标注的是圆弧的半径；当选择圆时，标注的是圆的直径；当选择水平线时，标注的是水平线的水平尺寸；当选择斜线时，标注的可以是斜线的水平、竖直或平行尺寸	
	水平尺寸	系统会对所选对象水平方向进行尺寸约束，即平行于草图工作平面的 XC 轴方向进行尺寸约束。标注该类尺寸时，在草图选择同一个对象，将约束对象的水平尺寸；若选取两个不同对象，则约束的是这两个对象间的水平距离	
	竖直尺寸	系统会对所选对象竖直方向进行尺寸约束，即平行于草图工作平面的 YC 轴进行尺寸约束。标注该类尺寸时，在草图工作界面选中约束对象，则用两点的连线在垂直方向的投影长度约束尺寸	
	平行尺寸	系统会对所选对象进行平行于对象的尺寸约束。标注该类尺寸时，在草图工作界面选中同一对象或两个不同对象进行约束，则尺寸线将平行于这两点的连线方向	
	垂直尺寸	系统对所选的点到直线的距离进行垂直距离尺寸约束，尺寸线垂直于所选直线	
	角度尺寸	系统将所选的两条不平行直线创建角度约束。在标注该类尺寸时，系统会根据光标移动的不同位置标出两直线的夹角或者互补角	
	直径尺寸	系统对所选的圆弧对象进行直径尺寸约束。标注该类尺寸时，在草绘工作界面选取一圆弧曲线，则系统直接标注圆弧的直径尺寸	

续表

图标	名称	说　　明	图例
	半径尺寸	系统对所选的圆弧对象进行半径尺寸约束。标注该类尺寸时，在草绘工作界面选取一圆弧曲线，则系统直接标注圆弧的半径尺寸	
	周长尺寸	单击【周长尺寸】按钮，弹出【周长尺寸】对话框，对所选的多个对象进行周长尺寸约束	

在【草图工具】工具条中单击【自动判断尺寸】 按钮右侧的小箭头，弹出【尺寸】下拉菜单，如图 2-127 所示，其功能同表 2-3 所示相同。

（2）尺寸列表

列出当前草图中的所有尺寸，选中呈高亮蓝色显示。

（3）当前表达式

① 单击【删除】 按钮，删除选中的表达式。

② 在面板 中的对话框中可更改选中尺寸表达式的名称及数值。

（4）拖动【滑杆】可改变当前选中的尺寸数值。

（5）在【尺寸样式】下拉菜单 可供选择的样式有以下 4 种：

图 2-127 【尺寸】下拉菜单

① ：系统自动放置尺寸，尺寸位于尺寸线中间，尺寸箭头在内或外由系统自动判断。

② ：标注尺寸被人工放置，尺寸箭头在尺寸界线的内部。

③ ：标注尺寸被人工放置，尺寸箭头在尺寸界线的外部。

④ ：标注尺寸被人工放置，尺寸箭头方向同向。

（6）在【指引线方向】下拉菜单 可供选择的方向共有两种：

① ：指引线来自右侧。

② ：指引线来自左侧。

（7）勾选【固定文本高度】复选框时，缩放草图时，尺寸文本大小维持不变。

2. 【创建参考尺寸】按钮

系统默认【创建参考尺寸】功能为关闭状态，单击打开后图标呈高亮橙色显示。此时，标注的尺寸为参考尺寸（不能驱动图形），尺寸颜色变为灰色，尺寸不能进行编辑。同【尺寸】对话框中的【创建参考尺寸】复选框被选中的情况相同，再次单击即可关闭。

3. 【创建内错角】按钮

系统默认【创建内错角】功能为关闭状态，单击打开后图标呈高亮橙色显示。此时，标注的尺寸为曲线之间的最大尺寸。同【尺寸】对话框中的【创建内错角】复选框被选中的情况相同，再次单击即可关闭。

【例 2-3】 利用【尺寸约束】命令对给定图形标注如图 2-128 所示的尺寸。源文件为光盘中的 2.4.3.prt。

设计基本思路：分别对直线 1、直线 2 和圆弧 3 使用【自动判断尺寸】命令来标注尺寸至草图完全约束为止。

（1）打开文件 2.4.3.prt（或者打开参考【例 2-2】所做的草图），双击草图进入草图绘制环境。

（2）单击【草图工具】工具条中【自动判断尺寸】按钮或者执行【插入】/【尺寸】/【自动判断尺寸】命令（快捷键【D】），弹出【尺寸】选项卡。

（3）在图形窗口单击选择直线 1，在弹出的浮动对话框中输入数值 180，如图 2-129 所示，单击鼠标中键完成直线 1 的尺寸标注。重复上一步，选择直线 2，输入数值 100，如图 2-130 所示。继续重复上一步，选择圆弧 3，输入数值 40，如图 2-131 所示，完成尺寸标注。

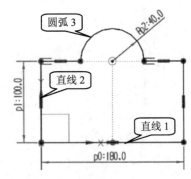

图 2-128　创建【几何约束】图例

图 2-129　创建直线 1 尺寸

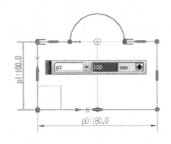

图 2-130　创建直线 2 尺寸

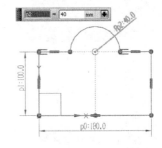

图 2-131　创建圆弧 3 尺寸

📖　一般应用【自动判断尺寸】就可以标注大部分尺寸，在特殊情况下，可以从下拉菜单中选取其他标注方法进行标注。

2.4.4　转换至/自参考对象

该选项是将草图中的曲线或尺寸转换为参考对象，也可以将参考对象转换为正常的曲线或尺寸。此外，有些草图对象和尺寸可能引起约束冲突，这时可以使用转换参考对象的操作来解决这一问题。

在【草图工具】工具条中单击【转换至/自参考对象】按钮，或者执行菜单栏中【工具】/【约束】/【转换至/自参考对象】命令，弹出【转换至/自参考对象】对话框，如图 2-132 所示。

当草图中的曲线或尺寸需转换为参考对象时，选择需转换的对象，并在对话框中选择【参考曲线或尺寸】，单击【确定】按钮，系统会将所选对象转化为参

图 2-132　【转换至/自参考对象】对话框

考对象。

当要将参考对象转换为草图中的曲线或尺寸时，需要选择已转换成参考对象的曲线或尺寸。并选择对话框中的【活动曲线或驱动尺寸】，单击【确定】按钮，系统将所选的草图对象激活，并在草图中正常显示。

📖 当活动的对象转为参考对象时呈灰色显示。活动转换为参考尺寸以后，将不能驱动图形，双击也不能被激活及重新更改数值。参考尺寸的标签为数值形式，参考曲线的线型为点画线。

【例 2-4】 利用【转换至/自参考对象】命令进行参考对象和活动对象之间的相互转换。源文件为光盘中的 2.4.4.prt，如图 2-133 所示。

设计基本思路：将尺寸 1 和直线 2 分别由活动对象转换为不活动对象，并进行反向操作。

（1）打开文件 2.4.4.prt，双击草图进入草图绘制环境。

（2）单击【草图工具】工具条中【转换至/自参考对象】按钮🔲，或者执行菜单栏中【工具】/【约束】/【转换至/自参考对象】命令，弹出【转换至/自参考对象】对话框。

（3）在图形窗口单击选择尺寸 1 和直线 2，单击对话框中的【应用】按钮，该尺寸和直线就转换为参考尺寸及参考线了，如图 2-134 所示。

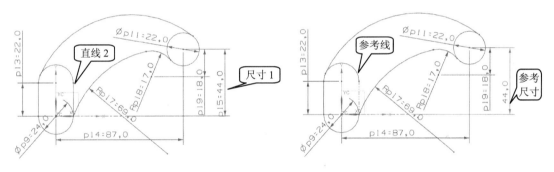

图 2-133　创建【几何约束】图例　　　　图 2-134　创建参考尺寸及参考线

（4）将参考尺寸和参考线段转换为活动的。勾选【转换至/自参考对象】对话框中【转换为】选项组的【活动的】复选框，然后选择步骤（3）中的两个参考对象，单击【确定】或【应用按钮】，这两个对象就重新被转为活动的对象了，如图 2-133 所示。

📖 可以快速利用快捷工具条实现【转换至/自参考对象】功能，在图形区域单击拾取要转换的对象，在弹出的快捷工具条中单击【转换至/自参考对象】按钮🔲完成转换。

2.4.5　备选解

使用备选解命令可针对尺寸约束和几何约束显示出备选解，并选择一个结果。单击【草图工具】工具条中【备选解】按钮🔲，或者执行【工具】/【约束】/【备选解算方案】命令，打开【备选解】对话框，如图 2-135 所示。

（1）选择线性尺寸的情况，如图 2-136 所示，在【备选解】对话框【对象 1】选项组中选择尺寸 1 所得到的两种备选方案。

图 2-135 【备选解】对话框

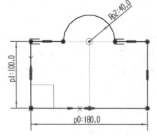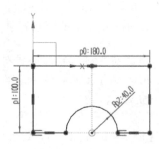

图 2-136 尺寸的备选解

（2）选择几何体的情况，如图 2-137 所示，在【备选解】对话框【对象 1】选项组中选择圆所得到的两种备选方案。

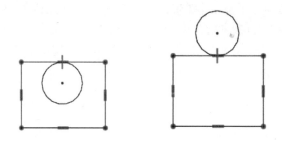

图 2-137 约束的备选解

2.5 绘制草图综合范例

为了帮助用户更好地掌握创建草图、对草图对象添加几何约束及尺寸约束和其他相关操作，本节通过吊钩及护板实例系统地演示草图生成器各命令的综合应用。草图绘制的基本思路为先绘制出大致轮廓，然后再添加各类约束，如产生冲突或者过约束，使用移除约束命令修改。

2.5.1 综合范例 1——吊钩

绘制出如图 2-138 所示的吊钩几何图形。

设计要求

该几何图形由多个圆及圆弧构成，包括两个同心的约束，注意圆弧之间的相切约束关系。在本案例中，通过讲解吊钩草图的绘制巩固前面学习的关于草图的一

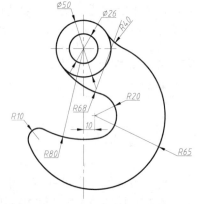

图 2-138 吊钩几何图形

些基本操作。

设计思路

（1）绘制出保持大致比例的基本轮廓。

（2）对创建的草图对象添加几何约束。

（3）对创建的草图对象添加尺寸约束。

新建文件

打开 UG NX 8.5，单击【标准】工具栏中的【新建】按钮，在弹出的【新建】对话框选择【模型】，输入文件名称"2.5.1.prt"，选择文件保存位置，单击鼠标中键或【确定】按钮。

创建草图轮廓

（1）单击【特征】工具条上的【任务环境中的草图】按钮，弹出【创建草图】对话框，选择系统默认的平面为基准面，单击鼠标中键或【确定】按钮进入草图绘制界面。

（2）单击关闭【连续自动标注尺寸】开关。

（3）单击打开【草图工具】工具条中【显示草图约束】开关。

（4）单击【草图工具】工具条中单击【圆】按钮或者执行【插入】/【曲线】/【圆】命令（快捷键【O】），

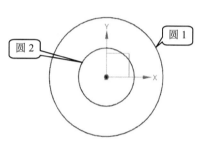

图 2-139　绘制圆 1 及圆 2

打开【圆】选项卡。采用【圆心和直径定圆】方式，捕捉坐标原点单击绘制圆心，在适当位置再次单击绘制出圆 1。重复操作，绘制出圆 2，如图 2-139 所示。

（5）单击【草图工具】工具条中单击【圆弧】按钮或者执行【插入】/【曲线】/【圆弧】命令（快捷键【A】），弹出【圆弧】选项卡。采用【三点定圆弧】方式绘制，捕捉圆 1上一点，单击确定圆弧起点位置，鼠标移至适当处单击确定端点，如当浮动对话框半径值为大致数值且第一点出现圆弧和圆的相切符号时，单击确定弧上一点位置，完成圆弧绘制，如图 2-140 所示。

图 2-140　绘制圆弧 1

（6）按照以上方法，依次绘制出圆弧 2、圆弧 3、圆弧 4 和圆弧 5，如图 2-141 所示。

（7）在【草图工具】工具条中单击【圆角】按钮或者执行【插入】/【曲线】/【圆角】命令（快捷键【F】），弹出【圆角】对话框，选择圆弧 3 和圆弧 5，移动鼠标至合适位置，单击完成绘制圆角，如图 2-142 所示。

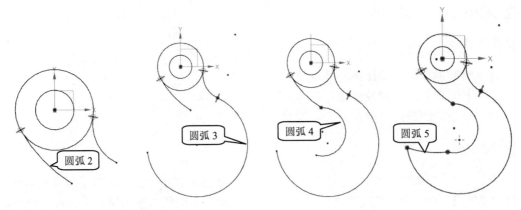

图 2-141　绘制圆弧 2、圆弧 3、圆弧 4 及圆弧 5

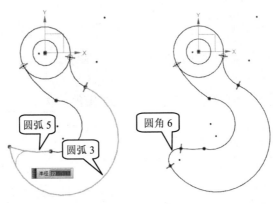

图 2-142　绘制圆角 6

✅ **添加几何约束**

（1）在【草图工具】工具条中单击【几何约束】按钮◢或者执行【插入】/【几何约束】命令（快捷键【C】），打开【几何约束】对话框。

（2）在【约束】组中，单击【相切】开关 ◢，选择【要约束的草图对象】为圆弧 2，选择【要约束到的草图对象】为圆弧 4，即添加了【相切】约束，如图 2-143 所示。按照同样的方法对圆弧 4 和圆弧 5 添加【相切】约束，如图 2-144 所示。创建草图轮廓过程中没有约束的相切关系也要约束。

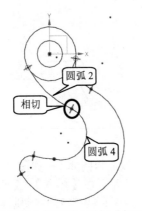

图 2-143　对圆弧 2 与圆弧 4 添加【相切】约束

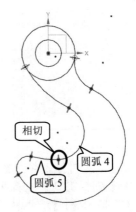

图 2-144　对圆弧 4 与圆弧 5 添加【相切】约束

（3）在【约束】组中，单击【同心】开关 ◎，选择【要约束的草图对象】为圆弧 5，选择【要约束到的草图对象】为圆 1，添加【同心】约束，如图 2-145 所示。按同样的方法，约束圆弧 3 和圆弧 4【同心】，如图 2-146 所示。

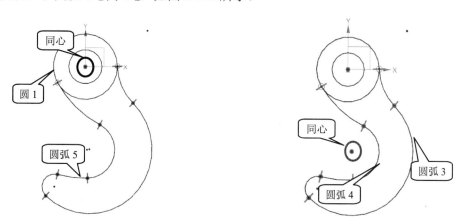

图 2-145　对圆 1 与圆弧 5 的圆心添加【同心】约束　图 2-146 对圆弧 3 与圆弧 4 的圆心添加【同心】约束

✅ **添加尺寸约束**

（1）系统默认的尺寸标签为表达式形式，为使图面简洁，可以更改为【值】的形式。通过执行【任务】/【草图样式】，打开【草图样式】对话框，利用【尺寸标签】下拉菜单，可以更改样式分别【值】。

（2）在【草图工具】工具条中单击【自动判断尺寸】 ↜ 按钮或者执行【插入】/【尺寸】/【自动判断尺寸】命令（快捷键【D】），弹出【尺寸】选项卡。

（3）选择圆 1，在系统弹出的浮动对话框中输入数值 50，如图 2-147 所示。继续标注圆 2 的尺寸为 26，如图 2-148 所示。

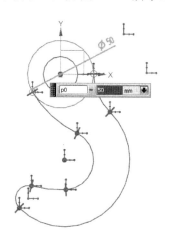

图·2-147　对圆 1 标注直径尺寸

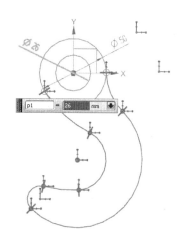

图 2-148　对圆 2 标注直径尺寸

（4）继续分别选择圆弧 1、圆弧 2、圆弧 3、圆弧 4、圆弧 5 和圆角 6，标注尺寸为 40、68、65、20、80、10，如图 2-149 所示。

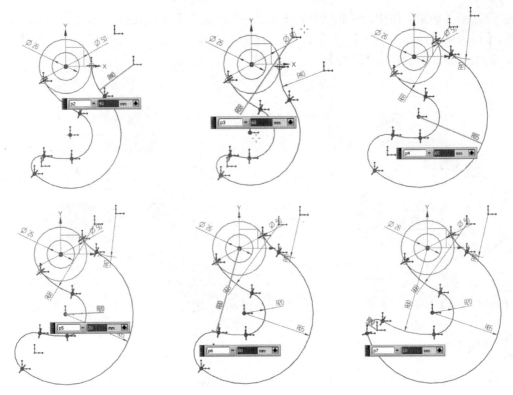

图 2-149　对圆弧 1、圆弧 2、圆弧 3、圆弧 4、圆弧 5 和圆角 6 标注尺寸

（5）单击选择 Y 轴与弧 3 圆心，标注垂直距离尺寸 10，如图 2-150 所示，草图完全变绿，状态栏提示"草图已完全约束"。

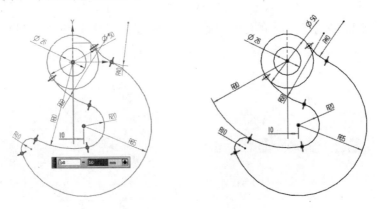

图 2-150　标注圆弧 3 圆心与 Y 轴垂直距离尺寸

> 对于初学者要养成以坐标原点定位草图的习惯。在进行几何约束和尺寸约束的过程中注意观察草图点的自由度变化及曲线颜色的变化，从而判断约束的情况。

✅ 保存并退出

（1）单击【完成草图】按钮 完成草图（快捷键【Ctrl】+【D】），完成曲线如图 2-151 所示。

（2）执行【文件】/【保存】命令，或者单击【保存】按钮🖫（快捷键【Ctrl】+【S】），保存草图。

2.5.2　综合范例 2——护板

绘制如图 2-152 所示护板几何图形的草图。

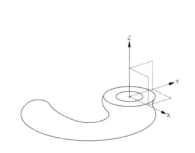

图 2-151　退出草图绘制环境

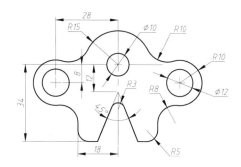

图 2-152　护板几何图形

❓设计要求

该几何图形为一个左、右对称；图中存在线段与圆弧相切，圆弧与圆同心等多种关系。在绘图中注意综合运用学过的草图的一些基本操作。

ℹ️设计思路

（1）绘制出保持大致比例的基本轮廓，同时对创建的草图对象添加几何约束及对创建的草图对象添加尺寸约束。

（2）执行【镜像曲线】命令镜像图形。

✅新建文件

打开 UG NX 8.5，单击【标准】工具栏中的【新建】按钮，在弹出的【新建】对话框选择【模型】，输入文件名称"2.5.2.prt"，选择文件保存位置，单击鼠标中键或【确定】按钮。

✅创建草图轮廓

（1）单击【特征】工具条上的【任务环境中的草图】按钮🔛，弹出【创建草图】对话框，选择系统默认的平面为基准面，单击鼠标中键或【确定】按钮进入草绘界面。

（2）单击关闭【连续自动标注尺寸】开关🔳。

（3）单击打开【草图工具】工具条中【显示草图约束】开关🔳。

（4）在【草图工具】工具条中单击【圆】按钮⭕或者执行【插入】/【曲线】/【圆】命令（快捷键【O】），打开【圆】选项卡。采用【圆心和直径定圆】⊙方式，捕捉坐标原点单击绘制圆心，在适当位置再次单击绘制出圆 1。执行【任务】/【草图样式】命令，打开【草图样式】对话框，在【尺寸标签】下拉菜单中可以更改样式为【值】。在【草图工具】工具条中单击【自动判断尺寸】按钮 或者执行【插入】/【尺寸】/【自动判断尺寸】命令（快捷键【D】），弹出【尺寸】选项卡。选择圆 1，在系统弹出的浮动对话框中输入数值 10，如图 2-153 所示。

（5）重复上述步骤，绘制圆 2，选择圆标注直径尺寸 12，选择圆 1 的圆心与圆 2 的圆心标注两者之间的水平定位尺寸 28 与竖直定位尺寸 8，如图 2-154 所示。

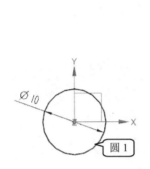

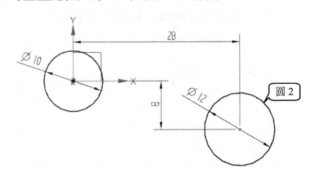

图 2-153　绘制完全约束的圆 1　　　　　　　图 2-154　绘制完全约束的圆 2

（6）在【草图工具】工具条中单击【圆弧】按钮 或者执行【插入】/【曲线】/【圆弧】命令（快捷键【A】），打开【圆】选项卡。采用【圆心和端点定圆弧】 方式，捕捉圆 1 的圆心，单击绘制圆弧 1 的圆心，在适当位置再次单击绘制出圆弧 1 的端点，再次单击绘制另一端点，绘制出圆弧 1，如图 2-155 所示。【草图工具】工具条中单击【几何约束】按钮 或者执行【插入】/【几何约束】命令（快捷键【C】），打开【几何约束】对话框。在【约束】组中，单击【点在曲线上】开关 ，选择【要约束的草图对象】为 Y 轴，选择【要约束到的草图对象】为圆弧 1 的左端点，添加【点在曲线上】约束，如图 2-156 所示。单击【自动判断尺寸】按钮 ，选择圆弧 1，标注半径尺寸 15，如图 2-157 所示。

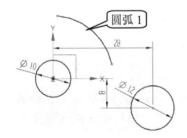
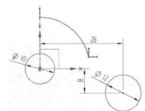
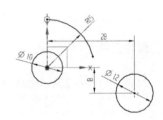

图 2-155　绘制圆弧 1　　　　图 2-156　约束圆弧 1 的左端点　　图 2-157　标注圆弧 1 的半径尺寸

（7）按照上一步骤，绘制圆弧 2，如图 2-158 所示，并标注圆弧半径尺寸 10，如图 2-159 所示。

（8）在【草图工具】工具条中单击【圆角】按钮 或者执行【插入】/【曲线】/【圆角】命令（快捷键【F】），弹出【圆角】对话框，选择圆弧 1 和圆弧 2，移动鼠标至合适位置，单击完成圆角 1 的绘制，如图 2-160 所示。标注圆角半径尺寸数值 10，如图 2-161 所示。

（9）在【草图工具】工具条中的【轮廓】按钮 ，或者执行【插入】/【曲线】/【轮廓】命令（快捷键【Z】），弹出【轮廓】选项卡。绘制如图 2-162 所示直线 1、直线 2、直线 3。激活【几何约束】命令，对直线 1 的上端点与 Y 轴添加【点在曲线上】的几何约束，如图 2-163 所示。激活【自动判断尺寸】命令，分别标注尺寸 34、12、18、22.5，如图 2-164 所示。

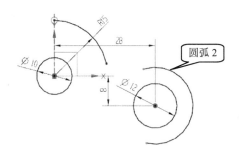

图 2-158　绘制圆弧 2

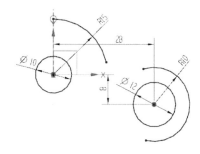

图 2-159　标注圆弧 2 的半径尺寸

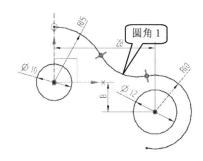

图 2-160　绘制圆角 1

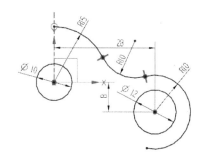

图 2-161　标注圆角 1 的半径尺寸

（10）重复步骤 7，绘制圆角 2、3，如图 2-165 所示。标注半径尺寸 5、8，如图 2-166 所示。

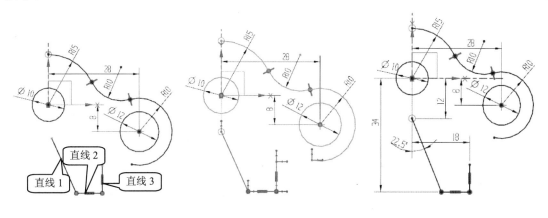

图 2-162　绘制直线 1、2、3　　　图 2-163　约束直线 1 的上端点　　　图 2-164　标注尺寸

（11）在【草图工具】工具条中单击【镜像曲线】 按钮或者执行【插入】/【来自曲线集的曲线】/【镜像曲线】命令，打开【镜像曲线】对话框，在【选择对象】选项组中单击选择圆 2、圆弧 1、圆弧 2、圆角 1、圆角 2、圆角 3、直线 1、直线 2、直线 3，如图 2-167 所示，在【中心线】选项组中单击选择 Y 轴，生成的镜像曲线如图 2-168 所示。

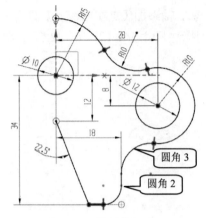

图 2-165　绘制圆角 2、3

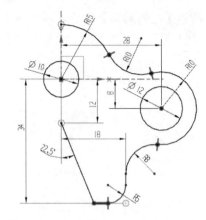

图 2-166　标注圆角 2、3 的半径尺寸

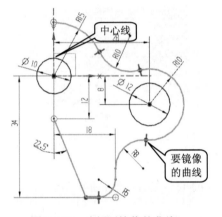

图 2-167　选择要镜像的曲线

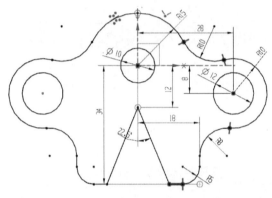

图 2-168　生成的镜像曲线

（12）绘制圆角 4，如图 2-169 所示，并标注半径尺寸 3，如图 2-170 所示。【状态栏】提示"草图已完全约束"。

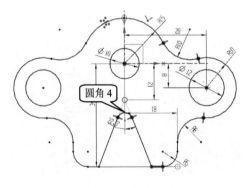

图 2-169　绘制圆角 4

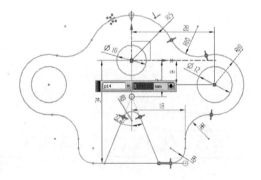

图 2-170　标注圆角 4 的半径尺寸

　　📖　在绘制草图时，可边绘制轮廓边做几何约束及尺寸约束，这样可以防止全部绘制完轮廓后再定义约束时图形出现变形较严重的情况。对于半径数值较小的圆弧可以通过执行【圆角】命令完成。

保存并退出

（1）单击【完成草图】按钮 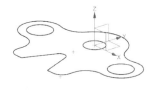 完成草图（快捷键【Q】），退出草图绘制环境，完成曲线如图 2-171 所示。

（2）执行【文件】/【保存】命令，或单击【保存】按钮 🖫（快捷键【Ctrl】+【S】），保存草图。

图 2-171　退出草图绘制环境的草图

📖 NX 中的草图不同于工程图，在绘制草图时可以用坐标系定义几何约束和尺寸约束，尽量少做辅助线，减少重复约束，这样，可以保证绘制草图的准确性和快速性。

2.6　本 章 小 结

本章主要讲述了草图基本知识、绘制基本几何体草图绘制工具及草图约束的一些基本命令，通过实例能更好地掌握本章内容。在后面的三维建模中，需要将草图与特征建模结合起来，一般情况下，用户都是先通过执行草图功能创建出模型的截面形状，再通过执行拉伸、回转命令完成实体特征的创建。

草图是三维图绘制的基础。草图不是工程图，不需要用它来绘制很复杂的图形。草图的参数化使其容易被编辑，这为今后的设计提供了帮助。

2.7　思 考 与 练 习

1．思考题

（1）绘制草图的步骤是什么？

（2）什么是内部草图、外部草图？它们之间有什么相同点及不同点？如何实现转换？

（3）草图的约束分几类？各自起到什么作用？

2．练习题

绘制如图 2-172（a）～（c）所示的草图，创建必要的几何约束和尺寸约束，使草图轮廓完全约束，并保存文件。

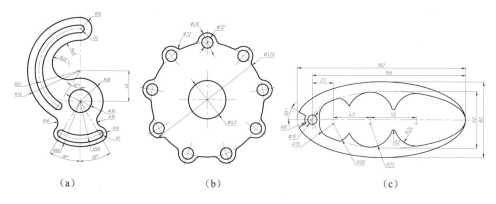

（a）　　　　　　　　（b）　　　　　　　　（c）

图 2-172　草图练习题

第3章 曲　　线

本章主要介绍 UG NX 8.5 的曲线功能，使其完成三维模型的空间曲线建立和编辑。UG 的曲线功能在其 CAD 模块中应用非常广泛。有些实体需要通过曲线的拉伸、旋转等操作去构造，也可以用曲线去创建曲面进行复杂实体造型。通过本章的学习，用户要掌握曲线建立的方法及编辑曲线的方法。

3.1　曲线基本知识

曲线同草图一样都可以构建出用于回转、拉伸等相关特征操作的基础图形，两者有共同点，但又有区别：（1）草图上的曲线被严格地限定在一个平面上，建模环境中的曲线是三维的。（2）建模环境中的曲线不能用几何约束和尺寸约束来定义。（3）建模环境中的曲线可以是非关联的、非参数化的，而草图中的曲线都是参数化的。

曲线的基本知识包括曲线工具栏及编辑曲线工具栏，下面分别对其展开介绍。

3.1.1　曲线工具条

曲线命令主要是生成点、直线、圆和椭圆等基本曲线，包括【曲线】、【来自曲线集的曲线】/【来自体的曲线】命令都能集成在【曲线】工具条上，如图 3-1 所示，或者执行【插入】/【曲线】/【来自曲线集的曲线】/【来自体的曲线】子菜单中的命令，如图 3-2 所示。有些命令没有显示出来，可以通过【定制】使其显示。曲线工具条中的命令具体说明如表 3-1 所示。

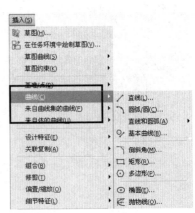

图 3-1　【曲线】工具条　　　　　　　图 3-2　【曲线】菜单栏

表 3-1 【曲线】工具条的说明

集合	图标	名称	说　明
曲线		直线	创建直线段
		圆弧/圆	创建关联的圆弧及圆特征。所获取的圆弧类型取决于组合的约束类型
		直线和圆弧工具条	用于通过预定义的约束组合来快速创建关联或非关联的直线和曲线
		基本曲线	显示"基本曲线"的对话框
		曲线倒斜角	在两条共面直线或曲线间创建出斜角
		矩形	通过选择两个对角来创建一个矩形
		多边形	在平行于 WCS 的 XC-YC 平面的平面内创建多边形
		椭圆	通过指定中心点、大径、小径和旋转角来创建曲线
		抛物线	创建抛物线。构造的默认抛物线的对称轴平行于 XC 轴
		双曲线	创建双曲线
		一般二次曲线	创建二次截面曲线
		螺旋线	沿矢量或脊线指定螺旋样条
	XYZ	规律曲线	使用规律函数创建样条。规律样条由一组 X、Y 及 Z 分量定义，必须指定每个分量的规律
		样条	可以根据极点、通过点、拟合、垂直于平面的四种方法创建样条
		艺术样条	可用两个或三个尺寸交互创建关联或非关联样条
		拟合曲线	将二次曲线或样条拟合到指定数据点可创建曲线
	A	文本	使用文本命令可根据本地 Windows 字体库中的 Truetype 字体生成 NX 曲线
来自曲线集的曲线		偏置曲线	在距现有直线、圆弧、二次曲线、样条和边的一定距离处创建曲线
		圆形圆角曲线	在两条 3D 曲线或边链之间创建光滑的圆角曲线
		在面上偏置曲线	可根据曲面上的相连边或曲线，在一个或多个面上创建偏置曲线
		桥接曲线	可以创建通过可选光顺性约束连接两个对象的曲线
		简化曲线	由曲线串（最多可选择 512 条曲线）创建一个由最佳拟合直线和圆弧组成的线串
		连结曲线	可将一连串曲线或边连接为连结曲线特征或非关联的 B 样条
		投影曲线	可将曲线、边和点投影到面、小平面化的体和基准平面上
		组合投影	可在两条投影曲线的相交处创建一条曲线
		镜像曲线	可以透过基准平面或平的曲面创建镜像曲线特征
		缠绕/展开曲线	将曲线从一个平面缠绕到一个圆锥面或圆柱面上，或从圆锥面或圆柱面展开到一个平面上
来自体的曲线		相交曲线	在两组对象的相交处创建一条曲线
		等参数曲线	沿着给定的 U/V 线方向在面上生成曲线
		截面曲线	在指定的平面与体、面或曲线之间创建相交几何体
		抽取曲线	使用一个或多个现有体的边和面创建几何体（直线、圆弧、二次曲线和样条）。体不发生变化。大多数抽取曲线是非关联的，但也可选择创建关联的等斜度曲线或阴影轮廓曲线
		抽取虚拟曲线	从面旋转轴、倒圆中心线和圆角面的虚拟交线创建曲线

3.1.2　编辑曲线工具栏

编辑曲线命令集成在【编辑曲线】工具条上，如图 3-3 所示，或者执行【编辑】/【曲线】命令，如图 3-4 所示，有些命令没有显示出来，可以通过【定制】使其显示。编辑曲线工具条中的命令具体说明如表 3-2 所示。

图 3-3　【编辑曲线】工具栏　　　　　　　　　图 3-4　【编辑曲线】菜单栏

表 3-2　【编辑曲线】工具条的说明

图标	名　称	说　明
	X 成形	使用 X 成形命令动态控制极点位置，以编辑 b 曲面或样条曲线
	编辑曲线	使用编辑曲线参数，可在适合选定曲线类型的创建对话框中编辑曲线
	修剪曲线	使用修剪曲线修剪或延伸曲线。可以指定修剪过的曲线与其输入参数相关联
	修剪拐角	对两条曲线进行修剪，将其交点前的部分修剪掉，从而形成一个拐角
	分割曲线	将曲线分割为一连串同样的分段（线到线、圆弧到圆弧）
	编辑圆角	编辑现有的圆角，此选项的操作类似于两个对象圆角的创建方法
	曲线长度	根据给定的曲线长度增量或曲线总长来延伸或修剪曲线
	光顺样条	通过最小化曲率大小或曲率变化来移除样条中的小缺陷
	模板成型	从样条的当前形状变换样条，以同模板样条的形状特性相匹配，同时保留原始样条的起点与终点

3.2　曲　　　线

【曲线】命令包括生成点、直线、圆弧、样条曲线、矩形、椭圆、样条、二次曲线等几何要素，本节主要讲述这些典型的曲线生成操作方法。通过本节的学习，用户可以掌握一般常用的建立曲线的方法。

3.2.1　直线

【直线】命令可创建直线段。当所需创建直线的数量较少或三维空间中与几何体相关时应用直线命令比较方便，如图 3-5 所示的直线是连接长方体的端点和圆柱体的上表面圆心，实例见光盘中"3.2.1.prt"。如果所有直线均在二维平面上，创建草图可能更容易。

单击【曲线】工具条上的【直线】按钮☑或者执行【插入】/【曲线】/【直线】命令，打开【直线】对话框，如图 3-6 所示。

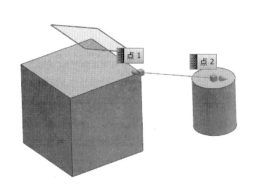

图 3-5 连接长方体端点和圆柱底面圆心的直线　　　　图 3-6 【直线】对话框

（1）【起点】：定义直线的起点。

【自动判断】☑：通过一个或多个点来创建直线。

【点】＋：根据选择的对象来确定要使用的最佳起点选项。

【相切】☑：用于创建与弯曲对象相切的直线。

（2）【终点或方向】定义直线的终点选项。

【自动判断】☑：通过一个或多个点来创建直线。

【点】＋：根据选择的对象来确定要使用的最佳起点选项。

【相切】☑：用于创建与弯曲对象相切的直线。

【成一角度】☑：用于创建与选定的参考对象成一角度的直线。

【沿 XC】xc:创建平行于 XC 轴的直线。

【沿 YC】yc:创建平行于 YC 轴的直线。

【沿 ZC】zc:创建平行于 ZC 轴的直线。

【沿法向】☑:沿所选对象的法向创建直线。

（3）【限制】：指定起始与终止限制以控制直线长度，如选定的对象、位置或值。

（4）【支持平面】：在各支持平面上定义直线。支持平面可以是自动平面、锁定平面和选择平面。

（5）【设置】：设置直线是否关联性。若更改输入参数，关联曲线将会自动更新。

【例 3-1】绘制如图 3-7 所示的两条直线，直线 1 和直线 2,其中，直线 1 长度为 10mm,直线 2 与直线 3 平行。实例见光盘中"3.2.2.prt"。

（1）打开模型 3.2.2.prt，如图 3-8 所示。

（2）单击【曲线】工具条上的【直线】按钮☑，打开【直线】对话框。

（3）单击如图 3-9 所示的【点 1】，沿 YC 方向移动鼠标，当出现图示字母"Y"时，单击鼠标中键，锁定方向（再次单击中键可取消方向锁定），输入长度"-10"，回车并单击【应用】得到直线 1。

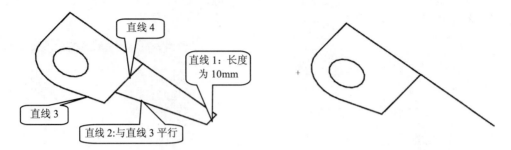

图 3-7　绘制直线 1 与直线 2　　　　　　　图 3-8　练习初始图

（4）继续执行【直线】命令，单击选择直线 1 的端点，即图 3-10 中所示【点 1】，【终点选项】选择【成一角度】，单击直线 3，即如图 3-10 所示高亮显示的直线 3，输入角度数值为"0"；在【限制】选项组中【终止限制】选择【直到选定】，选中如图 3-11 所示高亮显示的直线 4，单击鼠标中键或单击【确定】完成【直线】操作，得到直线 2。

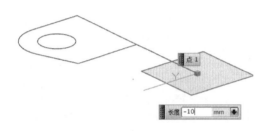

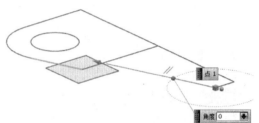

图 3-9　绘制直线 1　　　　　　　　图 3-10　直线 2【终点选项】所选择直线

　　例题中两端直线段的起点都要捕捉到直线的端点，在屏幕中捕捉工具条中端点的按钮一定要打开，当鼠标接近要单击的点时，屏幕上出现端点符号 ✏ 时，才可以捕捉到所需的点，否则，选择的点有可能是错的，可以放大屏幕进行验证。

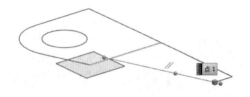

图 3-11　直线 2【终止限制】所选择直线

3.2.2　圆弧/圆

　　【圆弧/圆】命令可创建关联的空间圆弧和圆。圆弧类型取决于组合的约束类型。通过组合不同类型的约束，可以创建多种类型的圆弧和圆，如图 3-12 所示。【圆弧/圆】命令也可以创建非关联圆弧，此时圆弧不是特征。和直线命令一样，当在三维空间中需要绘制与几何体相关的圆弧或圆较少时，使用圆弧/圆命令比较方便。如果所有圆弧都在一个二维平面上，使用草图会比较容易。

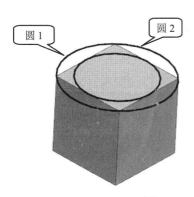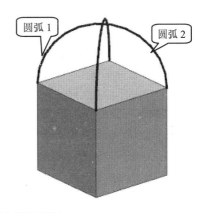

图 3-12　立方体与圆和圆弧

单击【曲线】工具条上的【圆弧/圆】按钮 ⌒ 或者执行【插入】/【曲线】/【圆弧/圆】命令，打开【圆弧/圆】对话框，如图 3-13 所示。

（1）【类型】设置圆弧或圆的创建方法类型。

【三点画圆弧】：在指定圆弧必须通过的三个点或指定两个点和半径时创建圆弧。

【从中心开始的圆弧/圆】：在指定圆弧中心及第二个点或半径时创建圆弧。

（2）【起点】指定圆弧的起点约束。在【圆弧或圆】的【类型】设置为【三点画圆弧】时显示。具体内容同【直线】对话框中【起点】选项相同。

（3）【端点】：用于指定终点约束。在【圆弧或圆】的【类型】设置为【三点画圆弧】时显示。终点约束的自动判断、点和相切选项的作用方式与起点选项约束相同。

图 3-13　【圆弧/圆】对话框

（4）【中点】用于指定中点的约束。中点约束的自动判断、点、相切和半径选项的作用与终点选项约束相同。

（5）【中心点】：用于为圆弧中心选择一个点或位置，仅在【圆弧或圆】的类型设置为【从中心开始的圆弧/圆】时显示。

（6）【通过点】：用于指定终点约束，仅当选择【从中心开始的圆弧/圆】类型的【圆弧/圆】时显示。

（7）【大小】在中点选项设置为半径时可用，用于指定半径的值。

（8）【支持平面】用于指定平面以在其上构建圆弧或圆，除非锁定该平面，否则更改约束后它可能发生更改。支持平面可以是自动平面、锁定平面和选择平面。

（9）【限制】

【起始限制】：用于指定圆弧或圆的起点。要定义起始限制，可以在对话框中输入起始限制值、拖动限制手柄，或是在屏显输入框中输入值。

【终止限制】：用于指定圆弧或圆的终点位置。

【角度】：将值或在点上类型的起始限制设置为您指定的值。

【整圆】：用于将圆弧指定为完整的圆。

【补弧】◐：用于创建圆弧的补弧。

（10）【设置】设置圆和圆弧是否关联。

【备选解】◌：如果圆弧或圆的约束允许有多个解，则在各种可能的解之间循环。

【例 3-2】 绘制如图 3-12 所示的两个圆和两个圆弧。实例见光盘中"3.2.3.prt"。

（1）打开模型 3.2.3.prt 或新建一个文档，绘制一个长宽高均为 100 mm 的立方体。

（2）单击【曲线】工具条上的【圆弧/圆】按钮◝，打开【圆弧/圆】对话框，选择三点画圆弧方式。

（3）绘制圆 1，依次单击图 3-14（b）中的【点 1】、【点 2】和【点 3】，然后单击【应用】便可绘制出圆 1。注意，图中三个点的位置，【点 3】是中间点。选择条中务必将【端点】按钮╱打开，并当鼠标所需端点时出现图 3-14（a）中的╱时，单击选中此点。

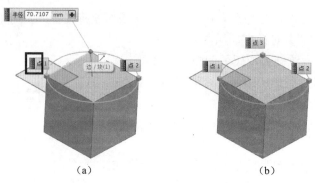

(a)   (b)

图 3-14　绘制图 3-10 中的圆 1

（4）绘制圆 2，选择三点画圆弧方式，【起点】选项选择【相切】，选择图 3-15 所示的【相切 1】边，【端点】选项选择【相切】，单击【相切 2】边，【中点】选项选择【相切】，单击【相切 3】边，单击鼠标中键或单击【应用】按钮，绘制出圆 2。注意，选择时应选择边，不能选择边上的点。

（5）绘制圆弧 1，选择三点画圆弧方式，依次单击图 3-16 所示【点 1】和【点 2】，【中点】选项选择【相切】，单击选择【相切 3】边，取消【限制】复选框的勾选，单击【补弧】按钮◐的绘制确保得到所需的圆弧后，单击鼠标中键或单击【应用】按钮，完成圆弧 1 的绘制。以相同方式绘制圆弧 2，这里不再赘述。

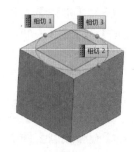

图 3-15　绘制图 3-10 圆 2

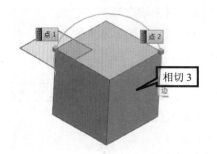

图 3-16　绘制图 3-10 圆弧 1 和相应的对话框

3.2.3　直线和圆弧工具条

【直线和圆弧】工具条是特殊的下拉菜单和工具条，用于通过预定义的约束组合来快速创建关联或非关联的直线和曲线。执行命令时不打开任何对话框和操作任何图标选项控件。

单击【曲线】工具条上的按钮，或执行【插入】/【曲线】/【直线和圆弧】命令，打开【直线和圆弧】工具条，如图 3-17 所示。

图 3-17　【直线和圆弧工具条】

【直线和圆弧】工具条上各命令的名称及功能说明如表 3-3 所示。工具条上各命令的捕捉点规则适用于多数直线和圆弧创建选项。

表 3-3　【直线和圆弧】工具条命令及功能说明

图标	名　称	说　明
关联	关联	关联开关。按钮打开时所创建的曲线是关联特征，更改输入的参数，关联曲线自动更新
	直线（点-点）	使用起始和终点约束创建直线
	直线（点-XYZ）	使用起点和沿 XC，YC 或 ZC 方向约束创建直线
	直线（点-平行）	使用起点和平行约束（角度约束设置为 0/180 度）创建直线
	直线（点-垂直）	使用起点和垂直约束（角度约束设置为 90 度）创建直线
	直线（点-相切）	使用起点和相切约束创建直线
	直线（相切-相切）	使用相切到相切约束创建直线
	无界直线	无界直线切换开关。借助当前选定的直线创建方法，使用延伸直线到屏幕边界选项可创建受视图边界限制的直线
	圆弧（点-点-点）	使用三点约束创建圆弧
	圆弧（点-点-相切）	使用起点和终点约束和相切约束创建圆弧
	圆弧（相切-相切-相切）	创建与其他三条圆弧有相切约束的圆弧
	圆弧（相切-相切-半径）	使用相切约束并指定半径约束创建与两圆弧相切的圆弧
	圆（点-点-点）	使用三个点约束创建一个完整的圆弧圆
	圆（点-点-相切）	使用起始和终止点约束和相切约束创建完整的圆弧圆
	圆（相切-相切-相切）	创建一个与其他三个圆弧有相切约束的完整圆弧圆
	圆（相切-相切-半径）	使用起始和终止相切约束并指定半径约束创建一个完整圆弧圆
	圆（中心-点）	使用中心和起始点约束创建基于中心的圆弧圆
	圆（中心-半径）	使用中心和半径约束创建基于中心的圆弧圆
	圆（中心-相切）	使用中心和相切约束创建基于中心的圆弧圆

单击左键创建直线或圆弧。单击中键可以取消创建直线和圆弧。捕捉点规则适用于多数直线和圆弧创建选项。当满足所有约束条件后，将自动创建直线和圆弧而没有使用平面

约束。

3.2.4　矩形

【矩形】命令用于通过选择两个对角点来创建一个矩形。在使用光标定义对角时，显示橡皮筋效果。它可以在实际创建之前显示矩形。矩形创建在 XC-YC、YC-ZC 或 XC-ZC 平面内。

单击【曲线】工具条上的【矩形】按钮□，或执行【插入】/【曲线】/【矩形】命令，两次打开【点】对话框，分别定义矩形两个对角点，得到所需要的矩形。如果要创建的矩形不在 XC-YC、YC-ZC 或 XC-ZC 平面内，则平行于 YC 轴创建其中的两条边。

【例 3-3】　绘制如图 3-18 所示的天圆地方线性框架。其中，矩形 40 mm×40 mm，上表面圆直径φ30 mm，上下表面间距离为 30 mm，实例参照光盘中"3.2.4.prt"。

设计基本思路：执行【矩形】【圆弧/圆】及【直线】命令绘制所要求的图形。

图 3-18　天圆地方线性框架

（1）在标准工具条上，单击【新建】按钮，或执行【文件】/【新建】命令，或者按快捷键【Ctrl】+【N】，打开【新建】对话框，指定文件名称及存盘路径，新建一个文件。

（2）绘制底面矩形：单击【曲线】工具条上的【矩形】按钮□，或者执行【插入】/【曲线】/【矩形】命令，打开【点】对话框，如图 3-19 所示。X 坐标输入"-20"、Y 坐标输入"-20"、Z 坐标输入"0"，单击【确定】按钮，得到矩形第一个角点，同时激活第二个【点】对话框，X 坐标输入"20"，Y 坐标输入 20，Z 坐标输入"0"，如图 3-20 所示，单击【确定】按钮，得到矩形第二个角点，绘制出如图 3-21 所示的底面矩形。

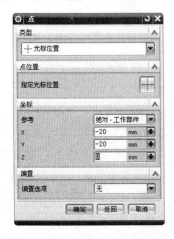

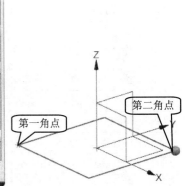

图 3-19　【矩形】命令第一角【点】　　图 3-20　【矩形】命令第二角【点】　　图 3-21　完成【矩形】

（3）绘制上表面圆，单击【曲线】工具条上的【圆弧/圆】按钮，打开【圆弧/圆】对话框，【类型】选择【从中心开始的圆弧/圆】，单击【点对话框】按钮，打开【点】对话框，输入中心点坐标：X、Y 坐标输入"0"，Z 坐标输入"30"，如图 3-22 所示，单击【确定】按钮。激活【支持平面】选项组，在【平面选项】下拉菜单中选择【选择平面】选项，如图 3-23 所示。单击选中 XY 平面，在屏显输入框中输入【距离】"30"并单击中键，如图 3-24 所示。返回【圆弧/圆】对话框，在【大小】选项组中输入【半径】"15"，如图 3-25 所示，并在【限制】选项组中勾选【整圆】复选框，单击【确定】按钮，得到上表面圆，如图 3-26 所示。

图 3-22 【点】对话框

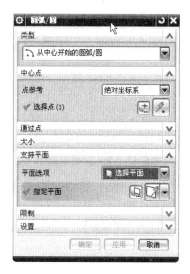

图 3-23 【圆弧/圆】对话框选择平面

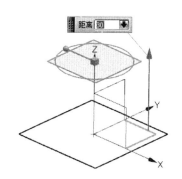

图 3-24 创建距离 XY 平面 30 的支持平面

图 3-25 【圆弧/圆】对话框 图 3-26 【圆弧/圆】对话框

（4）在圆上绘制两条辅助线，单击【曲线】工具条上的【直线】按钮☑，打开【直线】对话框，如图 3-27 所示。起点捕捉圆心，如图 3-28 所示。【终点或方向】选项组中选择【成一角度】，选择 X 轴，角度输入 45。【支持平面】选择【选择平面】，单击 XY 面，距离输入 30 按【Enter】键，在【限制】选项组中【起始限制】输入值–15、【终止限制】输入值 15，如图 3-29 所示。第一条得到直线，如图 3-30 所示。用相同的方法绘制其余直线，如图 3-31 所示。

（5）绘制 4 条连接上下表面的直线。单击【直线】按钮☑，起点和端点分别捕捉端点，得到第一条直线，如图 3-32 所示。按照上述步骤，可以得到其余 3 条直线，如图所示，这里不再详述。选中第（3）步绘制的两条辅助线，按快捷键【Ctrl】+【B】隐藏这两条辅助线，得到如图 3-33 所示的天圆地方线性框架。

图 3-27 【直线】对话框

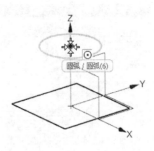

图 3-28 捕捉【圆心】作为直线起点

图 3-29 【终点或方向】与
　　　　【支持平面】

图 3-30 绘制第一条直线

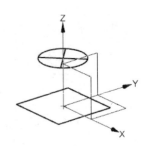

图 3-31 绘制其余三条直线

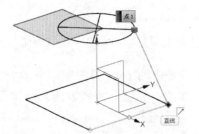

图 3-32 绘制连接上下表面的第一条直线

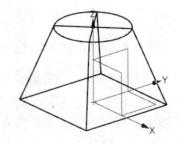

图 3-33 绘制其余三条线

> 📖 例题中两条辅助线的作用是为了找四条直线的端点。本例可以建立一个距离 XY 面为 30 的基准面，在作圆和辅助线时选择平面可以直接选择所作基准面。本例不作基准面，可以方便用户更全面地熟练命令。

3.2.5　椭圆

【椭圆】是平面上到两定点的距离之和为定值的点的轨迹。椭圆在为曲面搭建线型框架时应用较为广泛，UG 中椭圆都是在 XY 平面或平行于 XY 平面上进行创建的，如果需要其他平面的椭圆，需要通过坐标变换来实现。椭圆有两根轴：长轴和短轴（每根轴的中点都在椭圆的中心）。椭圆的最长直径就是长轴；最短直径就是短轴。长半轴和短半轴的值指的是这些轴长度的一半，如图 3-34 所示。

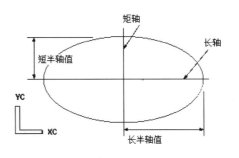

图 3-34　椭圆参数说明

椭圆的命令在默认的【曲线】工具条中没有，需要【定制】。执行【工具】/【定制】命令，出现如图 3-35 所示【定制】对话框。在【命令】选项卡【曲线】下拉菜单中找到【椭圆】按钮⊙，左键按住将其拖动到【曲线】工具条。

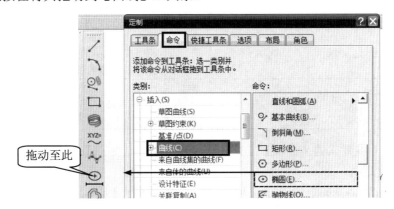

图 3-35　【定制】【椭圆】方法

单击【曲线】工具条上的【椭圆】按钮⊙，或者执行【插入】/【曲线】/【椭圆】命令，打开【点】对话框，指定椭圆的中心点，系统默认为基准坐标原点，单击【确定】按钮，出现【椭圆】对话框，如图 3-36 所示，定义椭圆的创建参数，此时输入图示的创建参数，单击【确定】按钮，出现如图 3-37 所示的椭圆。

图 3-36　【编辑椭圆】对话框

图 3-37　绘制的椭圆

【长半轴】和【短半轴】：长轴是椭圆的最长直径，短轴是最短直径。【长半轴】和

【短半轴】的值是指长轴和短轴长度的一半。

【起始角】和【终止角】：椭圆是绕 ZC 轴正向沿着逆时针方向创建的，根据椭圆起始角和终止角确定椭圆的起始和终止位置，它们都是相对于长轴测算的。

【旋转角度】：从 XC 轴逆时针方向旋转的角度，如图 3-38 所示。

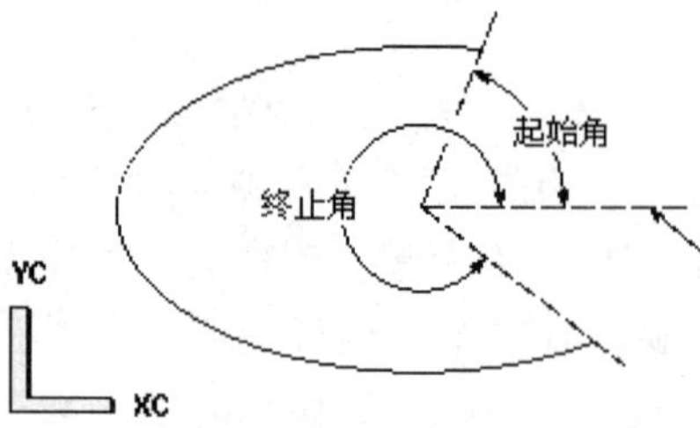

图 3-38 【椭圆】创建参数说明图

3.2.6　样条

UG 中创建的所有样条都是"非均匀有理 B 样条"（NURBS），在本章中，术语"样条"均指"B 样条"。

【样条】有四种创建方法，如表 3-4 所示。

表 3-4　样条的四种创建方法

方法	说明	图解	方法	说明	图解
根据极点	使样条向各数据点（即极点）移动，但并不通过该点，端点处除外		拟合	使用指定公差将样条与其数据点相"拟合"，样条不必通过这些点	
通过点	样条通过一组数据点		垂直于平面	样条通过并垂直于平面集中的各平面	

【样条】命令在默认的【曲线】工具条中没有，需要【定制】。定制方法同【椭圆】，在这里就不赘述了。

单击【曲线】工具条上的【样条】按钮～，或者执行【插入】/【曲线】/【样条】命令，打开【样条】对话框，如图 3-39 所示，单击【通过点】按钮，出现如图 3-40 所示对话框，采用默认选项，单击【确定】按钮或单击鼠标中键，出现如图 3-41 所示对话框，单击【点构造器】按钮，出现【点】对话框，此时在屏幕上连续单击多个点，如图 3-42 所示，两次单击【确定】按钮或鼠标中键，分别出现如图 3-43、图 3-44 所示的对话框，均采用默认设置，再单击【确定】按钮或鼠标中键得到如图 3-45 所示样条曲线。

图 3-39 【样条】对话框

图 3-40 【通过点生成样条】对话框

图 3-41 【样条】对话框　　　　　图 3-42 在绘图区单击多个点

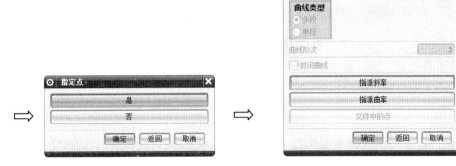

图 3-43 【指定点】对话框　　　　　图 3-44 【通过点生成样条】对话框

3.2.7 多边形

【多边形】命令可以在平行于 WCS 的 XC-YC 平面的平面内创建一个正多边形。 要想绘制一个非 XY 面的正多边形，需通过坐标变换实现。如图 3-46 所示在 XC-YC 平面绘制一个内切圆半径为 R30mm 的正六边形。

图 3-45 生成的样条曲线　　　　　图 3-46 第二条辅助线与第一条成 90°即可

【多边形】的命令在默认的【曲线】工具条中没有，需要【定制】。定制方法同【椭圆】，在这里就不赘述了。

单击【曲线】工具条上的【多边形】按钮☉，或者执行【插入】/【曲线】/【多边形】命令，打开【多边形】对话框，如图 3-47 所示，边数输入 6，单击【确定】按钮。出现如图 3-48 所示的【多边形】尺寸定义方法对话框，选择定义多边形大小的方式。

图 3-47 【多边形】对话框

图 3-48 【多边形】对话框

定义多边形大小有三种方式，如表 3-5 所示，这里单击【内切圆半径】，出现如图 3-49 所示输入半径和方位角的对话框，输入【内接半径】为 30，单击【确定】按钮即得到所需正六边形，单击【取消】按钮，退出【多边形】对话框命令。如果选择按【多边形边数】定尺寸的方法，则出现输入边的长度和方位角的方法，如图 3-50 所示。

表 3-5 选择定义多边形大小的方式

定义多边形方式	说　明
内切圆半径	输入内切圆半径值
多边形的边	输入多边形一边的边长值，并将该长度值应用到所有边
外接圆半径	输入外接圆的半径数值

图 3-49 【多边形】对话框 1

图 3-50 【多边形】对话框 2

3.2.8 螺旋线

【螺旋线】命令可以创建沿矢量或脊线指定螺旋样条，如图 3-51 所示，两条螺旋线分别是沿 Z 轴矢量和圆弧为脊线绘制的螺旋线。另外，可以指定规律类型以定义可变螺距和可变半径。

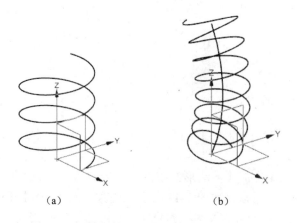

（a）　　　　　　　　　（b）

图 3-51 Z 轴矢量和圆弧为脊线绘制的螺旋线

单击【曲线】工具条上的【螺旋线】按钮 ，或者执行【插入】/【曲线】/【螺旋线】命令，打开【螺旋线】对话框，如图 3-52 所示。

（1）【类型】创建螺旋线的两种类型

【沿矢量】 ：用于沿指定矢量创建直螺旋线，如图 3-51（a）所示。

【沿脊线】 ：用于沿所选脊线创建螺旋线，如图 3-51（b）所示，中间圆弧为螺旋线的脊线。

（2）【方位】

【指定 CSYS】：用于指定 CSYS，以定向螺旋线。可以通过单击【CYS 对话框】按钮 或者选择【CYS 下拉菜单】 指定。将类型设置为沿矢量或将类型设置为沿脊线及将方位设置为指定时可用。创建的螺旋线与 CSYS 的方向关联。螺旋线的方向与指定 CSYS 的 Z 轴平行。可以选择现有的 CSYS，也可以使用其中一个的 CSYS 选项，或使用 CSYS 对话框来定义 CSYS。

【角度】：用于指定螺旋线的起始角。零起始角将与指定 CSYS 的 X 轴对齐。

（3）【大小】

【直径/半径按钮】：用于定义螺旋线的直径值或半径值。

【规律类型】：指定大小的规律类型。

（4）【螺距】

【规律类型】两个规律类型分别用于指定螺旋线半径/直径和螺距的规律类型。规律类型同规律曲线各分量的规律类型，如表 3-6 所示。

（5）【长度】

【方法】：按照圈数或起始/终止限制来指定螺旋线长度，包括【限制】和【圈数】选项，【限制】用于根据弧长或弧长百分比指定起点和终点位置，【圈数】用于指定圈数，输入的数值必须大于 0。

（6）【设置】

【旋转方向】：用于指定绕螺旋轴旋转的方向。【右手】：螺旋线为右旋（逆时针）；【左手】：螺旋线为左旋（顺时针）。

【距离公差】：控制螺旋线距真正理论螺旋线（无偏差）的偏差。减小该值可降低偏差。值越小，描述样条所需控制顶点的数量就越多。 默认值取自距离公差建模首选项。

【角度公差】：控制沿螺旋线的对应点处法向之间的最大许用夹角角度。

3.2.9　规律曲线

【规律曲线】是根据一定的规律或按照用户定义的公式而建立的样条曲线，它可以是二维曲线，也可以是三维曲线。规律曲线是使用规律定义曲线在 x、y、z 三个分量上的变化规律。对于各种规律曲线，往往需要使用不同的变化规律。

单击【曲线】工具条上的【规律曲线】按钮 ，或执行菜单栏【插入】/【曲线】/【规律曲线】命令，打开【规律曲线】对话框，如图 3-53 所示。

【规律类型】：x、y、z 三个分量可选的规律类型是相同的，三个分量不同规律类型的组合可以得到不同的规律曲线，各分量包含的规律类型如表 3-6 所示。

图 3-52 【螺旋线】对话框图

图 3-53 【规律曲线】对话框

表 3-6 【规律曲线】包含的规律类型

图标	名称	含义
	常数	给规律函数的一个分量定义一个常数值
	线性	定义从指定起点到指定终点变化的线性规律
	三次	定义一个从指定起点到指定终点的三次变化规律
	沿脊线的值-线性	使用沿着脊线的两个或多个点来定义线性规律函数。在选择脊线后，可以沿着该脊线指出多个点。系统会提示用户在每个点处输入一个值
	沿脊线的值-三次	指定沿着脊线的两个或多个点来定义一个三次规律函数。在选择脊线后，可以沿着该脊线指出多个点。系统会提示用户在每个点处输入一个值
	根据方程	以参数形式使用参数表达式变量 t 来定义方程。将参数方程输入到表达式对话框中。选择根据方程选项来识别所有的参数表达式并创建曲线
	根据规律曲线	用于选择一条由光顺连结的曲线组成的线串来定义一个规律函数

【例 3-4】 绘制如图 3-54 所示的正弦曲线。实例见光盘中"3.2.5.prt"。

（1）执行【文件】/【新建】命令或者单击【标准工具栏】上的【新建】图标，新建一个文件。

（2）执行【工具】/【表达式】命令，出现如图 3-55 所示【表达式】对话框，输入如图所示的两个函数：t=1；yt=sin(1800*t)，单击【确定】按钮。

（3）单击【曲线】工具条上的【规律曲线】按钮，执行【插入】/【曲线】/【规律曲线】命令，打开【规律曲线】对话框，设置参数如图 3-55 所示。

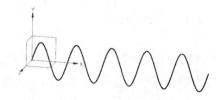

图 3-54 【规律曲线】绘制的正弦曲线

单击【确定】按钮，得到如图 3-54 所示的正弦曲线，该曲线 x 分量是线性变化规律，y 分量是根据正弦规律变化，而 z 分量是常数为 0。

图 3-55　【表达式】对话框

3.2.10　文本

使用【文本】命令可根据本地 Windows 字体库中的 TrueType 字体生成 NX 曲线。无论何时需要文本，都可以将此功能作为部件模型中的一个设计元素使用，如图 3-56 所示。

单击【曲线】工具条上的【文本】按钮Ａ，或者执行【插入】/【曲线】/【文本】命令，打开【文本】对话框，如图 3-57 所示。

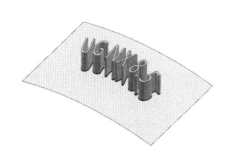

图 3-56　拉伸文字形成的特征

图 3-57　【文本】对话框

（1）【类型】用于指定文本类型。有三个选项。

【平面副】：用于在平面上创建文本。

【在曲线上】：用于沿相连曲线串创建文本。每个文本字符后面都跟有曲线串的曲率。可以指定所需的字符方向。如果曲线是直线，则必须指定字符方向。

【面上】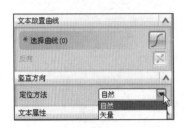：用于在一个或多个相连面上创建文本。

（2）【文本放置曲线】：仅针对在曲线上类型的文本显示，如图 3-58 所示。

【选择曲线】：用于选择文本要跟随的曲线。

【文本属性】：用于键入没有换行符的单行文本。

（3）【文本放置面】：仅针对在面上类型的文本显示，如图 3-59 所示。

图 3-58　【文本放置曲线】对话框

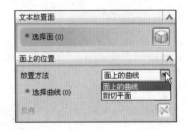
图 3-59　【文本放置面】对话框

【选择面】：用于选择相连面以放置文本。

（4）【竖直方向】：仅针对在曲线上类型的文本显示。

【定位方法】：用于指定文本的竖直定位方法，包括【自然】和【矢量】两种类型。【自然】指文本方位是自然方位；【矢量】指文本方位沿指定矢量。

【指定矢量】：仅可用于矢量类型的定位方法。为矢量类型的竖直定位方法指定矢量，包括【自动判断的矢量】和【矢量构造器】两种方法。

【反向】：仅可用于矢量类型的定位方法，使选定的矢量方向反向。

（5）【面上的位置】：仅针对在面上类型的文本显示。

【放置方法】：用于指定文本的放置方法，包括【面上的曲线】和【剖切平面】两种方法。【面上的曲线】指文本以曲线形式放置在选定面上。【剖切平面】指通过定义剖切平面并生成相交曲线，在面上沿相交曲线对齐文本。

【选择曲线】：仅可用于面上曲线类型的放置方法。用于为面上曲线类型的放置方法选择曲线。

【指定平面】：用于为剖切平面类型的放置方法指定平面，包括【自动判断】和【平面构造器】两种方法。

（6）【文本属性】。

【文本】：用于键入没有换行符的单行文本。要将双引号作为文本输入，请按住【Shift】键并按波浪号 (~) 和双引号 (")。

【选择表达式】：在选中参考文本复选框时可用。单击【选择表达式】时，显示【关系】对话框，可在其中选择现有表达式以同文本字符串相关联，或是为文本字符串定义表达式。

【参考文本】：选中该复选框时，生成的任何文本都创建为文本字符串表达式。选择表达式选项也变得可用。

【线型】：用于选择本地 Windows 字体库中可用的 TrueType 字体。字体示例不显示，但如果选择另一种字体，则预览将反映字体更改。

【脚本】：用于选择文本字符串的字母表（如 Western、Hebrew、Cyrillic）。

【字型】：用于选择字型【正常】、【加粗】、【倾斜】、【加粗倾斜】四种类型。

【使用字距调整】：选中此复选框可增加或减少字符间距。字距调整减少相邻字符对之间的间距，并且仅当所用字体具有内置的字距调整数据时才可用。并非所有字体都具有字距调整数据。

（7）【文本框架】。

【锚点位置】：仅可用于平面文本类型，指定文本的锚点位置，包括【左上】、【中上】、【右上】、【左中】、【中心】、【右中】、【左下】、【中下】、【右下】9 种选项。

【参数百分比】：指定剪切参数值。

【指定点】：仅可用于平面文本类型。在选定的平面上指定一个点以定位文本几何体，包括【点构造器】⊞和【原点】⚡两种方法。

（8）【尺寸】。

【长度】：将文本轮廓框的长度值设置为用户指定值。

【宽度】：将文本轮廓框的宽度值设置为用户指定值。

【高度】：将文本轮廓框的高度值设置为用户指定值。

【W 比例】：将用户指定的宽度与给定字体高度的自然字体宽度之比设置为用户指定的值。

（9）【设置】：创建关联的文本特征。

【例 3-5】 在球面上绘制如图 3-60 所示的文字，实例见光盘中"3.2.10.prt"。

图 3-60 球面上的文字　　　　　　　　图 3-61 原始图

（1）打开模型 3.2.10.prt，如图 3-61 所示。

（2）单击【曲线】工具条上的【文本】按钮Ａ，或者执行【插入】/【曲线】/【文本】命令，打开【文本】对话框，【类型】选择【面上】，【文本放置面】选择球面，在【面上的位置】/【放置方法】选择【面上的曲线】，单击选中球面上的圆，并单击【反向】按钮⊠，【文本属性】输入"艺术文字"，【线型】选择【华文楷体】，其余选择默认设置，如图 3-62 所示。

（3）单击鼠标中键或【确定】按钮，完成文本。执行【拉伸】命令完成所需要的实体，如图 3-63 所示。

图 3-62 【文本】对话框

图 3-63 文本创建过程

3.3 来自曲线集的曲线

【来自曲线集的曲线】命令包括偏置曲线、桥接曲线、投影曲线、组合投影、镜像曲线、缠绕/展开曲线等，都是根据已有的曲线来生成新曲线的方法。本节主要讲述这些典型的【来自曲线集的曲线】命令生成曲线操作方法。

3.3.1 偏置曲线

【偏置曲线】命令可在距现有直线、圆弧、二次曲线、样条和边的一定距离处创建曲线。偏置曲线是通过垂直于选定基本曲线或位于选定基本曲线某一矢量处计算的点来构造的。多条曲线只有位于连续线串中时才能偏置。生成曲线的对象类型与其输入曲线相同，但二次曲线和使用【大致偏置】选项或【3D轴向】方法创建的曲线除外，这两种偏置曲线为样条。

单击【曲线】工具条上的【来自曲线集的曲线下拉菜单】下的【偏置曲线】按钮 ，或执行【插入】/【曲线】/【来自曲线集的曲线】/【偏置曲线】命令，打开【偏置曲线】对话框，如图 3-64 所示。

图 3-64 【偏置曲线】对话框

（1）【类型】：指定要如何偏置曲线。包括如下四种类型。

【距离】：在输入曲线平面上的恒定距离处创建偏置曲线，如图 3-65 所示。

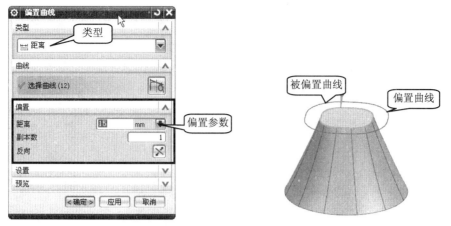

图 3-65　按【距离】偏置曲线

【拔模】：在与输入曲线平面平行的平面上创建指定角度的偏置曲线，如图 3-66 所示。

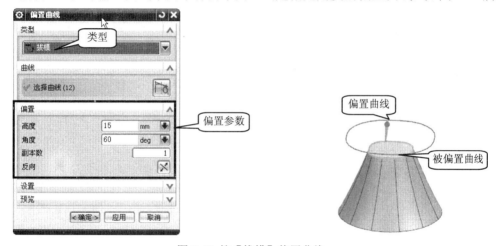

图 3-66　按【拔模】偏置曲线

【规律控制】：在输入曲线的平面上，在规律类型指定的规律所定义的距离处创建偏置曲线，如图 3-67 所示。

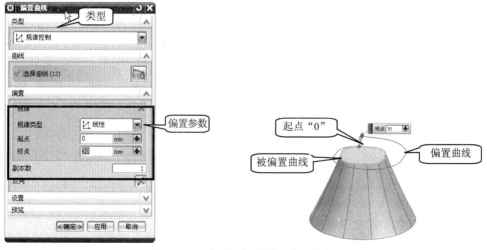

图 3-67　按【规律控制】偏置曲线

【3D 轴】：创建共面或非共面 3D 曲线的偏置曲线，必须指定距离和方向。ZC 轴是初始默认值。生成的偏置曲线总是一条样条，如图 3-68 所示。

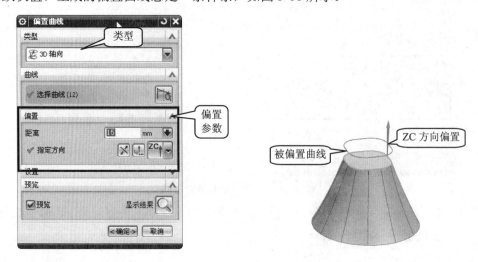

图 3-68　按【3D 轴向】偏置曲线

（2）【曲线】

【选择曲线】：用于选择要偏置的曲线。

（3）【偏置平面上的点】：当输入曲线没有定义平面时，此选项仅针对距离、拔模和规律控制类型的偏置曲线显示。

【指定点】：包括两种方式，分别为【点构造器】和【自动判断的点】。

（4）【偏置】：相对偏置的参数。包括以下三类。

【距离】：仅针对【距离】和【3D 轴】类型的偏置曲线显示。用于在锥形箭头矢量指示的方向上，指定与选定曲线之间的偏置距离。距离值为负将在相反方向创建偏置曲线。

【高度】：仅针对【拔模】类型的偏置曲线显示。用于指定拔模高度（从输入曲线平面到生成的偏置曲线平面之间的距离）。

【角度】：仅针对【拔模】类型的偏置曲线显示。用于指定从偏置矢量到输入曲线所在的参考平面的垂直线之间的夹角。

（5）【规律】：仅针对【规律控制】类型的偏置曲线显示。

【规律类型】包括【恒定】、【线性】、【三次】、【沿脊线的线性】、【沿脊线的三次】、【根据方程】、【根据规律曲线】7 种类型。

【值】：仅针对【恒定】规律类型的偏置曲线显示，用于指定偏置距离的值。

【起始值/终止值】：仅针对【线性】和【三次规律】类型的偏置曲线显示。将起始值/终止值设置为用户指定的值。

【指定新的位置】：仅针对【沿脊线的线性】和【沿脊线的三次】规律类型的偏置曲线显示。用于指定沿脊线的位置。采用【点构造器】和【自动判断的点】两种方式指定位置。

【参数】：仅针对【根据方程】规律类型的偏置曲线显示，用于指定方程的参数。

【函数】：仅针对【根据方程】规律类型的偏置曲线显示，用于指定函数。

【选择规律曲线】：仅针对根据规律曲线规律类型的偏置曲线显示，用于选择规律曲线。

【选择基线】✎：仅针对【根据规律曲线】规律类型的偏置曲线显示，用于选择规律曲线的基线。

【反向】⊠：仅针对【根据规律曲线】规律类型的偏置曲线显示。反转指定矢量的自动判断方向。

【副本数】：仅针对【距离】、【拔模】和【规律控制】类型的偏置曲线显示。构造多个偏置曲线集。每个集的偏置距离都等于用户指定的上一个集的偏置距离（使用偏置选项）。

（6）【沿脊线的值】：仅针对【沿脊线的线性】和【沿脊线的三次】规律类型显示。输入曲线用作脊线。

【距离】：将沿脊线的指定位置处的偏置距离值设置为用户指定的值。

【位置】：指定一种方法来修改沿脊线的指定位置，包括【弧长】、【弧长百分比】和【通过点】三种方式。

【弧长】：仅针对【弧长】位置选项显示，用于指定沿脊线的弧长值以修改先前指定的位置。

【弧长百分比】：仅针对【弧长百分比】位置选项显示。用于指定沿脊线的弧长百分比值以修改先前指定的点位置。

【指定点】：用于指定沿脊线的不同点以修改先前指定的点位置。采用【点构造器】⊞和【自动判断的点】⬦两种方式指定位置。

（7）【设置】

【关联】：用于创建与输入曲线和定义数据关联的偏置曲线。当修改原始曲线时，偏置曲线会在需要时进行更新。

【输入曲线】：定创建偏置曲线时对原始输入曲线的处理。有【保持】、【隐藏】、【删除】、【替换】选项可供选择。

【修剪】：指定修剪或延伸偏置曲线到其交点的方法，包括【无】、【相切延伸】、【圆角】三种选项，如图 3-69 所示。

（a）【无】　　　　　（b）【相切延伸】　　　　（c）【圆角】

图 3-69 【修剪】类型

【大致偏置】：仅适用于【距离】和【拔模】类型的偏置曲线。提供了更稳固的偏置曲线应用处理。当生成多余的偏置曲线的自相交输入曲线时，或者无法正确修剪曲线时，使用此选项。偏置曲线为样条。

【高级曲线拟合】：仅针对【距离】、【拔模】和【规律控制】类型的偏置曲线显示。用于从【方法】列表中选择曲线拟合，包括【阶次和段数】、【阶次和公差】、【保持参数化】、【自动拟合】4 种拟合形式。

（8）【非关联设置】：仅当未选中关联复选框时才显示。

【组对象】：用于指定是否要将偏置曲线分组。

【延伸因子】：仅针对【距离】和【拔模】类型偏置曲线的【相切延伸】修剪类型显示。控制偏置切向延伸线的长度，指定偏置距离的倍数。

3.3.2 桥接曲线

执行【桥接曲线】命令可以创建通过可选光顺性约束连接两个对象的曲线，也可以使用此命令跨基准平面创建对称的桥接曲线。如图 3-70 所示，使用一个曲线桥接两条直线。

单击【曲线】工具条上的【来自曲线集的曲线下拉菜单】下的【桥接曲线】按钮 ，或执行【插入】/【来自曲线集的曲线】/【桥接】命令，打开【桥接曲线】对话框，如图 3-71 所示。

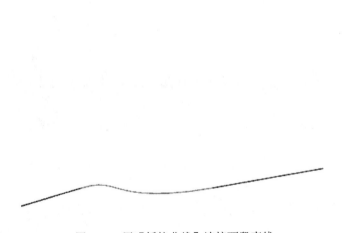

图 3-70　用【桥接曲线】连接两段直线

图 3-71　【桥接曲线】对话框

（1）【起始对象】

【截面】：选择一个可以定义曲线起点的截面，可以选择曲线或边。

【对象】：选择一个对象以定义曲线的起点，可以选择面或者点。

（2）【终止对象】选择定义曲线终点的截面、对象、基准或矢量。

【截面】：选择一个可以定义曲线终点的截面，可以选择曲线或边。

【对象】：选择一个对象以定义曲线的终点，可以选择面或者点。

【基准】：允许用户为曲线终点选择一个基准，并且曲线与该基准垂直，此选项仅适用于终止对象。将连续性设置为 G2，将形状控制设置为深度和歪斜度。

【矢量】：允许用户选择一个可以定义曲线终点的矢量。

（3）【连接性】

【起始/结束】：用于指定要编辑的点为起点或终点。可以为桥接曲线的起点与终点单独设置连续性、位置及方向选项。

【连续性】：包括 G0（位置）、G1（相切）、G2（曲率）和 G3（流）的选项。

【位置】：包括【圆弧】、【弧长百分比】、【参数百分比】和【通过点】。

【方向】：允许用户基于所选几何体定义曲线方向，包括【相切】（定义拾取点处指向桥接曲线终点的切矢方向）、【垂直】（强制选择点处指向桥接曲线终点的法向）。

（4）【约束面】

【选择面】：用于选择桥接曲线的约束面。当设计需要一条曲线与面集重合时，或当创建曲线网来定义用于倒圆的相切边时，使用此选项。【约束面】仅支持 G0（位置）与 G1（相切）连续性而不支持二次曲线形状类型。

（5）【半径约束】：指定半径最小值或峰值。

（6）【形状控制】：用于控制桥接曲线的形状。

（7）【方法】：默认为相切幅值，用交互方式对桥接曲线进行定型。

（8）【设置】：设置桥接曲线是否关联。

【例 3-6】　绘制如图 3-72 所示的 4 条桥接曲线。本示例说明如何使用相切桥接曲线在两个不同的直径之间进行过渡。最终部件包含四条桥接曲线和一条基于这些曲线的通过曲线网格的曲面，实例见光盘中的"3.2.6.prt"。

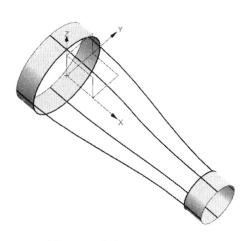
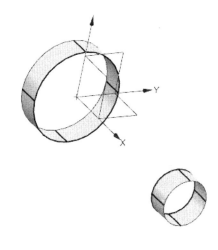

图 3-72　【桥接曲线】完成图　　　　图 3-73　练习初始图

（1）打开模型 3.2.6.prt，如图 3-73 所示。

（2）单击【曲线】工具条上的【桥接曲线】按钮，或执行【插入】/【来自曲线集的曲线】/【桥接】命令，打开【桥接曲线】对话框，在部件底部指定第一条桥接曲线的起点与终点，则在如图 3-74 所示的 1 与 2 处选择两直线的端点，单击【应用】按钮完成第一条桥接曲线。

（3）指定第二条桥接曲线的起点与终点，如图 3-75 所示的在 3 与 4 处选择曲线端点，单击手柄处并输入数值"2"，更改起点的相切幅值，单击【应用】按钮完成第二条桥接曲线。

（4）用相同的方法绘制另外两条桥接曲线，得到如图 3-75 所示的图形。

（5）绘制曲线的目的是为了绘制曲面。执行【通过曲线网格】命令绘制的曲面如图 3-76

所示。

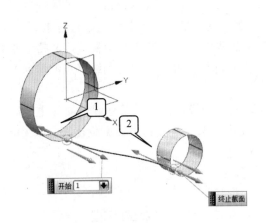

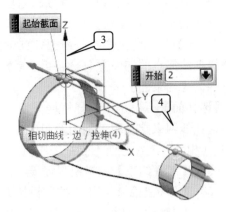

图 3-74　绘制一条桥接曲线　　　　　图 3-75　第二条桥接曲线

3.3.3　投影曲线

【投影曲线】将曲线、边和点投影到面、体和基准平面上。投影方向可指沿矢量、点或面的法向，或者与其成一角度。如图 3-77 所示显示草图曲线沿–Z 轴投影到片体上。

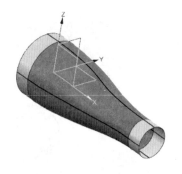

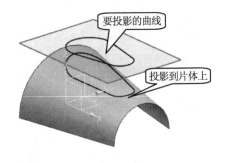

图 3-76　【通过曲线网格】命令绘制的曲面　　　图 3-77　曲线沿 z 轴反向投影到片体

单击【曲线】工具条上的【来自曲线集的曲线下拉菜单】下的【投影曲线】按钮，或执行【插入】/【来自曲线集的曲线】/【投影】命令，打开【投影曲线】对话框，如图 3-78 所示。

（1）【要投影的曲线或点】：用于选择要投影对象的曲线、边、点或草图，也可以使用【点构造器】来创建点。

（2）【要投影的对象】：选择要投影的面、小平面化的体或基准平面，也可以使用完整平面工具来创建平面作为要投影的平面。

（3）【投影方向】：用于指定投影方向。使用沿面的法向或沿矢量方法将对象投影到平面上是精确的。所有其他投影都使用建模公差值的近似投影。

图 3-78　【投影曲线】对话框

（4）【缝隙】：桥接投影曲线中任何两个段之间的小缝隙，并将这些段连结为单条曲线。仅当同时满足以下条件时才桥接缝隙，缝隙距离小于最大桥接缝隙大小中定义的距离，缝隙距离大于指定的建模公差。

（5）【设置】：设置是否关联。

（6）【预览】：设置是否预览。

【例 3-7】绘制如图 3-80 所示的投影曲线，实例见光盘中"3.2.7.prt"。

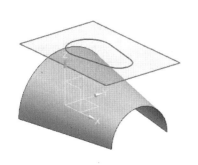
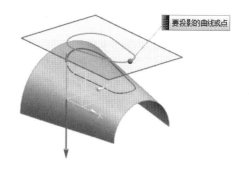

图 3-79　投影曲线练习原始图　　　　　　图 3-80　投影曲线练习过程图

（1）打开模型 3.2.7.prt，如图 3-79 所示。

（2）单击【曲线】工具条上的【投影曲线】 ，或执行【插入】/【来自曲线集的曲线】/【投影】命令，打开【投影曲线】对话框，【要投影的曲线或点】选择草图上的曲线，如图 3-80 所示，单击【要投影的对象】曲面，【投影方向】选择【沿矢量】，单击选中"z"轴，并单击【反向】按钮 ，或单击 ，选择"–z"。

（3）单击鼠标中键或单击【确定】按钮，完成本例。

3.3.4　组合投影

【组合投影】命令可在两条投影曲线的相交处创建一条新的曲线，这两条曲线的投影必须相交，如图 3-81 所示。

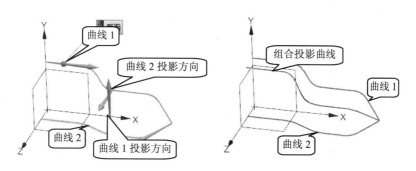

图 3-81　【组合投影】图例

单击【曲线】工具条上的【来自曲线集的曲线下拉菜单】下的【组合投影】按钮 ，或执行【插入】/【来自曲线集的曲线曲线】/【组合投影】命令，打开【组合投影】对话框，如图 3-82 所示。

（1）【曲线 1】 和【曲线 2】

【选择曲线】📇：用于分别选择第一个和第二个要投影的曲线链。

【反向】⊠：反转显示方向。

【指定原始曲线】⊅：当选择【曲线 1】或【曲线 2】的曲线环时可用。用于从该曲线环中指定原始曲线。

（2）【投影方向 1】和【投影方向 2】

【方向】：用于通过【垂直于曲线平面】或【沿矢量】两种方式分别为第一个和第二个选定曲线链指定方向。

【指定矢量】：将【方向】设置为【沿矢量】时出现。可以采用【矢量构造器或者】🔼或者【自动判断的矢量】⚡两种方式指定矢量。

图 3-82 【组合投影】对话框

【反向】⊠：反转显示方向。

（3）【设置】

【关联】：创建与输入曲线和定义数据关联的组合投影曲线。当原始曲线被修改时，组合投影曲线在需要时也会进行更新。

【输入曲线】：指定创建曲线时对原始输入曲线的处理。可用选项有【保持】、【隐藏】、【删除】和【替换】。

【曲线拟合】：在创建或编辑组合投影曲线特征的同时指定拟合方法。可用的方法有【三次】、【五次】和【高级】。

【最高次数】：将【曲线拟合】方法设置为【高级】时出现。指定要用于展开曲线的曲线拟合方法的默认最高次数。

【最大段数】：仅针对【高级】类型的曲线拟合方法显示。指定要用于展开曲线的曲线拟合方法的默认最大段数。

3.3.5 镜像曲线

【镜像曲线】是通过基准平面或平面创建镜像曲线的特征。如果曲线是关于一个平面对称，可以用【镜像曲线】命令来简化作图，如图 3-83 所示心形是关于 YZ 面对称，可以先作一半，再选择 YZ 面作镜像平面，得到完整的心形。

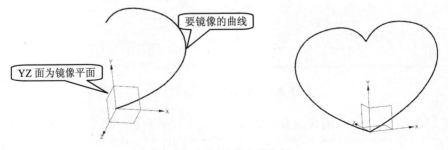

图 3-83 镜像曲线实例

单击【曲线】工具条上的【来自曲线集的曲线下拉菜单】下的【镜像曲线】按钮，执行【插入】/【来自曲线集的曲线曲线】/【镜像】命令，打开【镜像曲线】对话框，如图 3-84 所示。

（1）【曲线】：用于选择要进行镜像的曲线、边或草图。

（2）【镜像平面】：用于选择平面或基准平面作为对称平面，包括【现有平面】和【新平面】两个选项。

【现有平面】：选择一个面或基准平面来对选中曲线进行镜像。

【新平面】：创建一个基准平面。【完整平面工具】和【自动判断】创建一个新平面。

（3）【设置】：设置是否关联。

图 3-84　【镜像曲线】对话框

【例 3-8】　绘制如图 3-85 所示的线性框架，实例见光盘中"3.2.9.prt"。

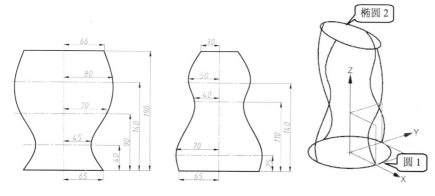

图 3-85　线性框架和相应的参数

（1）执行【文件】/【新建】命令或者单击【标准工具栏】上的【新建】图标□，新建一个文件。

（2）绘制圆 1：单击【曲线】工具条上的【圆弧/圆】按钮⌒或者执行【插入】/【曲线】/【圆弧/圆】命令，打开【圆弧/圆】对话框。【类型】选择【从中心开始的圆弧/圆】，【中心点】选择坐标原点，【支持平面】选择 XY 平面，【大小】输入【半径】数值 65，【限制】勾选【整圆】复选框，如图 3-86 所示，完成圆 1 如图 3-87 所示。

图 3-86　【圆弧/圆】对话框

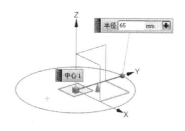

图 3-87　圆 1

（3）绘制椭圆 2：单击【曲线】工具条上的【椭圆】◎按钮，或者执行菜单栏中的【插入】/【曲线】/【椭圆】命令，打开【点】对话框，如图 3-88 所示。x、y 坐标输入 "0"，z 坐标输入 "190"，得到椭圆中心，单击【确定】按钮，出现如图 3-89 所示【椭圆】对话框，输入【长半轴】数值 "66"，短半轴 "30"，单击【确定】按钮；生成上底面椭圆如图 3-90 所示。

图 3-88 【椭圆】对话框

图 3-89 【椭圆】命令绘制上下两个椭圆

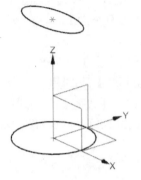

图 3-90 【样条】命令绘制两条样条曲线

（4）绘制两条样条曲线：单击【曲线】工具条上的【样条】按钮～，或执行【插入】/【曲线】/【样条】命令，采用【通过点】的方法，【曲线类型】按【多段】，使用默认【曲线阶次】 "3"，选择【点构造器】，出现【点】对话框，鼠标移至上椭圆的象限点附近，出现如图 3-91（a）所示的捕捉【象限点】符号，单击捕捉到图中的象限点，同时出现第一个【点】对话框，x、y、z 坐标分别输入 "80，0，140"，单击【确定】按钮，同理第二个【点】坐标 "70，0，90"，单击【确定】按钮，同理第三个【点】坐标 "45，0，40"，第五个点捕捉如图 3-91（b）所示的下表面圆象限点，单击【确定】按钮两次，得到第一条样条曲线，如图 3-91（c）所示。

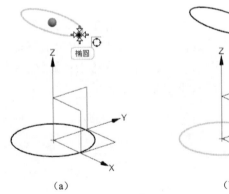

（a）

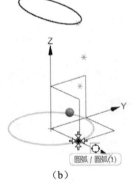

（b）

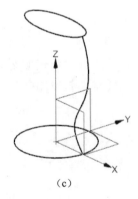

（c）

图 3-91 绘制第一条样条曲线的过程

用相同的方法绘制第二条样条曲线，需要捕捉如图 3-92 所示的红圈处两个点和输入三个点的坐标 "0，50，140"、"0，40，110" 和 "0，70，25"，绘制第二条样条曲线。

（5）执行【镜像曲线】命令绘制对称的另外两条曲线，如图 3-93 所示。单击【曲线】工具条上的【镜像曲线】按钮，或执行【插入】/【来自曲线集的曲线曲线】/【镜像】

命令打开【镜像曲线】对话框，单击如图 3-93 所示样条 1，选择 YZ 平面为对称平面，得到第一条镜像曲线。同理，单击样条 2，选择 XZ 平面为对称平面，得到第二条镜像曲线。

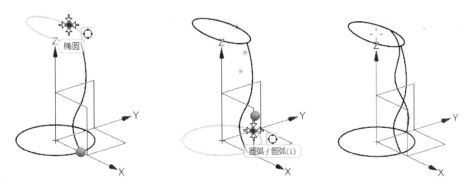

图 3-92　绘制第二条样条曲线的过程

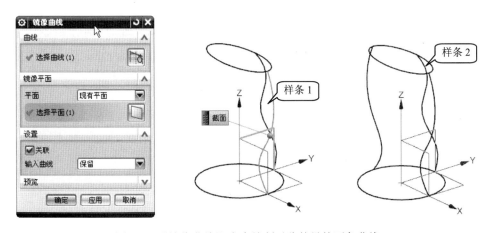

图 3-93　【镜像曲线】命令绘制对称的另外两条曲线

3.3.6　缠绕/展开曲线

使用【缠绕/展开曲线】命令可以将曲线从一个平面缠绕到一个圆锥面或圆柱面上，如图 3-94 所示，从圆锥面或圆柱面展开到一个平面上。只有在移除了定义几何体的所有关联后，才能删除定义几何体，如缠绕面（一个或多个）、缠绕平面或所有的输入曲线。

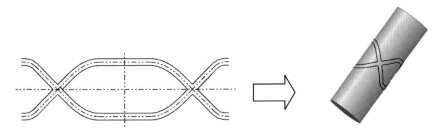

图 3-94　【缠绕】曲线至圆柱表面

单击【曲线】工具条上的【来自曲线集的曲线下拉菜单】下的【缠绕/展开曲线】按钮，

执行【插入】/【来自曲线集的曲线曲线】/【缠绕/展开曲线】命令，打开【展开曲线】对话框，如图 3-95 所示。

（1）【类型】

【缠绕】：将曲线从一个平面缠绕到圆锥面或圆柱面。

【展开】：将曲线从圆锥面或圆柱面中展开到平面。

（2）【曲线】

【选择曲线】：用于根据选择的类型选项来缠绕或展开一条或多条曲线。

（3）【面】

【选择面】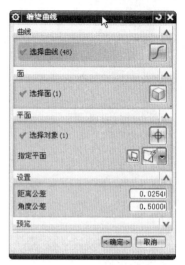：选择要进行曲线缠绕或展开的圆锥面和圆柱面，在这些圆锥面或圆柱面上面将要缠绕曲线，或从这些圆锥面或圆柱面展开曲线。当用户缠绕一条曲线时，如果面被拆分了，可以选择多个面，但是选定的面必须在同一个圆锥或圆柱体中。

图 3-95 【展开曲线】对话框

（4）【平面】

【选择对象】：用于选择一个与圆锥面或圆柱面相切的基准面或平的面。

【指定平面】：选择一个平面作为"缠绕"或"展开"平面，包括【完整平面工具】或者【自动判断】两种方式指定。

（5）【设置】

【关联】：创建关联缠绕或展开曲线特征。如果修改了输入曲线，则缠绕/展开曲线会相应更新。此复选框默认情况下处于选中状态。

【切割线角度】：指定切割线角度，这是切线绕圆锥或圆柱轴的旋转角度（0 到 360 度之间）。可以输入数字或表达式。

【距离公差】：指定输入几何体和结果体之间的最大距离，即经计算的点和生成的曲线间的最大距离。

【角度公差】：指定角度公差，此角度公差可以确保生成的曲线在此公差内连续相切。

【例 3-9】 在圆柱面上缠绕如图 3-94 所示的图形，实例见光盘中"3.2.17.prt"。

（1）打开模型 3.2.10.prt，如图 3-96 所示。

（2）单击【曲线】工具条上的【来自曲线集的曲线下拉菜单】的【缠绕/展开曲线】按钮，或执行【插入】/【来自曲线集的曲线曲线】/【缠绕/展开曲线】命令，打开【缠绕/展开曲线】对话框，【类型】选择【缠绕】，【曲线】选项组选择如图 3-97 所示的曲线，在选择条中将选择方式下拉菜单改为【相连曲线】并打开【在相交处停止】开关，更

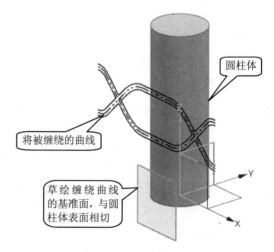

图 3-96 打开的"3.2.17.prt"

方便选取。【面】选项组选择圆柱表面，如图 3-98 所示。【平面】选项组选择草绘基准面，如图 3-99 所示。单击【确定】按钮完成缠绕。

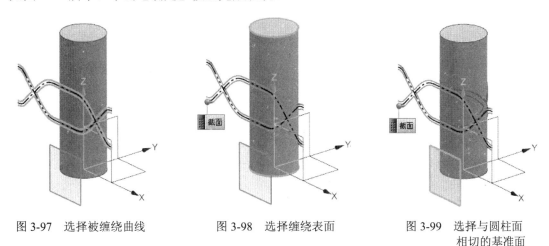

图 3-97　选择被缠绕曲线　　　图 3-98　选择缠绕表面　　　图 3-99　选择与圆柱面
　　　　　　　　　　　　　　　　　　　　　　　　　　　　　　　相切的基准面

3.4　来自体的曲线

【来自体的曲线】命令包括相交曲线、等参数曲线、截面曲线和抽取曲线等，都是根据已经存在的体来生成新曲线的方法。本节主要讲述这些典型的【来自体的曲线】命令生成曲线的操作方法。

3.4.1　相交曲线

使用【相交曲线】命令在两组对象的相交处创建一条曲线。如图 3-100 所示是一圆台面和一个平面相交，相交曲线为抛物线，实例见光盘中的"3.2.9.prt"。相交曲线在两组面或平面之间产生。相交曲线是关联曲线，根据其定义对象的更改进行更新。可以通过对一组相交对象添加或移除对象来编辑相交曲线。

单击【曲线】工具条上的【来自体的曲线下拉菜单】下的【相交曲线】按钮，或执行【插入】/【来自体的曲线】/【相交】命令，打开【相交曲线】对话框，如图 3-101 所示。

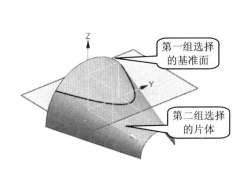

图 3-100　相交曲线图

图 3-101　【相交曲线】对话框

（1）【第一组】与【第二组】选项组用于选择或指定两组面进行求交。每组面可以是一个面、多个面或基准平面。

【选择面】⬚：单击选择面组。

【指定平面】：用于定义基准平面以包含在一组要求交的对象中。可以通过单击【完整平面工具】⬚按钮或【自动判断】⬚按钮两种方法来【指定平面】。

【保持选定】：勾选【保持选定】复选框时，用于在创建此相交曲线之后重用为后续相交曲线特征而选定的一组对象。

（2）【设置】：创建是否关联的截面曲线。勾选【关联】复选框时，如果要剖切的对象是面，生成的截面曲线则无法连接。

（3）【预览】：设置是否预览。

实例 "3.2.8.prt" 中的【第一组】、【第二组】分别选择基准面和片体，单击【确定】按钮，得到如图 3-99 所示的相交曲线。

3.4.2 等参数曲线

【等参数曲线】命令可以沿着给定的 U/V 线方向在面上生成曲线，如图 3-102 所示。

单击【曲线】工具条上的【来自体的曲线下拉菜单】下的【等参数曲线】⬚，或执行【插入】/【来自曲线集的曲线】/【等参数曲线】命令，打开【等参数曲线】对话框，如图 3-103 所示。

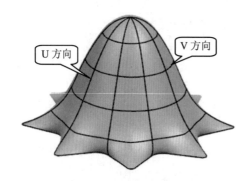

图 3-102 【等参数曲线】生成曲线　　　　图 3-103 【等参数曲线】对话框

（1）【面】

【选择面】⬚：用于选择要在其上创建等参数曲线的面。选定面之后，U 和 V 方向箭头将显示在该面上以显示其方向。

（2）【等参数曲线】

【方向】：用于选择要沿其创建等参数曲线的 U 方向和/或 V 方向。有三个选项：【U】⬚、【V】⬚及【U 和 V】⬚。

【位置】：用于指定将等参数曲线放置在所选面上的位置方法。包括【均匀】⬚、【通过点】⬚、【在点之间】⬚三种方式，如图 3-104 所示。

【指定点】：当【位置】设为【通过点】和【在点之间】时可用。用于在所选面上指定点以创建等参数曲线。可以移动或删除指定的点： 要移动某个点，单击并拖动该点。要删除某个点，右键单击该点并选择删除。

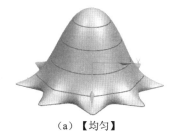

（a）【均匀】 （b）【通过点】 （c）【在点之间】

图 3-104 【等参数曲线】的位置方法

【数字】：当【位置】设为【均匀】和【在点之间】时可用。指定要创建的等参数曲线的总数。

【间距】：当【位置】设为【均匀】和【在点之间】时可用。指定各等参数曲线之间的恒定距离。

（3）【设置】创建是否关联的截面曲线

3.4.3 抽取曲线

抽取曲线是使用一个或多个体或面的边创建直线、圆弧和样条等曲线。抽取的体不发生变化。大多数抽取曲线是非关联的。如图 3-105 所示，执行【抽取曲线】命令在曲面和长方体上抽取的轮廓线。

单击【曲线】工具条上的【来自体的曲线下拉菜单】下的【抽取曲线】，或执行【插入】/【来自曲线集的曲线】/【抽取】命令，打开【抽取曲线】对话框，如图 3-106 所示，选取抽取类型。

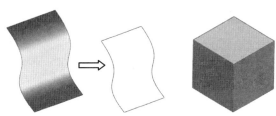

图 3-105 从面和体上抽取的边曲线

图 3-106 【抽取曲线】对话框

可用的抽取选项类型及说明如表 3-7 所示。

表 3-7 【抽取曲线】的类型及说明

类　　型	说　　明
边曲线	从指定的边抽取曲线
轮廓线	从轮廓边缘创建曲线
完全在工作视图中	由工作视图中体的所有可见边（包括轮廓边缘）创建曲线
等斜度曲线	创建在面集上的拔模角为常数的曲线
阴影轮廓	在工作视图中创建仅显示体轮廓的曲线
精确轮廓	使用可产生精确效果的 3D 曲线算法在工作视图中创建显示体轮廓的曲线

使用【完全在工作视图中】、【轮廓曲线】或【阴影轮廓】创建的曲线，在创建它们时所在的工作视图中是视图相关的。

3.5 编辑曲线工具

在完成曲线创建后，一些曲线的几何图形并不能满足设计需求，这就需要根据用户的要求对曲线作修改，通过编辑曲线工具的相关命令，如修剪曲线、分割曲线、光顺曲线等来对图形进行调整。本节主要介绍典型的编辑曲线的命令。

3.5.1 修剪曲线

使用修剪曲线命令可以用边界修剪或延伸曲线。如图 3-107、图 3-108 所示直线和曲线修剪的过程。直线、圆弧、二次曲线和样条都能用此命令进行修剪；边界对象可以是体、面、点、曲线和边、基准平面和基准轴。

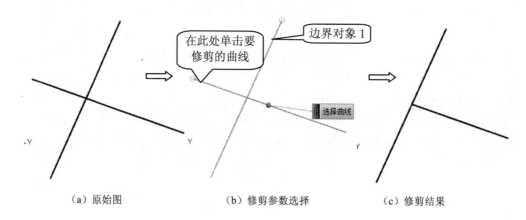

（a）原始图　　　　　（b）修剪参数选择　　　　　（c）修剪结果

图 3-107　直线修剪过程

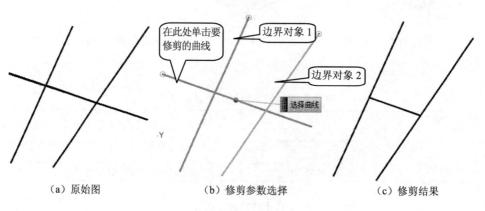

（a）原始图　　　　　（b）修剪参数选择　　　　　（c）修剪结果

图 3-108　曲线修剪

单击【编辑曲线】工具条上的【修剪曲线】按钮 ，或者执行【编辑】/【曲线】/【修剪】命令，打开【修剪曲线】对话框，如图 3-109 所示。修剪特征曲线时，系统会发出警告，提示用户高亮显示曲线的创建参数将被移除。单击【是】按钮继续进行修剪操作，或者单击【否】按钮取消操作。

（1）【要修剪的曲线】：用于选择要修剪或延伸的一条或多条曲线，可以是直线、圆弧、二次曲线和样条。

【选择曲线】 ：用于选择要修剪或延伸的一条或多条曲线。

【要修剪的端点】：用于指定要修剪或延伸曲线的哪一端。如果选择一条曲线进行修剪或延伸，其起点或终点处会显示一个小椭圆。如果选择多条曲线，则不会显示小椭圆。如果要修剪的多条曲线形成一个曲线链，则在曲线链上执行修剪操作时把该链当作一条连续的曲线。包括【起点】和【终点】两种选项。

图 3-109　【修剪曲线】对话框

（2）【边界对象 1】

【对象】：用于从图形窗口中选择对象作为第一个边界，可以是体、面、点、边、基准轴或基准平面，也可以使用指定平面选项创建新的基准平面。

【选择对象】：仅在从对象列表中选择了指定对象时显示，分为【点构造器】 和【选择对象】 两种方法。

【指定平面】：仅在从对象列表中选择了指定平面时显示，包括【平面对话框】 和【自动判断的】 两种方法。

（3）【边界对象 2】：该项可选步骤。选择方法和选项与边界对象 1 相同。

（4）【交点】

【方向】：指定软件查找对象交点时使用的方向确定方法，包括【最短的 3D 距离】、【相对于 WCS】、【沿一矢量方向】和【沿屏幕垂直方向】4 种选项。

【指定矢量】：仅在选择沿矢量方向作为相交选项时可用，用于指定修剪操作的矢量方向，包括【矢量构造器】 和【自动判断的矢量】 两种选项。

【方法】：用于在选择了相交选项后指定自动判断的或用户定义方法，包括【自动判断的】和【用户定义】两种方法。

【反向】 ：为修剪操作反转所显示的矢量方向。

（5）【设置】

【关联】：勾选此复选框，则使输出的修剪过的曲线具有关联性。要在草图中选择一个曲线进行修剪，不能选择关联选项，因为草图中不能包含修剪曲线特征。

【输入曲线】：指定修剪操作后输入曲线的状态，包括【保持】、【隐藏】、【删除】、【替换】4 个选项。

【曲线延伸段】：指定如何延伸所选曲线，包括【自然】、【线性】、【圆形】、【无】4 个选项。

【保持选定边界对象】：在单击应用后使边界对象保持选中状态，这样，如果想使用那些相同的边界对象修剪其他线串，就不用再次选中它们了。

【自动选择递进】：如果勾选此复选框，则会自动前进到每个选择步骤。如果未勾选此复选框，则必须手动单击每个选择步骤。

3.5.2　分割曲线

【分割曲线】命令可将曲线分割为多段曲线。所创建的每段曲线都是单独的个体，并且与原曲线具有相同的线型且与原曲线放在同一图层上。分割曲线是非关联操作。样条的定义点会被删除。如图 3-110 所示样条曲线被分割成 4 段等长的独立曲线。

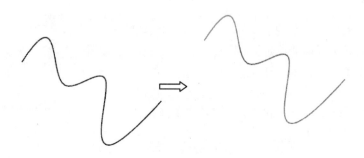

图 3-110　一条样条曲线分割为四段相同长度的曲线

单击【曲线】工具条上的【分割曲线】按钮，或者执行【编辑】/【曲线】/【分割】命令，打开【分割曲线】对话框，如图 3-111 所示。

(a)　　　　　(b)　　　　　(c)　　　　　(d)　　　　　(e)

图 3-111　【分割曲线】对话框

（1）【类型】：设置用于分割曲线的方法，有如图 3-11（a）～（e）所示 5 种分割曲线方法。

【等分段】：按曲线的长度或特定曲线参数，将曲线分割为相等的几段。曲线参数取决于所分段的曲线类型（可以是直线、圆弧或样条）。

【按边界对象】：根据边界对象（如点、曲线、平面等）将曲线分成几段。

【弧长段数】：按照为各段定义的弧长来分割曲线。

【在结点处】：使用选定的结点来分割曲线。结点是样条分段的端点。

【在拐角上】：在拐角上分割样条，即在样条弯曲位置处的结点上。

（2）【曲线】

【选择曲线】：单击选择要分割的曲线，选中后出现如图 3-112 所示的两个警示对话框，提示分割曲线将删除定义点和移除参数，单击【确定】按钮进行下一步操作。

图 3-112　【分割曲线】移除参数警示框

（3）【段数】：仅当选中【等分段】类型时才显示。指定原始曲线被分割为单段曲线的数目。

【分段长度】：系统提供【等参数】及【等弧长】两种方法。【等参数】是根据曲线的参数特性将选定的曲线等分。如果选择直线，则根据输入的段数分割起点和终点之间的总线性距离。如果选择圆弧或椭圆，则根据输入的段数分割圆弧的总夹角。如果选择样条，则分段与结点之间的距离有关。【等弧长】是将选定的曲线分割为几条单独的等长曲线。

（4）【边界对象】：仅当选中【按边界对象】类型时才显示。

【对象】：设置用户选择或指定用来分割曲线的边界对象的类型，包括现有【现有曲线】、【投影点】、【2 点定直线】、【点和矢量】、【按平面】几种类型。【曲线】用于选择现有曲线作为边界对象。【投影点】用于选择点作为边界对象。【2 点定直线】用于选择两点之间的直线作为边界对象。【点和矢量】用于选择点和矢量作为边界对象。【按平面】用于选择平面作为边界对象。

【选择对象】：用于选择曲线边界对象。

【指定相交】：用于指出边界对象和待分割曲线之间的大致交点。

【指定点】：当【投影点】、【2 点定直线】或【点和矢量】作为选择的对象类型时，用于选择或指定一个点作为边界对象，包括【点构造器】和【指定点】两种方法。

【指定矢量】：用于为点和矢量选项指定矢量作为边界对象，包括【矢量构造器】及【自动判断的矢量】两种方法。

【反向】：反转显示的矢量方向。

【指定平面】：用于按平面选项选择平面作为边界对象，包括【平面对话框】和【自动判断的】两种选项。

（5）【弧长段数】：仅当选中【弧长段数】类型时才显示。

【弧长】：按照为各段定义的弧长分割曲线。

【段数】：根据曲线的总长和为每段输入的弧长，显示所创建的完整分段的数目。

【部分长度】：当所创建的完整分段的数目基于曲线的总长度和为每段输入的弧长时，显示曲线的任何剩余部分的长度。

（6）【结点】：仅当选中【在结点处】类型时才显示。

【方法】：设置结点方法，包括【按结点数】、【选择结点】和【所有结点】三种类型。【按结点数】根据指定的结点数将样条分段。【选择结点】用于通过用图标指示靠近结点的位置来选择分段结点。当用户选择样条时，将显示结点。【所有结点】选择样条上的所有结点将曲线分段。

【结点号】：用于指定所需的结点号。

【选择点】：可以使用【选择点 】选择所需的结点。

（7）【拐角】：仅当选中【在拐角上】类型时才显示。

【方法】：设置拐角方法。包括【按拐角号】、【选择拐角】和【所有拐角】三种类型。【按拐角号】根据指定的拐角号将样条分段。【选择拐角】用于选择分割曲线所依据的拐角。【所有拐角】选择样条上的所有拐角将曲线分段。

【拐角号】：用于指定所需的拐角号。

【选择点】：可以使用【选择点 】选择所需的结点。

3.5.3 光顺样条

该命令通过最小化曲率或曲率变化来移除样条中的小缺陷。如果选定的样条具有相关性，则用光顺样条命令删除定义数据和样条的相关尺寸。如图 3-113 所示的曲线 2 是曲线 1 经过多次【样条光顺】的结果。

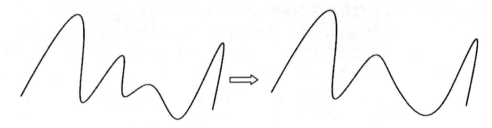

图 3-113 多次【样条光顺】前后曲线

单击【编辑曲线】工具条上的【光顺样条】按钮 ，或者执行【编辑】/【曲线】/【光顺样条】命令，打开【光顺样条】对话框，如图 3-114 所示。

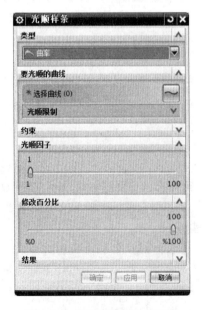

图 3-114 【光顺样条】对话框

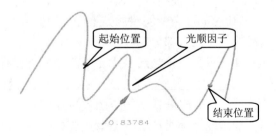

图 3-115 【光顺样条】形状控制

（1）【类型】：指定用来光顺样条的算法类型。包括以下两种类型。

【曲率】：通过最小化曲率大小来光顺样条。

【曲率变化】：通过最小化曲率变化来光顺样条。

（2）【要光顺的曲线】

选择曲线：指定要光顺的曲线。

（3）【光顺限制】：指定部分样条或整个样条的光顺限制。手柄位于选定的样条上，一个在样条的开始处，一个在样条的结束处。如果光顺的一部分样条没有足够的阶次或自由度进行光顺处理，则插入结点，从而造成样条有更多的段，包括【起点百分比】和【终点百分比】两个选项。

（4）【约束】：包括指定【起始】和【结束】的边界约束。连续性约束用于锁定合适的极点位置以便在光顺期间使其不能自由移动，包括【G0（位置）】、【G1（相切）】、【G2（曲率）】和【G3（流）】四种选项。连续约束的优先级高于光顺。

（5）【光顺因子】：通过拖动拉杆来设定光顺因子和光顺限制起始和结束百分比，控制光顺样条的形状。使用此滑块时，默认情况下会打开微调。按下【Ctrl】键可以禁用此功能。

（6）【修改百分比】：拖动滑块时，将更改应用到选定样条的全局光顺的百分比。样条在图形窗口中动态更新。零百分比不会对原始曲线进行更改。百分百提供可以实现的最大光顺。同样，默认情况下会打开微调。按下【Ctrl】键可以禁用此功能。

（7）【结果】

【最大偏差】：显示原始样条和所得样条之间的偏差。

如图 3-115 所示是图 3-113 所示图形的调整过程。

3.6　绘制曲线综合范例

利用草绘功能可以绘制产品的平面草图，下面介绍莲蓬头外观、不规则体的三维框架的搭建，在讲解过程中不使用草绘功能，而是利用圆弧/圆、直线、多边形等曲线及相关命令来完成框架的搭建。

3.6.1　莲蓬外观三维框架的构建

设计要求

使用圆弧/圆、多边形、移动对象等命令，绘制如图 3-116 所示的莲蓬三维框架。效果如图 3-117 所示。实例见光盘中"3.6.1.prt"。

设计思路

（1）绘制上表面花形，如图 3-118 所示。

（2）绘制莲蓬框架，如图 3-119 所示。

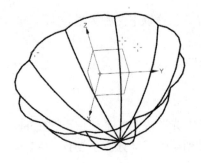

图 3-116　莲蓬线性框架

图 3-117　立体效果图

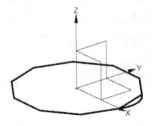

图 3-118　绘制上表面花形

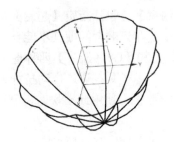

图 3-119　莲蓬框架

✅ **绘制上表面花形**

（1）执行【文件】/【新建】命令或单击【标准工具栏】上的【新建】按钮□，新建一个文件。

（2）执行【插入】/【曲线】/【多边形】命令或者单击【曲线】工具条【多边形】按钮⊙，出现如图 3-120 所示【多边形】对话框，边数输入 10，单击【确定】按钮，在如图 3-121 所示【多边形】对话框中单击【内切圆半径】按钮，出现如图 3-122 所示对话框，输入内接半径 80，单击【确定】按钮，得到如图 3-123 所示正多边形。

图 3-120　【多边形】对话框

图 3-121　【多边形】对话框

图 3-122　【多边形】对话框

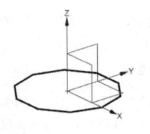

图 3-123　正多边形

（3）绘制如图 3-124 所示的圆弧。单击【曲线】工具条上的【圆弧/圆】按钮，打开【圆弧/圆】对话框。选择【三点画圆弧】方式。单击"点 1"和"点 2"，半径输入 40，按【Enter】键，单击补弧按钮和备选解按钮，保证绘制的圆弧及图示形状和位置相同，单击【确定】按钮，得到如图 3-124 所示圆弧。

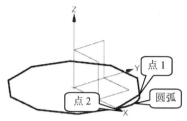

图 3-124　圆弧创建

✅ **完成莲蓬框架**

（1）绘制如图 3-125 所示的圆弧 1。单击【曲线】工具条上的【圆弧/圆】按钮，打开【圆弧/圆】对话框。选择【三点画圆弧】方式。起点选择"点 1"，端点选择，打开【点】对话框，输入点的坐标"0，0，–80"，【支持平面】选择【选择平面】，单击 ZX 面。半径输入 150，单击【确定】按钮，完成圆弧 1 的创建。

（2）单击【编辑】菜单中的【移动对象】按钮，出现【移动对象】对话框，参数选择如图 3-126 所示。【对象】选择已经绘制好的两个圆弧，即如图 3-125 所示的两个圆弧，【运动】选择【角度】，【指定矢量】选择 ZC 轴，【角度】输入 36，【结果】选择复制原来的复选框，非关联副本数输入 9，单击【确定】按钮，得到如图 3-127 所示的图形。

（3）隐藏不需要的图线。选中如图 3-127 所示多边形的 10 个边，按快捷键【Ctrl】+【B】隐藏得到莲蓬框架图，如图 3-128 所示。

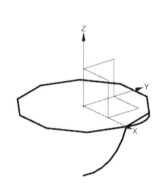

图 3-125　圆弧 1 的创建

图 3-126　【移动对象】对话框

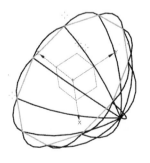

图 3-127　隐藏前的莲蓬框架

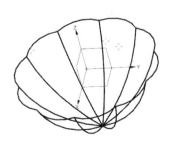

图 3-128　莲蓬框架

3.6.2　不规则体三维框架的构建

设计要求

使用圆弧/圆、矩形、修剪等命令，绘制如图 3-129 所示的不规则体三维框架。实例见光盘中"3.6.2.prt"。

设计思路

（1）绘制下表面圆和上表面矩形，如图 3-131 所示。

（2）绘制两个圆弧，如图 3-132 所示。

（3）绘制细节，如图 3-133 所示。

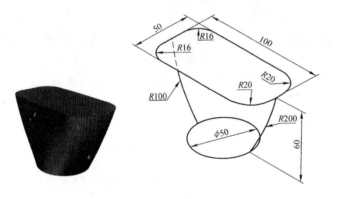

图 3-129　不规则体外形及参数　　　　　　　图 3-130　不规则体线性框架

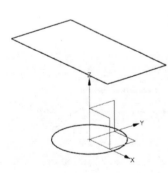

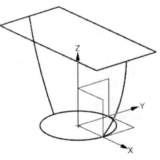

图 3-131　绘制下表面圆和上表面矩形　　　图 3-132　绘制两个圆弧　　　图 3-133　绘制细节，
　　　完成全图

绘制上下底面

（1）执行【文件】/【新建】命令或者单击【标准工具栏】上的【新建】图标 □ ，新建个文件。

（2）执行【插入】/【曲线】/【圆弧/圆】命令或者单击【曲线】工具栏上的【圆弧/圆】按钮 ，打开【圆弧/圆】对话框，如图 3-134 所示，【类型】选择【从中心开始的圆弧/

圆】，【中心点】捕捉基准坐标原点，【支持平面】选择【选择平面】，单击选择 XY 面为绘图平面，输入半径"25"，按【Enter】键，【限制】勾选【整圆】复选框，单击【确定】按钮，得到下底面圆。

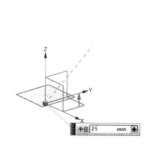

图 3-134　【圆弧/圆】对话框

（3）绘制上表面矩形，单击【曲线】工具条上的【矩形】按钮□，或者执行【插入】/【曲线】/【矩形】命令，打开【点】对话框，X 坐标输入"-50"，Y 坐标输入"-25"，Z 坐标输入"60"，单击【确定】按钮，得到矩形第一个角点，同时打开【点】对话框，X 坐标输入"50"，Y 坐标输入"25"，Z 坐标输入"60"，单击【确定】按钮，得到矩形第二个角点，绘制出如图 3-131 所示的上表面矩形。

✅ 绘制两个圆弧

（1）执行【插入】/【曲线】/【圆弧/圆】命令或者单击【曲线】工具栏上的【圆弧/圆】按钮，打开【圆弧/圆】对话框，【类型】选择【三点画圆弧】，打开选择条中的【中点】和【象限点】开关，关闭捕捉【圆心】开关，如图 3-135 所示，【起点】捕捉如图 3-135 所示直线中点，【终点】捕捉圆的象限点，【平面选项】选择【选择平面】，单击选择 XY 面为绘图平面，输入半径为"200"，按【Enter】键，【限制】取消【整圆】复选框的选择，单击【补弧】按钮和【备选解】按钮 以确保得到所需的圆弧，单击【确定】按钮，得到半径为 200 的圆弧。

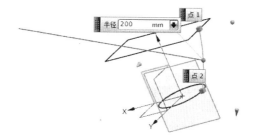

图 3-135　选择条状态　　　　　　图 3-136　绘制半径为 200 的圆弧

（2）用同样的方法绘制半径为 100 的圆弧，如图 3-137 所示。

绘制圆角细节

绘制上表面的四个圆角可以用多种方法。最简单的是执行【基本曲线】命令来完成。

（1）执行定制【基本曲线】命令，执行【工具】/【定制】命令，出现如图 3-138 所示【定制】对话框。在【命令】选项卡【曲线】找到 ◌ 基本曲线，左键按住将其拖动到【曲线】工具条，出现 ◌ 。

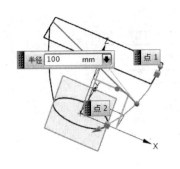

图 3-137　绘制半径为 100 的圆弧　　　　图 3-138　【定制】基本曲线对话框

（2）【基本曲线】绘制半径为"16"的两个圆角，单击【基本曲线】◌ ，出现【基本曲线】对话框，如图 3-139 所示，单击【曲线倒圆】按钮 ⌐ ，出现如图 3-140 所示【曲线倒圆】对话框，【方法】选择第二个，【半径】输入为"16"，修剪选项全部勾选，鼠标按逆时针顺序选择"直线 1"和"直线 2"，如图 3-141 所示。再单击"点 3"（"点 3"为圆角圆心的预判位置），如图 3-142 所示，作出"圆角 1"。用同样的方法绘制"圆角 2"，如图 3-143 所示，鼠标按逆时针顺序选择"直线 3"和"直线 1"，再单击"点 4"，得到如图 3-143 所示"圆角 2"。

图 3-139　【基本曲线】对话框　　　　　　图 3-140　【曲线倒圆】对话框

（3）【基本曲线】绘制半径为"20"的两个圆角，接着在【曲线倒圆】对话框中【半径】输入"20"，按【Enter】键，用相同的方法按逆时针顺序选择圆角的两个边和圆心的预判位置一点，得到另外两个圆角，如图 3-144 所示。

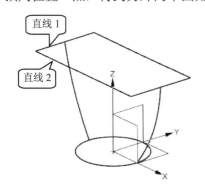

图 3-141 【基本曲线】绘制圆角 1 按
顺序选择两条直线

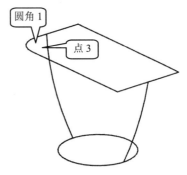

图 3-142 【基本曲线】绘制圆角 1 在点
3 附近单击

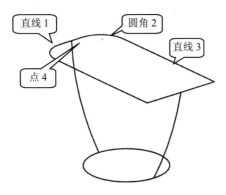

图 3-143 【基本曲线】绘制圆角 2

图 3-144 完成最后两个圆角

3.7 本 章 小 结

本章主要讲述了 UG 建模中有关曲线包括【曲线】、【来自曲线集的曲线】和【来自体的曲线】的一些命令，还包括【曲线编辑】的相关命令，并通过莲蓬和不规则体线性框架的搭建综合实例讲述了曲线创建的综合应用，为后续学习实体造型和曲面造型打下基础。通过本章的学习，应重点掌握曲线生成的各命令使用方法，并通过曲线编辑命令，对图线进行编辑。

3.8 思 考 与 练 习

1．思考题

（1）如何定制曲线工具条？

（2）"直线"命令与"直线和圆弧工具条"的区别是什么？

（3）"缠绕/展开曲线"命令中的"平面"指的是什么？

2．练习题

（1）绘制如图 3-145 所示的线性框架。

（2）绘制如图 3-146 所示的线性框架。

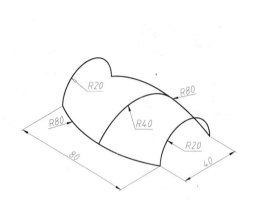

图 3-145　线性框架 1

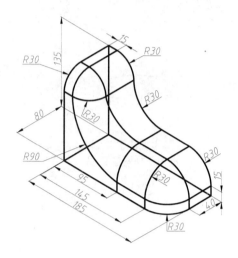

图 3-146　线性框架 2

（3）绘制如图 3-147 所示的线性框架。

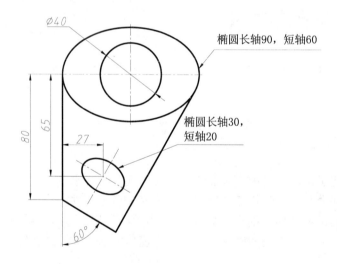

图 3-147　线性框架 3

第4章 实体建模

UG NX 8.5 的实体建模功能很强大，充分继承了传统意义上的线、面、体造型的特点及长处，能够迅速地创建二维和三维实体模型，无论是概念设计还是详细设计都可以灵活自如地运用。实体建模工具是 UG 软件 CAD 功能的核心建模工具，UG 基于特征和约束的建模技术，功能强大、操作简便，并具有交互建立和编辑复杂实体模型的能力。用户通过本章的学习，可熟练掌握特征建模的方法，有助于快速进行概念设计和结构细节设计。

4.1 实体建模基本知识

实体建模具有如下特点：

（1）UG 可以利用草图工具建立二维截面的轮廓曲线，然后通过拉伸、旋转或扫掠等得到实体。这样得到的实体具有参数化设计的特点，改变草图中的二维轮廓曲线，实体特征自动进行更新。

（2）特征建模提供了各种标准设计特征的数据库，如长方体、圆柱体、圆锥、球体、管体、孔、圆形凸台、型腔、凸垫和键槽等，建立这些标准设计特征时，输入标准设计特征的参数即可得到模型，方便快捷，从而提高建模速度。

（3）在 UG 中建立的模型可以直接引用到 UG 的二维工程图、装配、加工、机构分析和有限元分析中，并保持关联性。如在工程图上，利用 Drafting 中的相应选项，即可从实体模型中提取尺寸、公差等信息标注在工程图上，编辑实体模型，工程图尺寸会自动更新。

（4）UG 提供的特征操作和特征修改功能，可以对实体模型进行各种操作和编辑，如倒角、抽壳、螺纹、比例、剪裁和分割等，从而简化复杂实体特征的建模过程。

（5）UG 可以对创建的实体模型进行渲染和修饰，如着色和消隐，方便用户观察模型。此外，还可以从实体特征中提取几何特性和物理特性，进行几何计算和物理特性分析。

4.1.1 特征工具栏

特征命令集成在【特征】工具条上，执行【插入】/【设计特征】命令，打开【特征】对话框，如图 4-1 所示，有些命令没有显示出来，可以通过【定制】使其显示。具体含义如表 4-1 所示。

图 4-1 【特征】对话框

表 4-1 特征工具栏

图标	名称	说明
	拉伸	创建实体或片体，方法是选择曲线、边、面、草图或曲线特征的一部分并将其延伸一段线性距离
	回转	可通过绕轴旋转截面曲线来创建倒圆或部分倒圆特征
	长方体	创建基本块实体。块与其定位对象相关联
	圆柱	创建基本圆柱形实体。圆柱与其定位对象相关联
	圆锥	创建基本圆锥形实体。圆锥与其定位对象相关联
	球	创建基本球形实体。球与其定位对象相关联
	孔	在部件或装配中添加孔特征
	凸台	在平的曲面或基准平面上创建凸台
	腔体	在现有体上创建型腔
	垫块	在现有实体上创建垫块
	凸起	在现有实体上创建凸起
	偏置凸起	在片体曲面上生成相对简单的线性凸起
	键槽	此选项可供用户创建一个直槽形状的通道穿透实体或通到实体内
	槽	在实体上创建一个槽
	三角形加强筋	此选项可供用户沿着两个面集的相交曲线来添加三角形加强筋特征
	螺纹	使用螺纹命令可在圆柱面上创建符号螺纹或详细螺纹

4.1.2 编辑特征工具栏

编辑特征命令集成在【编辑】工具条上或者执行【编辑】/【特征】命令，打开【编辑特征】对话框，如图 4-2 所示，有些命令没有显示出来，可以通过【定制】使其显示，具体含义如表 4-2 所示。

图 4-2 【编辑特征】对话框

表 4-2 特征工具栏

图标	名称	说明
	编辑特征参数	编辑处于当前模型状态的特征的参数值
	编辑位置	通过编辑特征的定位尺寸来移动特征
	移动特征	将非关联的特征移至所需的位置

4.2 创建基准特征

上一章介绍的曲线相对简单，是在系统默认的基准平面和基准轴下进行的。若要创建较复杂的实体模型，仅依靠系统提供的基准面和基准轴是不够的，还需用户根据实际情况构建新的基准面和基准轴。下面介绍基准平面、基准轴及基准坐标系。

4.2.1　基准平面

单击【特征】工具条上的【基准平面】按钮☐或执行【插入】/【基准/点】/【基准平面】命令，弹出【基准平面】对话框，如图 4-3 所示。"基准平面"对话框中提供了十种建立基准平面的方式，即【自动判断】、【按某一距离】、【成一角度】、【二等分】、【曲线和点】、【两直线】、【相切】、【通过对象】、【点和方向】、【曲线上】等，如图 4-4 所示。下面通过具体实例介绍几种常用方式的操作方法。

图 4-3　【基准平面】对话框　　　　　　　图 4-4　下拉列表框

（1）【类型】：列出用于创建平面的构造方法。

【自动判断】：　根据所选对象确定要使用的最佳基准平面类型。

【成一角度】：　按照与选定平面对象所呈的特定角度创建平面。

【按某一距离】：　创建与一个平的面或其他基准平面平行且相距指定距离的基准平面。

【二等分】：在两个选定的平的面或平面的中间位置创建平面。如果输入平面互相呈一角度，则以平分角度放置平面。

【曲线和点】：使用点、直线、平的边、基准轴或平的面的各种组合来创建平面（如三个点、一个点和一条曲线等）。

【两直线】：　使用任何两条线性曲线、线性边或基准轴的组合来创建平面。

【相切】：创建与一个非平的曲面相切的基准平面（相对于第二个所选对象）。

【通过对象】：在所选对象的曲面法向上创建基准平面。

【按系数】：使用含 A、B、C 和 D 系数的方程 $Ax+By+Cz=D$ 在 WCS 或绝对坐标系上创建固定的非关联基准平面。

【点和方向】：根据一点和指定方向创建平面。

【曲线上】：在曲线或边上的位置处创建平面。

YC-ZC 平面、XC-ZC 平面、XC-YC 平面：沿工作坐标系（WCS）或绝对坐标系（ABS）的 XC-YC、XC-ZC 或 YC-ZC 轴创建固定的基准平面。

【视图平面】：　创建平行于视图平面并穿过 WCS 原点的固定基准平面。

【固定】：　仅当编辑固定基准平面时可用。

【构成的】 🔳： 在编辑使用列表上没有的选项所创建的平面时可用。要访问已构造平面的所有参数，必须使用基准平面对话框。

（2）【特定于类型的选项】

【选择对象】 ⊕：用于选择一个或多个对象以定义平面。选择的对象可以确定平面类型及用户选择的其他对象的类型。可以使用点构造器 🔳 来指定点对象。根据 NX 自动判断的平面类型选择对象时，该类型的其他对应选项显示在对话框中。

【选择平面对象】 ⊕：用于选择平的面、平面或基准平面以用作角度的参考。

【选择线性对象】 ⊕：用于选择线性曲线、边或基准轴以定义角度的旋转轴。不能选择与参考平面垂直的对象。

【角度选项】：用于选择一种方法以定义平面的角度。

【角度】：当角度选项设置为值时显示。在角度框中设置角度值。

【选择曲线对象】 ⊕：当子类型选项为点和曲线/轴时显示。用于选择点和直线、基准轴、线性曲线或边等线性对象来定义平面。

【选择相切面】 🔳：针对除相切外的所有子类型选项显示。用于选择一个或多个非平的面、圆柱面或圆锥面以定义平面。

（3）【平面方位】

【备选解】 🔄：在使用当前参数创建基准平面时有多个可能解的情况下显示。单击或按【PgDn】或【PgUp】键时，显示用于创建平面的其他可能解。

【反向】 ❌：使平面法向反向。 平面预览始终在其中心处显示箭头，该箭头指向平面法向的方向，对所有类型均通用。

（4）【偏置】

【偏置】：适用于所有基准平面类型，按某一距离、系数、YC-ZC 平面、XC-ZC 平面、XC-YC 平面及视图平面除外。选定后，可以按指定的方向和距离创建与所定义平面偏置的基准平面。

【距离】：在选中偏置复选框且定义了基本平面时可用。输入值，或将手柄拖动所需的偏置距离。

【反向】 ❌：在选中偏置复选框且定义了基本平面时可用，这样，可以反转偏置方向。

（5）【设置】

【关联】：对所有非固定类型的基准平面均可用。使基准平面成为关联特征，该特征显示在部件导航器中，名称为基准平面。如果清除关联复选框，则基准平面作为固定类型而创建，并作为非关联的固定基准平面显示在部件导航器中。 编辑基准平面时，通过更改类型、重新定义其父几何体并选中关联复选框，可将固定基准平面更改为相对平面。

【例 4-1】 在长方体上利用"点和方向"方式创建基准平面。

设计基本思路：通过选择一个参考点和一个参考矢量，创建通过该点并垂直于所选矢量的基准平面。

（1）执行【插入】/【基准/点】/【基准平面】命令，在图 4-3 所示的【基准平面】对话框中的选择【点和方向】 🔳，左上角的提示栏提示选择点。

（2）选择长方体一条边的中点作为参考点，长方体将变成如图 4-5 所示的状态。

（3）默认系统自动生成的矢量方向，单击【确定】或【应用】按钮，则创建经过该边中点且与该边垂直的基准平面，结果如图 4-6 所示。

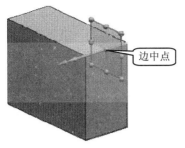

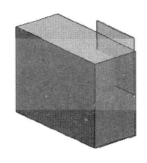

图 4-5 选择长方体的一条边的中点　　　图 4-6 长方体上创建基准平面结果

4.2.2 基准轴

在【特征】工具条上的单击【基准轴】按钮↑或者执行【插入】/【基准/点】/【基准轴】命令，弹出如图 4-7 的【基准轴】对话框。单击对话框中的 ⚒ ，弹出如图 4-8 所示的下拉列表框，【基准轴】对话框中提供了 5 种建立基准平面的方法，即【自动判断】、【点和方向】、【两点】、【点在曲线上】和【固定基准】，其建立方法与基准平面的建立方法类似，用户可参考上一节内容并进行练习。

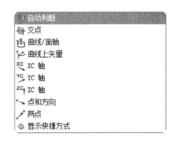

图 4-7 【基准轴】对话框　　　　　　图 4-8 下拉列表框

【例 4-2】 利用"交点"方式创建基准轴。

执行【插入】/【基准/点】/【基准轴】命令，在如图 4-7 所示的【基准轴】对话框中选择【交点】⎚ ，左上角的提示栏提示选择点。

（1）选择体的两个面作为参考对象，如图 4-9 所示。

（2）默认系统自动生成的矢量方向，可以单击⊠图标改变轴的方向，单击【确定】或【应用】按钮，则创建经过两个面交点的基准轴，结果如图 4-10 所示。

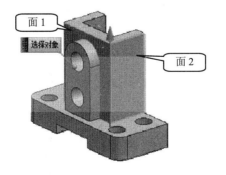

图 4-9 选择体的两个面　　　　　图 4-10 体上创建基准轴结果

4.2.3　基准坐标系

在【特征】工具条上单击【基准 CSYS】按钮 或者执行【插入】/【基准/点】/【基准 CSYS】命令，弹出如图 4-11 所示的【基准 CSYS】对话框。对话框中提供了多种建立基准坐标系的方法，即【自动判断】、【原点，X 点，Y 点】、【三平面】、【X 轴，Y 轴，原点】等，如图 4-12 所示，利用该对话框可构造基准坐标系。构造方法与第 1 章坐标系的构造方法类似，在此不再详细介绍。

图 4-11　【基准 CSYS】对话框

图 4-12　下拉列表框

4.3　基本特征建模

本节介绍基本特征建模，包括体素特征和设计特征。体素特征有长方体、圆柱、圆锥、球，这些特征比较简单，利用一些简单的参数就可以快速建立模型，体素特征一般作为第一个特征出现，所以要首先掌握体素特征的建模方法；设计特征有孔、凸台、腔体、垫块、键槽等，这些特征都是在已有模型的基础上建立起来的。

4.3.1　块

在【特征】工具条中单击【块】按钮 或者执行【插入】/【曲线】/【轮廓】命令，弹出【块】对话框，如图 4-13 所示。对话框中提供了 3 种建立块的方法，即【原点和边长】、【两点和高度】、【两个对角点】。

（1）【类型】

【原点和边长】 ：使用一个拐角点、三边长、长度、宽度和高度来创建块。

【两点和高度】 ：使用高度和块基座的两个 2D 对角拐角点来创建块。第一个拐角点确定块基座的平面，此平面平行于

图 4-13　【块】对话框

工作坐标系的 XC-YC 平面。第二个点定义块基座的对角。如果在不同于第一个点的平面（不同的 Z 值）上指定第二个点，则软件通过垂直于第一个点的平面投影该点来定义对角。

【两个对角点】：使用相对拐角的两个 3D 对角点创建块。软件根据指定点之间的 3D 距离确定块的尺寸，并创建边与 WCS 平行的块。

（2）【原点】

【指定点】：用于通过捕捉点选项定义块的原点。可以将点手柄拖动到新的点位置（只要它满足当前的捕捉点设置）。

【自动判断的点】：一种点类型。单击 可查看点类型列表，从列表中选择一种点类型，然后选择该类型支持的对象。

【点构造器】：显示【点对话框】。

（3）【特定于类型的选项】

【从原点出发的点 XC，YC】：在【类型】设置为【两点和高度】时出现，用于将底面的对角点指定为底面的第二个点，与【原点】的选项相同。

【从原点出发的点 XC，YC，ZC】：在【类型】设置为两个对角点时出现，用于指定块的 3D 对角相对点，与【原点】的选项相同。

【尺寸】：在【类型】设置为【原点和边长或两点和高度】时出现，用来指定块的【长度 XC】、【宽度 YC】和【高度 ZC】值。

（4）【布尔】

【无】：新建与任何现有实体无关的块。

【求和】：组合新块与相交目标体的体积。

【求差】：将新块的体积从相交目标体中减去。

【求交】：通过块与相交目标体共用的体积创建新块。

（5）【设置】

【关联原点】：在类型设置为原点和边长时出现。

【关联原点和偏置】：在类型设置为两点和高度或两个对角点时出现。

（6）【预览】

【显示结果】：显示结果计算特征并显示结果。单击【确定】按钮或【应用】按钮以创建特征时，软件将重新使用计算，从而加速创建过程。

【撤销结果】：撤销结果退出结果显示，并返回到对话框。

【例 4-3】 使用原点和边长的方法创建一个长 70 mm、深宽 30 mm、高 50 mm 的长方体。

（1）在长方体对话框中选择【原点和边长】。

（2）点击【点构造器】，输入点坐标。

（3）在【尺寸】选项中【长度】、【宽度】、【高度】所对应的文本框中分别输入 70、30、50，如图 4-14 所示。

（4）单击【确定】按钮或【应用】按钮完成长方体的创建，如图 4-15 所示。

图 4-14 【块】对话框　　　　　　　图 4-15　生成长方体特征

4.3.2　圆柱

在【特征】工具条中单击【圆柱】按钮 ⬜或者执行【插入】/【设计特征】/【圆柱】命令，或点击工具条上的图标 ⬜，弹出如图 4-16 所示的【圆柱】对话框。对话框中提供了两种建立圆柱体的方法，即【轴、直径和高度】、【圆弧和高度】。下面通过具体实例分别介绍。

图 4-16　【圆柱】对话框

【轴、直径和高度】：选定一个原点，单击⬛输入原点或直接在作图区直接选择一个点，然后在尺寸栏中输入圆柱体的直径和高度。

【圆弧和高度】：选定一段圆弧，然后在尺寸栏输入高度。

【布尔】：按作图的需要，作图区已有创建好的实体，需要与他们进行求和、求差和求交时，使用该选项。

【预览】：可以单击 🔍 。

【例 4-4】 以轴、直径和高度创建一个沿 Z 轴方向上直径为 40 mm，高度为 50 mm 的圆柱体。

（1）在【圆柱体】对话框中的【类型】下拉菜单中选择【轴、直径和高度】 🗇 。

（2）选择一个矢量方向，单击 ⊞ 输入原点。

（3）在【直径】、【高度】所对应的文本框中分别输入"40"、"50"，如图 4-17 所示。

（4）单击【确定】或【应用】按钮，完成圆柱体的创建，如图 4-18 所示。

图 4-17 【圆柱】对话框

图 4-18 生成圆柱体特征

4.3.3 圆锥

在【特征】工具条中单击【圆锥】按钮 △ 或者执行【插入】/【设计特征】/【圆锥】命令，或单击工具条上的图标 △ ，弹出如图 4-19 所示的【圆锥】对话框，对话框中提供了 5 种创建圆锥的方法，即直径和高度、直径和半角、底部直径，高度和半角、顶部直径，高度和半角、两个共轴的圆弧，如图 4-20 所示。

图 4-19 【圆锥】对话框

图 4-20 下拉列表框

（1）【类型】

【直径和高度】🔔：使用以下对象创建圆锥，圆锥轴的原点和方向、圆锥底部圆弧的直径、圆锥顶部圆弧的直径、圆锥高度的值。

【直径和半角】🔔：使用以下对象创建圆锥，圆锥轴的原点和方向、圆锥基座和顶面圆弧直径、半角（在圆锥轴与其侧壁之间形成并从圆锥轴顶点测量的角）。圆锥高度可通过半角及半角与基座圆弧直径、顶面圆弧直径的关系而得到，并进行调整。

【底面直径，高度和半角】🔔：使用以下对象创建圆锥，圆锥轴的原点和方向、圆锥底面圆弧的直径、圆锥高度的值、在圆锥轴顶点与其边之间测量的半角。 使用基座圆弧直径、高度和半角来确定顶面圆弧的直径。半角值的范围为 1°～89°，但用户可使用的值取决于底面圆弧的直径，因为它与圆锥高度有关。

【顶面直径，高度和半角】🔔：使用以下对象创建圆锥，圆锥轴的原点和方向、圆锥顶面圆弧的直径、圆锥高度的值、在圆锥轴顶点与其边之间测量的半角。 使用顶面圆弧直径、高度和半角来确定底面圆弧的直径。 半角值的范围为 1°～89°，但用户可使用的值取决于顶面圆弧的直径及圆锥高度。

【两个共轴的圆弧】🔔：通过指定底面圆弧和顶面圆弧创建圆锥，这些圆弧不必平行。在选择这两条圆弧后，可创建完整的圆锥。圆锥的轴是圆弧中心，且垂直于底面圆弧。圆锥底面圆弧和顶面圆弧的直径来自这两条选定圆弧。圆锥的高度即顶面圆弧的中心和底面圆弧平面之间的距离。如果选定圆弧不共轴，则将平行于底面圆弧所形成的平面对顶面圆弧进行投影，直到两条圆弧共轴。

（2）【尺寸】

【底面直径】：仅在【直径和高度】、【直径和半角】及【底面直径、高度和半角】类型的情况下可用，用于指定圆锥底面圆弧直径的值。

【顶面直径】：仅在【直径和高度】、【直径和半角】及【顶面直径、高度和半角】类型的情况下可用，设置圆锥顶面圆弧直径的值。

【高度】：仅在【直径和高度】、【底面直径、高度和半角】及【顶面直径、高度和半角】类型的情况下可用，设置圆锥高度的值。

【半角】：仅在【直径和半角】、【基座直径、高度和半角】及【顶面直径、高度和半角】类型的情况下可用，设置在圆锥轴顶点与其边之间测量的半角的值。

4.3.4 球

在【特征】工具条中单击【球】⚫按钮或者执行【插入】/【设计特征】/【球】命令，弹出如图 4-21 所示的【球】对话框。对话框中提供了两种创建球的方法，即【中心点和直径】、【圆弧】。

（1）【类型】

【中心点和直径】：使用指定的中心点和直径创建球。

【圆弧】：使用选定圆弧创建球，该圆弧不必为完整的圆。软件根据任一圆弧对象创建完整的球，选定的圆弧定义球的

图 4-21 【球】对话框

中心和直径。

（2）【中心点】

【指定点】：仅当类型设置为圆弧和高度时才显示，用于定义【球】的中心点。

（3）【圆弧】

【选择圆弧】 ⌒：用于选择圆弧或圆。软件从选定的圆弧获得【球】的方位。【球】的轴垂直于圆弧的平面，且穿过圆弧中心。矢量会指示该方位。

（4）【尺寸】：

【直径】：当【类型】设置为【中心点和直径】时显示，用于指定圆柱的直径。

4.3.5　孔

在【特征】工具条中单击【孔】按钮 或者执行【插入】/【设计特征】/【孔】命令，弹出【孔】对话框，如图 4-22 所示。对话框中提供了五种建立【孔】的方法，即【常规孔】、【钻形孔】、【螺钉间隙孔】、【螺纹孔】、【孔系列】。

（1）【类型】

【常规孔】：创建指定尺寸的简单孔、沉头孔、埋头孔或锥孔特征。常规孔的类型包括【盲孔】、【通孔】、【直至选定对象】或【直至下一个】。

【钻形孔】：使用 ANSI 或 ISO 标准创建简单钻形孔特征。

【螺钉间隙孔】：创建简单、沉头或埋头通孔，它们是为具体应用而设计的，例如，螺钉的间隙孔。

【螺纹孔】：创建螺纹孔，其尺寸标注由标准、螺纹尺寸和径向进刀定义。

【孔系列】：创建起始、中间和结束孔尺寸一致的多形状、多目标体的对齐孔。使用 JIS 标准创建孔系列时，尺寸值会依据 JIS_B_1001_1985 标准。

图 4-22　【孔】对话框

（2）【位置】

【指定点】：指定孔中心的位置。

（3）【方向】

【垂直于面】：沿着与公差范围内每个指定点最近的面法向的反向定义孔的方向。

【沿矢量】：沿指定的矢量定义孔方向。可以使用【指定矢量】中的选项来指定矢量：【矢量构造器】 或【自动判断】的矢量 中的列表。

（4）【形状和尺寸】

【简单】：创建具有指定直径、深度和尖端顶锥角的简单孔。

【沉头】：创建具有指定直径、深度、顶锥角、沉头直径和沉头深度的沉头孔。

【埋头】：创建有指定直径、深度、顶锥角、埋头直径和埋头角度的埋头孔。

【锥形】：创建具有指定锥角和直径的锥孔。

【沉头直径】：在【形状】设置为【沉头】时可用，用于指定沉头直径。孔的沉头部分的直径必须大于孔径。

【沉头深度】：在【形状】设置为【沉头】时可用，用于指定沉头深度。

【埋头直径】：在【形状】设置为【埋头】时可用，用于指定埋头直径。埋头直径必须大于孔径。

【埋头角度】：在【形状】设置为【埋头】时可用，用于指定孔的埋头部分中两侧之间夹角必须大于 0°且小于 180°。

【直径】：指定孔的直径。

【深度】：在【深度限制】设置为【值】时可用，用于指定所需的孔深度。

【尖角】：在【深度限制】设置为【值】时可用，用于指定孔的顶锥角，以创建平头孔或尖头孔。顶锥角为零度产生平头孔（盲孔）。正的顶锥角值创建有角度的顶尖，它添加到孔的深度上。顶锥角必须大于等于 0°并且小于 180°。

【选择对象】：在【深度限制】设置为【直至选定对象】时可用。用于选择面或基准平面来指定孔的深度限制。

【例 4-5】　在长方体创建一个直径 30 mm，深 50 mm 的盲孔。

（1）在孔对话框中选择【简单孔】图标 。

（2）在【直径】、【深度】、【尖角】所对应的文本框中分别输入 30、50、118。

（3）选择长方体的上表面作为孔的放置面。单击【确定】或【应用】按钮，系统弹出【定位】对话框，如图 4-23 所示。

（4）单击【定位】对话框中的垂直定位图标，选择长方体的一条边作为垂直定位的第一目标边，此时，定位对话框中的表达式被激活，如图 4-24 所示，输入距离 40 mm；再选择长方体中与第一条边垂直的另一条边作为第二目标边，输入距离 80 mm。

（5）单击【确定】或【应用】按钮，完成简单盲孔的创建，结果如图 4-25 所示。

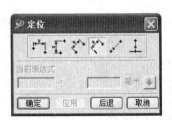
图 4-23 【定位】对话框

图 4-24 【定位】对话框被激活

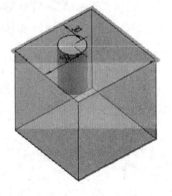
图 4-25 生成简单孔特征

4.3.6　凸台

在【特征】工具条中单击【凸台】按钮 或者执行【插入】/【设计特征】/【凸台】命令，弹出【凸台】对话框，如图 4-26 所示。

【放置面】：用于指定一个平的面或基准平面，以在其上定位凸台。

【目标实体】：如果为放置面选择了一个绝对基准平面并且部件中有多个实体，则目标实体选择步骤变为可用，用户必须用它为此凸台选择一个目标实体。

【过滤器】：通过限制可用的对象类型帮助用户选择需要的对象。选项为"任何"、"面"和"基准平面"。

【直径】：用于输入凸台直径的值。

【高度】：用于输入凸台高度的值。

【锥角】：用于输入凸台的柱面壁向内倾斜的角度，该值可正可负。零值导致没有锥度的竖直圆柱壁。

【反侧】：如果选择了基准平面作为放置平面，则此按钮成为可用，单击此按钮使当前方向矢量反向，同时重新创建凸台的预览。

图 4-26 【凸台】对话框

4.3.7 腔体

在【特征】工具条中单击【腔体】按钮 或者执行【插入】/【设计特征】/【腔体】命令，弹出【腔体】对话框，如图 4-27 所示。对话框中提供了三种建立【腔体】的方法，即【圆柱坐标系】、【矩形】、【常规】。

（1）【圆柱坐标系】

【直径】：腔体的直径。

【深度】：沿指定的方向矢量从原点测量的腔体深度。

【底面半径】：腔体底边的圆角半径，此值必须等于或大于零。

【锥角】：应用到腔壁的拔模角，此值必须等于或大于零。

图 4-27 【腔体】对话框

（2）【矩形腔体】

【X 长度】：腔体的长度。

【Y 长度】：腔体的宽度。

【Z 长度】：腔体的高度。

【拐角半径】：腔体竖直边的圆角半径（大于等于零）。

【底面半径】：腔体底边的圆角半径（大于等于零）。

【锥角】：腔体的四壁以这个角度向内倾斜，该值不能为负。零值导致竖直的壁。

（3）【常规腔体】

【放置面】：用于选择腔体的放置面。腔体的顶面会遵循放置面的轮廓。

【放置面轮廓】：用于为腔体的顶部轮廓选择相连的曲线。

【底面】：用于选择腔体的底面。腔体的底部会跟随底面的轮廓。

【底面轮廓曲线】：为腔体的底部轮廓选择相连的曲线。

【目标体】：如果希望腔体所在的体与第一个选中放置面所属的体不同，要将该体选择作为目标体。

【放置面轮廓线投影矢量】：如果放置面轮廓曲线/边没有位于放置面上，则这个步骤活动，以便定义能将其投影到放置面上的矢量。

【底面平移矢量】：如果选择将底面定义为平移，则这个选择步骤可用，以便定义平移矢量。

【底面轮廓线投影矢量】：如果底面轮廓曲线/边没有位于底面上，则这个步骤活动，以便定义能将其投影到底面上的矢量。

【放置面上的对齐点】：用于在放置面轮廓曲线上选择要对准的点，此步骤的可用条件是为两个轮廓都选择曲线，并且为轮廓对齐方法选择了"指定点"。

【底面对齐点】：用于在底面轮廓曲线上选择要对准的点，此步骤的可用条件是为两个轮廓都选择了曲线，并且为轮廓对齐方法选择了【指定点】。

【过滤器】：通过限制可选的类型，以帮助用户选择几何体，这个选项可用与否，取决于哪一个选择步骤是活动的。

【可更改的显示】：根据活动的选择步骤及先前的定义，在该区域显示其他选项。

【轮廓对齐方法】：如果选择了放置面轮廓和底面轮廓，则可以指定用于对齐放置面轮廓曲线和底面轮廓曲线的方法。

【放置面半径】：用于定义腔体放置面（腔体顶部）与侧面之间的圆角半径。

【底面半径】：用于定义腔体底面（腔体底部）与侧面之间的圆角半径。

【拐角半径】：用于定义放置在腔体拐角处的圆角半径。拐角位于两条轮廓曲线/边之间的连接处，这两条曲线/边的切线在大于角度公差时发生变化。

【反向腔体区域】：如果用户选择开放的而不是封闭的轮廓曲线，将有一个矢量显示会在轮廓的哪一侧建立腔体。可以使用【反向腔体区域】选项在轮廓的相反侧建立腔体。

【附着腔体】：用于将腔体缝合到目标片体，或从目标实体减去腔体。如果没有选择该选项，则腔体将作为单独的实体进行创建。

4.3.8　垫块

在【特征】工具条中单击【垫块】按钮或者执行【插入】/【设计特征】/【垫块】命令，弹出【垫块】对话框，如图 4-28 所示。对话框中提供了两种建立【垫块】的方法，即【矩形】、【常规】。

（1）【矩形垫块】

【长度】：垫块的长度。

【宽度】：垫块的宽度。

【高度】：垫块的高度。

图 4-28 【垫块】对话框

【拐角半径】：垫块竖直边的圆角半径。指定的半径必须是正值或零（零半径导致锐边的垫块）。

【锥角】：垫块的四壁以这个角度向里倾斜，该值不能为负（零值导致竖直的壁）。

（2）【常规垫块】

【放置面】：选择垫块的放置面。垫块的底面会跟随放置面的轮廓。

【放置面轮廓】：用于为垫块的底面轮廓选择相邻的曲线。

【顶面】：用于选择垫块的顶面。垫块的顶部会跟随顶面的轮廓。

【顶部轮廓曲线】：用于为垫块的顶部轮廓选择相邻的曲线。

【目标体】：如果希望垫块所在的体与首先选中的放置面所属的体不同，请将该体选择作为目标体。

【放置面轮廓线投影矢量】：如果放置面轮廓曲线/边没有位于放置面上，则这个步骤活动，以便定义能将其投影到放置面上的矢量。

【顶面平移矢量】：如果将顶面定义为平移，则这个选择步骤可用，以便定义平移矢量。

【顶部轮廓线投影矢量】：如果顶部轮廓曲线/边没有位于顶面上，则这个步骤活动，以便定义能将其投影到顶面上的矢量。

【放置面上的对齐点】：用于在放置面轮廓曲线上选择要对准的点。这个步骤的可用条件是为两个轮廓都选择了曲线，并且为轮廓对齐方法选择了"指定点"。

【顶部对齐点】：用于在顶部轮廓曲线上选择对齐点，这个步骤的可用条件是为两个轮廓都选择了曲线，并且为轮廓对齐方法选择了"指定点"。

【过滤器】：通过限制可选的类型，以帮助用户选择几何体，这个选项可用与否，取决于哪一个选择步骤是活动的。

【可变窗口】：根据活动的选择步骤及先前的定义，将在该区域显示其他选项。

【轮廓对齐方法】：如果选择了放置面轮廓和顶部轮廓，则可以指定对齐其曲线的方法。

【放置面半径】：用于定义放置面（垫块底面）与垫块侧面之间的圆角半径。

【顶面半径】：用于定义垫块顶面与侧面之间的圆角半径。

【拐角半径】：用于定义放置在垫块拐角处的圆角半径。拐角位于两条轮廓曲线/边之间的连接处，这两条曲线/边的切线在大于角度公差时发生变化。

【反向垫块区域】：如果用户选择开放的而不是封闭的轮廓曲线，将会显示一个矢量，表明在轮廓的哪一侧建立垫块。可以使用【反向垫块区域】选项在轮廓的相反侧建立垫块。

【附着垫块】：将垫块缝合到目标片体，或由目标实体减去垫块。如果没有选择该选项，则创建的垫块将成为独立实体。

【应用时确认】：选择【应用】后，打开应用时确认对话框，可在此预览结果，并接受、拒绝或分析所得结果。【选择步骤】对话框中都有此选项。

4.3.9　键槽

在【特征】工具条中单击【键槽】按钮 或者执行【插入】/【设计特征】/【键槽】命令，弹出【键槽】对话框，如图 4-29 所示。对话框中提供了 5 种建立【键槽】的方法，即【矩形槽】、【球形端槽】、【U 形槽】、【T 形键槽】、【燕尾槽】。

【矩形槽】：用于沿底面创建具有锐边的键槽。

【球形端槽】：用于创建具有球体底面和拐角的键槽。

【U 形槽】：用于创建一个"U"形键槽，此类键槽具有圆角和底面半径。

【T 型键槽】：用于创建一个键槽，它的横截面是一个倒转的 T 形。

【燕尾槽】：用于创建一个"燕尾"形键槽，此类键槽具有尖角和斜壁。

【通槽】：用于创建一个完全通过两个选定面的键槽。

图 4-29　【垫块】对话框

4.4 基于曲线的特征建模工具

基于曲线的建模特征包括拉伸、回转、沿引导线扫掠及管道。通过其所创建的特征都是根据截面曲线或者引导线变化的。当截面曲线或者引导线发生变化时，对应的特征也随之改变。

4.4.1 拉伸

在【特征】工具条中单击【拉伸】按钮 或者执行【插入】/【设计特征】/【拉伸】命令，弹出如图 4-30 所示的【拉伸】对话框。

（1）【截面】

【选择曲线】 ：用于指定曲线或边的一个或多个截面以进行拉伸。如果选择多个截面，便可以获取多个片体或实体，但只有一个拉伸特征。

【绘制截面】 ：打开草图任务环境以便创建内部草图。

【曲线】 ：用于选择截面的曲线、边、草图或面进行拉伸。如果在选择意图规则设置为自动判断曲线时选择平的面，则会打开草图任务环境，用于在该面上绘制新曲线截面的草图。

（2）【方向】

【指定矢量】 ：用于定义拉伸截面的方向，方法是从指定矢量选项列表 或矢量构造器 中选择矢量，然后选择该类型支持的面、曲线或边。拉伸特征及其方向是关联的。

【反向】 ：将拉伸方向更改为截面的另一侧，也可以通过右键单击方向矢量箭头并选择反向来更改方向。

图 4-30 【拉伸】对话框

（3）【限制】

【开始/结束】：用于定义拉伸特征的起点与终点，从截面起测量。

【值】：为拉伸特征的起点与终点指定数值。在截面上方的值为正，在截面下方的值为负。

【直至下一个】：将拉伸特征延伸到选定的面、基准平面或体。如果拉伸截面延伸到选定的面以外，或不完全与选定的面相交，软件会将截面拉伸到所选面的相邻面上。如果选定的面及其相邻面仍不完全与拉伸截面相交，拉伸将失败，用户应尝试直至延伸部分选项。

【直至延伸部分】：在截面延伸超过所选面的边时，将拉伸特征（如果是体）修剪至该面。

【对称值】：将开始限制距离转换为与结束限制相同的值。

【贯通】：沿指定方向的路径，延伸拉伸特征，使其完全贯通所有的可选体。

【距离】：当开始和结束选项中的任何一个设置为值或对称值时出现。为拉伸特征设置起始和终止限制。

【选择对象】 ：当开始和结束选项中的任意一个选项设置为【直至选定对象】或【直到被延伸时】出现。用于选择面、片体、实体或基准平面，以定义拉伸特征的边界起始或终止限制。

（4）【布尔】

【布尔运算】：用于指定拉伸特征及其所接触的体之间的交互方式。

【无】：创建独立的拉伸实体。

【求和】：将拉伸体积与目标体合并为单个体。

【求差】：从目标体移除拉伸体。

【求交】：创建一个体，其中包含由拉伸特征和与它相交的现有体共享的体积。

【自动判断】：根据拉伸的方向矢量及正在拉伸的对象位置来确定概率最高的布尔运算。这是默认选项，用户可以替代此选项。

【选择体】⬛：当布尔选项设置为求和、求差或求交时出现，用于选择目标体。

（5）【拔模】

【拔模】：用于将斜率（拔模）添加到拉伸特征的一侧或多侧。

【从起始限制】：创建从拉伸起始限制开始的拔模。

【从截面】：创建从拉伸截面开始的拔模。

【从截面非对称角度】：在从截面的两侧延伸拉伸特征时可用。创建一个从拉伸截面开始、在该截面的前后两侧反向倾斜的拔模，可以使用角度选项分别控制该截面每一侧的拔模角。

【从截面匹配的终止处】：在从截面的两侧延伸拉伸特征时可用。创建一个从拉伸截面开始、在该截面的前后两侧反向倾斜的拔模。终止限制处的形状与起始限制处的形状相匹配，并且终止限制处的拔模角将更改，以保持形状的匹配，也可以通过右键单击拉伸预览来选择拔模选项。

【例 4-6】　利用【拉伸】命令拉伸曲线。

（1）单击【草图】按钮▣，绘制草图，如图 4-31 所示。

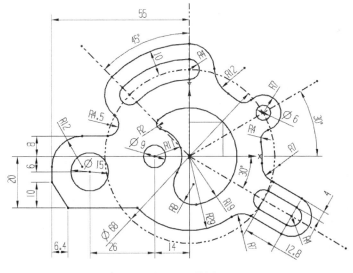

图 4-31　草图

（2）执行【插入】/【基准/点】/【拉伸】命令，或者单击【特征】工具条上【拉伸】按钮▣，弹出如图 4-32 所示【拉伸】对话框，拉伸【截面】选择所绘制的草图，【开始】和【结束】距离选项中分别为数值"0"和"10"，单击【确定】按钮，完成拉伸的创建，如图 4-33 所示。

图 4-32 【拉伸】对话框

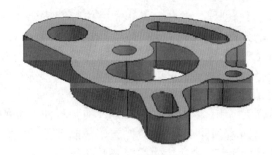

图 4-33 【拉伸】特征

4.4.2 回转

在【特征】工具条中单击【回转】按钮 或者执行【插入】/【设计特征】/【回转】命令，弹出如图 4-34 所示的【回转】对话框。

（1）【截面】

【绘制截面】 ：打开草图任务环境，用于绘制特征内部截面的草图。退出草图任务环境时，草图被自动选作要旋转的截面。

【曲线】 ：用于选择曲线、边、草图或面来定义截面。

（2）【轴】

【指定矢量】 ：用于选择曲线或边，或使用矢量构造器及矢量列表来定义矢量。

【反向】 ：反转轴与旋转的方向。

【指定点】 ：在以下情况下定位轴矢量，在矢量创建期间（如使用单元表面法向方法），软件不自动判断点；在非自动判断的点处定位矢量。

（3）【限制】：起始和终止限制表示旋转体的相对两端，绕旋转轴为 0°～360°。

4.4.3 沿引导线扫掠

在【曲面】工具条中单击【沿引导线扫掠】按钮 或者执行【插入】/【扫掠】/【沿引导线扫掠】命令，弹出如图 4-35 所示的【沿引导线扫掠】对话框。

（1）【截面】

【选择曲线】 ：用于选择曲线、边或曲线链，或是截面的边。

（2）【引导线】

【选择曲线】 ：用于选择曲线、边或曲线链，或是引导线的边。引导线串中的所有曲线都必须是连续的。

图 4-34　【回转】对话框　　　　　　　图 4-35　【沿引导线扫掠】对话框

（3）【偏置】

【第一偏置】：将"扫掠"特征偏置以增加厚度。

【第二偏置】：使"扫掠"特征的基础偏离于截面线串。

（4）【设置】

【体类型】：指定在截面封闭时，扫掠特征是实体还是片体。默认设置取决于在【建模首选项】对话框的【常规】选项卡/【体类型】中选择的选项。

【例 4-7】　沿引导线扫掠。

（1）打开 4.4.3.prt 文件，包括截面和引导线，如图 4-36 所示。

（2）执行【插入】/【扫掠】/【沿引导线扫掠】命令，弹出【沿引导线扫掠】对话框，分别选择截面与引导线，如图 4-37 所示。

（3）单击【确定】或【应用】按钮，生产扫掠，结果如图 4-38 所示。

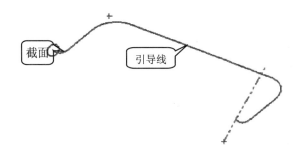

图 4-36　截面和引导线

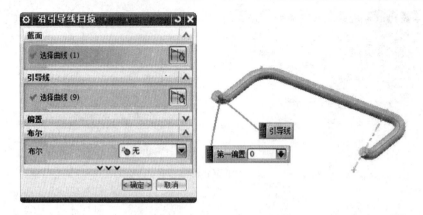

图 4-37　【沿引导线扫掠】对话框

4.4.4　管道

在【曲面】工具条中单击【管道】按钮 或者执行【插入】/【扫掠】/【管道】命令，弹出如图 4-39 所示的【管道】对话框。

图 4-38　沿引导线扫掠特征

图 4-39　【管道】对话框

（1）【路径】

【选择曲线】 ：指定管道的中心线路径。可以选择多条曲线或边。路径必须光顺并相切连续。路径不得包含缝隙或尖角。如果路径是样条，则可以使用在公差中指定的值来逼近。

（2）【横截面】

【外径】：指定管道外径的值。

【内径】：指定管道内径的值。

（3）【布尔】

【布尔】：指定布尔运算以用于将特征与目标实体结合起来。

（4）【设置】

【输出】：如果路径包含样条或二次曲线，则指定是将管道的一部分创建为单段还是多段。

【公差】：指定距离公差，这是输入几何体与得到的体的中心线之间的最大距离。默认值取自建模首选项。

【例 4-8】　创建管道。

（1）先创建一条曲线，如图 4-40 所示。

（2）执行【插入】/【基准/点】/【管道】命令，在如图 4-41 所示的【管道】对话框中勾选【选择曲线】复选框，外径和内径分别设为 9 和 7。

（3）单击【确定】或【应用】按钮，结果如图 4-42 所示。

图 4-40　【直线】对话框

图 4-41　【管道】对话框　　　　　图 4-42　【管道】特征完成

4.5　特征操作

本节能叙述的特征操作包括拔模、边倒圆、倒斜角、抽壳、阵列特征、螺纹、修剪体、拆分体、镜像特征、镜像体，它们是在不改变基本特征主要形状的情况下，对已有的特征作局部修饰，这些命令在建模的过程中也是非常重要的。

4.5.1　拔模

在【特征】工具条中单击【拔模】按钮 或者执行【插入】/【细节特征】/【拔模】

命令，弹出【拔模】对话框，如图 4-43 所示。

（1）【类型】

【从平面或曲面】：允许用户指定固定平面或曲面。拔模操作对固定平面处的体的横截面未进行任何更改。

【从边】：用于将所选的边集指定为固定边，并指定这些边的面（指定角度）。当需要固定的边不包含在垂直于方向矢量的平面中时，此选项很有用。

【与多个面相切】：用于在保持所选面之间相切的同时应用拔模，此选项用于在塑模部件或铸件中补偿可能的模锁。

【至分型边】：用于根据选定的分型边集、指定的角度及固定面来创建拔模面。固定面确定维持的横截面，此拔模类型创建垂直于参考方向和边缘的突出部分的面。

（2）【脱模方向】：脱模方向通常是模具或冲模为了与部件分离而移动的方向。 NX 根据输入几何体自动判断脱模方向。可以单击鼠标中键接受默认值，也可以指定其他方向。

图 4-43 【拔模】对话框

（3）【拔模参考】

【固定面】：可选择一个或多个固定面作为拔模参考。拔模将被应用于拔模面。

【分型面】：可选择一个或多个面作为拔模参考。拔模将被应用于分型面的一侧或两侧。

（4）【特定于类型的选项】

【从平面或曲面】/【选择固定面】：用于将几何体指定为固定面或分型面。

【从平面或曲面】/【要拔模的面】/【选择面】：用于选择要拔模的面。

【从平面或曲面】/【要拔模的面】/【角度】：为定义的每个集指定拔模角。

【从边】/【固定边】/【选择边】：用于选择固定边。

【从边】/【固定边】/【反侧】：用于在拔模方向反向时反转固定面的一侧。

【从边】/【可变拔模点】/【指定点】：用于在固定边上选择点以指定变化的拔模角，可为所指定的每个参考点输入不同角度。

【从边】/【可变拔模点】/【可变角】：为定义的每个集指定可变的拔模角。

【从边】/【可变拔模点】/【位置】：指定可变角点沿目标边的位置，可以指定边的百分比（弧长百分比）或沿边的显式距离（弧长）。

【与面相切】/【相切面】/【选择面】：用于选择要拔模的面及拔模操作后必须保持相切的面。

【至分型边】/【固定平面】/【选择平面】：用于指定或创建垂直于脱模方向并经过指定点的固定面。

【至分型边】/【分型边】/【选择边】：用于指定分型边。

【至分型边】/【分型边】/【反侧】：用于在拔模方向反向时反转固定面的一侧。

（5）【设置】

【距离公差】：用于指定输入几何体与产生的体之间的最大距离。 默认值取自建模首选项。

【角度公差】：用于指定角度公差。此公差用于确保拔模曲面相对于邻近曲面而言在指定的角度范围内，默认值取自建模首选项。

4.5.2　边倒圆

在【特征】工具条中单击【边倒圆】按钮 或者执行【插入】/【细节特征】/【边倒圆】命令，弹出【边倒圆】对话框，如图 4-44 所示。

（1）【要倒圆的边】

【选择边】：用于为边倒圆集选择边。

【形状】/【圆形】：使用单个手柄集控制圆形倒圆。

【形状】/【二次曲线】：二次曲线法和手柄集可控制对称边界边半径、中心半径和 Rho 值的组合，以创建二次曲线倒圆。

（2）【可变半径点】

【指定新的位置】：使用【要倒圆的边】组中的【选择边】来选择边时可用。用于添加点并沿边集中的各条边设置半径值。

【V 半径 xx】：在选择可变半径点时可用，在选定点处设置半径。xx 是表示可变半径点的数字。

图 4-44　【边倒圆】对话框

【位置】/【弧长】：设置弧长的指定值，在【弧长】框中输入距离值。

【位置】/【弧长百分比】：将可变半径点设置为边的总弧长的百分比。在【弧长百分比】框中输入距离值。

【位置】/【通过点】：用于指定可变半径点。【指定新的位置】选项可用。

（3）【拐角倒角】

【选择终点】：用于在边集中选择拐角终点，并在每条边上显示拖动手柄。使用拖动手柄可根据需要增大拐角半径值。

【点 1 回切 1】：将当前所选缩进点的距离设置为用户指定的值。

（4）【拐角突然停止】

【选择终点】：用于选择要倒圆的边上的倒圆终点及停止位置。选择边终点后可以指定【停止位置】。

【停止位置列表】/【按某一距离】：可在边终点处突然停止倒圆。

【停止位置列表】/【交点处】：可在多个倒圆相交的选定顶点处停止倒圆。

【位置列表】/【弧长】：用于指定弧长值以在该处选择停止点。

·【位置列表】/【弧长百分比】：用于指定弧长的百分比以在该处选择停止点。

【位置列表】/【通过点】：用于选择模型上的点。

（5）【修剪】

【用户选定的对象】：当选择时会打开以下选项，允许指定用于修剪圆角面的对象和位置。

【限制对象】/【平面】：使用面集中的一个或多个平面修剪边倒圆。

【限制对象】/【指定平面】：用于指定平面以修剪圆角。

【使用限制平面截断倒圆/使用限制面截断倒圆】/【指定点】 ⊞ ⫽ ：指定离预期截断倒圆的交点最近的点。如果修剪平面与圆角面在多处相交，则使用此方法。

（6）【溢出解】：控制如何处理倒圆溢出。当倒圆的相切边与该实体上的其他边相交时，就会发生倒圆溢出。

（7）【允许溢出解】

【在光顺边上滚动】：允许倒圆延伸至它遇到的光顺连接（相切）面。

【在边上滚动（光顺或尖锐）】：移除同其中一个定义面的相切，并允许圆角滚动到任何边上，不论该边是光顺还是尖锐的。

【保持圆角并移动锐边】：允许圆角保持与定义面的相切，并将所有遇到的面移动到圆角面。

（8）【显式溢出解】

【选择要强制执行滚边的边】 ⬡：用于选择边以对其强制应用【在边上滚动（光顺或尖锐）】选项。

【选择要禁止执行滚边的边】 ⬡：用于选择边以不对其应用【在边上滚动（光顺或尖锐）】选项。

4.5.3　倒斜角

在【特征】工具条中单击【倒斜角】按钮 ⬡ 或者执行【插入】/【细节特征】/【倒斜角】命令，弹出【倒斜角】对话框，如图 4-45 所示。

（1）【边】

【选择边】 ⬡：用于选择要倒斜角的一条或多条边。

（2）【偏置】

【横截面】/【对称】：创建一个简单倒斜角，在所选边的每一侧有相同的偏置距离。

【横截面】/【非对称】：创建一个倒斜角，在所选边的每一侧有不同的偏置距离。

【横截面】/【偏置和角度】：创建具有单个偏置距离和一个角度的倒斜角。

图 4-45　【倒斜角】对话框

【距离】：用于【对称】及【偏置和角度】横截面类型。指定偏置的距离值。

【距离 1】：用于【非对称】横截面类型，指定第一个偏置的距离值。

【距离 2】：用于【非对称】横截面类型，指定第二个偏置的距离值。

【角度】：用于【偏置和角度】横截面类型，指定偏置的角度值。

【反向】 ⊠：测量所选倒斜角边另一侧的偏置距离或角度。

（3）【设置】

【偏置方法】/【沿面偏置边】：仅为简单形状生成精确结果。通过沿所选边的邻近面测量偏置距离值，定义新倒斜角面的边。

【偏置方法】/【偏置面和修剪】：与所选边相邻的面具有变化的角度、不平或不垂直时，可为复杂形状产生更精确的结果。通过偏置相邻面及将偏置面的相交处垂直投影到原始面，定义新倒斜角的边。

【对所有实例进行倒斜角】：为实例集中的所有实例添加倒斜角。

4.5.4　抽壳

在【特征】工具条中单击【抽壳】按钮或者执行【插入】/【偏置/缩放】/【抽壳】命令，弹出【抽壳】对话框，如图 4-46 所示。

（1）【类型】

【移除面，然后抽壳】：在抽壳之前移除体的面。

【对所有面抽壳】：对体的所有面进行抽壳，且不移除任何面。

（2）【要穿透的面】

【选择面】：仅当【类型】设置为【移除面】，然后抽壳时显示。用于从要抽壳的体中选择一个或多个面。如果有多个体，则所选的第一个面将决定要抽壳的体。

（3）【要抽壳的体】

图 4-46　【抽壳】对话框

【选择体】：仅当【类型】设置为【对所有面抽壳】时显示，用于选择要抽壳的体。

（4）【厚度】

【厚度】：为壳设置壁厚。可以拖动厚度手柄，或者在【厚度】屏显输入框或对话框中键入值。要更改单个壁厚，使用【备选厚度】组中的选项。

【反向】：更改厚度的方向。

（5）【备选厚度】

【选择面】：用于选择厚度集的面，可以对每个面集中的所有面指派统一厚度值。

【添加新集】：使用选定的面创建面集。

【列表】：列出厚度集及其名称、值和表达式信息。

（6）【设置】

【相切边】/【在相切边延伸支撑面】：在偏置体中的面之前，先处理选定要移除并与其他面相切的面，这将沿光顺的边界边创建边面。如果选定要移除的面都不与不移除的面相切，选择此选项将没有作用。

【相切边】/【延伸相切面】：延伸相切面，并且不为选定要移除且与其他面相切的面的边创建边面。

4.5.5　阵列特征

在【特征】工具条中单击【阵列特征】按钮或者执行【插入】/【关联复制】/【阵列特征】命令，弹出【阵列特征】对话框，如图 4-47 所示。

图 4-47　【阵列特征】对话框

（1）【要形成阵列的特征】

【选择特征】🐾：用于选择一个或多个要形成阵列的特征。

（2）【阵列定义】

【布局】：设置阵列布局，有七个可用的布局。

【线性】▦：使用一个或两个方向定义布局。

【圆形】○：使用旋转轴和可选径向间距参数定义布局。

【多边形】⬡：使用正多边形和可选径向间距参数定义布局。

【螺旋式】◉：使用螺旋路径定义布局。

【沿】⟍：定义一个跟随连续曲线链和（可选）第二条曲线链或矢量的布局。

【常规】▦：使用由一个或多个目标点或坐标系定义的位置来定义布局。

【参考】▥：使用现有阵列定义布局。

（3）【边界定义】：当【布局】设置为【沿】、【常规】或【参考】时不可用。

【边界】/【无】：不定义边界，阵列不会限制为边界。

【边界】/【面】：用于选择面的边、片体边或区域边界曲线来定义阵列边界。

【边界】/【曲线】：用于通过选择一组曲线或创建草图来定义阵列边界。

【边界】/【排除】：用于通过选择曲线或创建草图来定义从阵列中排除的区域。

【简化边界填充】/【线性布局】：允许用户使用【布局】列表上的【正方形】、【三角形】或【菱形】选项来形成简化线性布局阵列的栅格。将重复指定的布局，直到边界填充完毕。

【简化边界填充】/【圆形/多边形布局】：【径向节距】选项只可用于圆形和多边形简化边界填充。通过该选项，可以控制阵列特征在放射后的同心距离。

【边距】：用于指定与已定义边界的偏置距离。

【边距应用于内边界】：当【布局】设置为【线性】、【圆形】、【多边形】或【螺旋式】，并且【边界】设置为【面】或【曲线】时可用。将指定的边距添加到任意内部边界，将不会显示任何进入边距区域的阵列特征。

【旋转角度】：用于根据定义的参考矢量指定简化布局的旋转角度。

（4）【阵列增量】

【阵列增量】▦：打开【阵列增量】对话框，可在其中定义要随着阵列数量的增长而应用到实例的增量。

（5）【实例点】

【选择实例点】⊕：用于选择表示要创建的布局、阵列定义和实例方位的点。使用选择条上的"捕捉点"选项来过滤点选择。

【使用电子表格】▦：用于编辑阵列定义参数，包括仅在电子表格中可用的任何阵列变化设置。确认值之后，对话框中将重新显示这些值并更新几何体。

（6）【方位】：当布局设置为参考时不可用。

【与输入相同】：将阵列特征定向到与输入特征相同的方位。

【遵循阵列】：当【布局】设置为【线性】或【参考】时不可用，将阵列特征定向为跟随布局的方位。

【垂直于路径】：当【布局】设置为【沿】时可用，根据所指定路径的法向或投影法向来定向阵列特征。

【CSYS 到 CSYS】：当【布局】设置为【沿】、【常规】或【参考】时不可用，根据指定的 CSYS 定向阵列特征。

【跟随面】：当布局设置为参考时不可用。保持与实例位置处所指定面垂直的阵列特征的方位。指定的面必须在同一个体上。

【投影方向】/【沿阵列平面法向】：阵列平面上的实例位置将从阵列平面投影到指定的面。

【投影方向】/【沿面的法向】：阵列面上的实例位置将从阵列面投影到指定的面。

【投影方向】/【沿矢量】：实例位置将沿指定的矢量投影到指定的面。

（7）【阵列设置】：当【布局】设置为【线性】、【圆形】或【沿】时可用。

（8）【阵列方法】

【方法】/【变化】：支持将多个特征作为输入以创建阵列特征对象，并评估每个实例位置处的输入。

【方法】/【简单】：支持将单个特征作为输入以创建阵列特征对象，只对输入特征进行有限评估。

【方法】/【可重用的参考】：当【方法】设置为【变化】时可用，将显示输入特征的定义参数列表。

（9）【设置】

【输出】/【阵列特征】：从指定的输入创建"阵列特征"对象。如果阵列方法设置为变化，并且输入由多个特征组成，则输出将是单个"阵列特征"对象。如果阵列方法设置为简单，并且输入由多个特征组成，则输出将是多个"阵列特征"对象。

【输出】/【复制特征】：创建输入特征的单个副本，而不是"特征阵列"对象。

【输出】/【特征复制到特征组中】：创建输入特征的单个副本并将其放入"特征"组中。

【表达式】/【新建】：为复制的特征创建新表达式。

【表达式】/【链接至原先的】：将原始特征表达式链接到复制的特征。

【表达式】/【重用原先的】：重用所复制特征的原始特征表达式。

4.5.6　螺纹

在【特征】工具条中单击【螺纹】按钮或者执行【插入】/【设计特征】/【螺纹】命令，弹出【螺纹】对话框，如图 4-48 所示。

【螺纹类型】/【符号】：符号螺纹以虚线圆的形式显示在要攻螺纹的一个或多个面上。符号螺纹使用外部螺纹表文件（可以根据特定螺纹要求来定制这些文件），以确定默认参数。符号螺纹一旦创建就不能复制或实例化，但在创建时可以创建多个副本和实例化副本。

【螺纹类型】/【详细】：详细螺纹看起来更实际，但由于其几何形状及显示的复杂性，创建和更新的时间都要长得多。详细螺纹使用内嵌的默认参数表，并且可以在创建后复

图 4-48　【螺纹】对话框

制或实例化。

【大径】：螺纹的最大直径。对于符号螺纹，提供默认值的是查找表。对于符号螺纹，这个直径必须大于圆柱面直径。仅当选择【手工输入】选项时才能在此字段中为符号螺纹输入值。

【小径】：螺纹的最小直径。对于符号螺纹，提供默认值的是查找表。对于外螺纹，直径必须小于圆柱面的直径。仅当选择【手工输入】选项时才能在此字段中为符号螺纹输入值。

【螺距】：从螺纹上某一点到下一螺纹的相应点之间的距离，平行于轴进行测量。对于符号螺纹，提供默认值的是查找表。仅当选择【手工输入】选项时才能在此字段中为符号螺纹输入值。

【角度】：螺纹的两个面之间的夹角，在通过螺纹轴的平面内测量。对于符号螺纹，提供默认值的是查找表。仅当选择【手工输入】选项时才能在此字段中为符号螺纹输入值。

【标注】：引用为符号螺纹提供默认值的螺纹表条目。当【螺纹类型】为【详细】时，此选项不出现；或者对于符号螺纹而言，如果选择【手工输入】选项，此选项也不会出现。

【轴尺寸/螺纹钻尺寸】：对于外部符号螺纹，会出现【轴尺寸】。对于内部符号螺纹，会出现【螺纹钻尺寸】。当将【螺纹类型】设置为【详细】时，此选项不会出现。

【方法】：定义螺纹加工方法，如碾轧、切削、磨削和铣削。选择可以由用户在默认设置中定义，也可以不同于这里的例子。只有当将【螺纹类型】设置为"符号"时，此选项才会出现。

【牙型】：确定使用哪个查找表来获取参数默认值。【牙型】选项的示例包括【统一】、【公制】、【梯形】、【Acme】和【偏齿】等。选择可以由用户在默认设置中定义，也可以不同于这里的例子。只有当将【螺纹类型】设置为"符号"时，此选项才会出现。

【螺纹头数】：用于指定是要创建单头螺纹还是多头螺纹。当将【螺纹类型】设置为【详细】时，此选项不会出现。

【锥形】：如果选择此选项，则符号螺纹带锥度。当将【螺纹类型】设置为【详细】时，此选项不会出现。

【完整螺纹】：如果选择此选项，则当圆柱的长度更改时符号螺纹将更新。当将【螺纹类型】设置为【详细】时，此选项不会出现。

【长度】：所选起始面到螺纹终端的距离，平行于轴进行测量。对于符号螺纹，提供默认值的是查找表。

【手工输入】：如果在创建符号螺纹的过程中选择此选项，用户可以为某些选项输入值，否则这些值要由查找表提供。选择此选项后，【从表格中选择】选项将不可选。如果在符号螺纹创建期间取消选择此选项，则【大径】、【小径】和【螺距和角度】参数值取自查找表，用户不能在这些字段中手工输入任何值。NX 为这些参数创建的表达式受到限制，并且即使通过【表达式】对话框也不能对其进行更改。要编辑这些表达式，请在【编辑】/【参数】下选择符号螺纹特征，然后关闭【手工输入】选项，这种保护级别可保持取自查找表的标准值。

【从表格中选择】：对于符号螺纹，此选项用于从查找表中选择标准螺纹表条目。当将【螺纹类型】设置为【详细】时，此选项不会出现。

【包含实例】：如果选中的面属于一个实例阵列，则此选项用于将螺纹应用到其他实例上。最好将螺纹添加到主特征，而不要添加到实例化的特征之一中。使用这种方法，如果以后阵列参数有变化，此螺纹将在实例集中总是保持可见。当将【螺纹类型】设置为【详细】时，此选项不会出现。

【旋转】：用于指定螺纹旋向，包括【右旋】和【左旋】。【右旋】：当轴向朝螺纹的一端观察时，按顺时针、后退方向缠绕；【左旋】：当轴向朝螺纹的一端观察时，按逆时针、后退方向缠绕。

【选择起始】：用于通过在实体或基准平面上选择平的面，为符号螺纹或详细螺纹指定新的起始位置。

4.5.7 修剪体

在【特征】工具条中单击【修剪体】按钮或者执行【插入】/【修剪】/【修剪体】命令，弹出【修剪体】对话框，如图 4-49 所示。使用【修剪体】可以通过面或平面来修剪一个或多个目标体。可以指定要保留的体部分及要舍弃的部分。目标体呈修剪几何体的形状。

（1）【目标】

【选择体】：用于选择要修剪的一条或多个目标体。

（2）【工具】

【工具选项】：列出要使用的修剪工具的类型。

【选择面或平面】：仅当工具选项为【面或平面】时出现。用于从体或现有基准平面中选择一个或多个面以修剪目标体。多个工具面必须都属于同一个体。

【指定平面】：仅当【新平面】是工具选项时显示。用于选择一个新的参考平面来修剪目标体。创建一个参考平面有两种方法：【自动判断的列表】列出用于创建平面的方法。【完整平面工具】提供其他的方法，以通过【平面】对话框创建平面。

【反向】：反转修剪方向。

4.5.8 拆分体

在【特征】工具条中打开【修剪】下拉菜单，单击【拆分体】按钮或者执行【插入】/【修剪】/【拆分体】命令，弹出【拆分体】对话框，如图 4-50 所示。

图 4-49 【修剪体】对话框

图 4-50 【拆分体】对话框

（1）【目标】

【选择体】：用于选择目标体。

（2）【工具】

【工具选项】/【面或平面】：用于指定一个现有平面或面作为拆分平面。

【工具选项】/【新平面】：用于创建一个新的拆分平面。

【工具选项】/【拉伸】：拉伸指定曲线来创建工具体。

【工具选项】/【回转】：回转指定曲线来创建工具体。

（3）【截面】

【选择曲线】：用于选择现有曲线或绘制新曲线。拉伸或回转指定曲线来创建工具体。

（4）【方向】

【指定矢量】：用于指定特定曲线的拉伸方向。

（5）【轴】

【指定矢量】：用于指定特定曲线的回转方向。

【指定点】：用于在指定曲线所绕的旋转轴上选择一个点。

（6）【设置】

【保留压印边】：保留压印边，以标记目标体与工具之间的交线。以后压印边可用于对带凸台和筋板的部件划分网格。

4.5.9　镜像特征

在【特征】工具条中打开【关联复制】下拉菜单，单击【镜像特征】按钮 或者执行【插入】/【关联复制】/【镜像特征】命令，弹出【镜像特征】对话框，如图 4-51 所示。

（1）【要镜像的特征】

【选择特征】：用于选择一个或多个要镜像的特征。如果选择的特征从属于未选择的其他特征，则在尝试创建镜像特征时，用户会收到【更新警告和失败报告】消息。

（2）【参考点】

【指定点】：用于指定源参考点。如果不想使用在选择源特征时 NX 自动判断的默认点，使用此选项。

（3）【镜像平面】

【选择平面】：当【平面】设置为【现有平面】时显示，用于选择镜像平面，该平面可以是基准平面，也可以是平的面。

图 4-51　【镜像特征】对话框

【指定平面】：当【平面】设置为【新平面】时显示，用于创建镜像平面。

（4）【源特征的可重用引用】

【列表框】：用于指定镜像特征是否应该使用一个或多个源特征的父引用。选择要镜像的特征后，可重用的父引用（如果有）将显示在列表框中。 选中引用旁边的复选框后，镜像特征会使用与源特征相同的父引用。如果不选中该复选框，则将对父引用进行镜像或复制和转换，并且镜像特征使用镜像的父引用。

（5）【设置】

【CSYS 镜像方法】：选择坐标系特征时可用，用于指定要镜像坐标系的哪两个轴；为产生右旋的坐标系，NX 将派生第三个轴。

【保持螺纹旋向】：选择螺纹特征时可用，用于指定镜像螺纹是否与源特征具有相同的旋向，例如，镜像右旋螺纹时，使用此选项可控制镜像螺纹是右旋还是左旋。

【保持螺旋线旋向】：选择螺旋线特征时可用，用于指定镜像螺旋线是否与源特征具有相同的旋向。

4.5.10　镜像体

在【特征】工具条中单击【抽取几何体】按钮 或者执行【插入】/【关联复制】/【抽取几何体】命令，在【类型列表】中选择【镜像体】，弹出【抽取几何体】对话框，如图 4-52 所示。

【选择体】 ：选择要镜像的体。

【选择镜像平面】 ：选择要镜像的平面。

图 4-52　【抽取几何体】对话框

4.6　编　辑　特　征

编辑特征在 UG 建模过程中是十分重要的工具条，包括编辑特征参数、编辑位置、移动特征等编辑操作，用户可以利用相关命令编辑已经建立好的特征，本节着重讲解这三个命令。

4.6.1　编辑参数

在【编辑特征】工具条中单击【编辑特征参数】按钮 或者执行【编辑】/【特征】/【编辑特征】命令，弹出【编辑参数】对话框，如图 4-53 所示。

（1）【编辑参数】特征选择列表框

【过滤器】：用于输入文本字符串，以过滤显示在列表窗口中的特征的名称。

【列表窗口】：列出可使用【编辑参数】来编辑的部件中显示的特征。双击列表中的大多数特征时可以打开用于创建该特征的对话框，用户可以用来编辑该特征。某些特征（如使用【实例】、【键槽】及【沟槽】命令创建的特征，以及通过 NX 早期版本中的命令创建的一些较旧的原有特征，如【拉伸体】及【回转体】）可以打开【编辑参数】对话框列表，其中只包含适用于编辑这些

图 4-53　【编辑参数】对话框

特征的选项。

（2）【重新附着】

【指定目标放置面】⬛：用于为正在编辑的特征选择新的附着面。

【指定参考方向】⬛：用于为正在编辑的特征选择新的参考方向。

【重新定义定位尺寸】⬛：用于选择定位尺寸，并通过指定新目标和/或工具几何体来重新定义该尺寸。

【指定第一个贯通面】⬛：用于重新定义正在编辑的特征的第一个通过面或修剪面。

【指定第二个贯通面】⬛：用于重新定义正在编辑的特征的第二个通过面或修剪面。

【指定工具放置面】⬛：用于重新定义某个用户定义特征的工具面。

【过滤器】：限制可供选择的对象类型。

【列表窗口】：显示可用于当前所选特征的定位尺寸类型。右键单击尺寸以便在图形窗口中高亮显示其可用参考。双击列表中的某个尺寸来重新定义它。

【方向参考】：可供定义新的水平或竖直特征参考。

【反向】：用于使特征的参考方向反向。

【反侧】：用于在将特征重新附着到基准平面时使特征的法向反向。

【指定原点】：用于将重新附着的特征重新定位到新的原点。在将特征重新附着到基准平面时，此选项非常有用。

【删除定位尺寸】：用于删除选定的定位尺寸。

（3）【实例特征选项】

【特征对话框】：用于编辑实例特征尺寸。如果尺寸显示在图形窗口中，用户也可以在其中选择该尺寸并编辑它。在使用特征对话框修改实例特征时，也会修改整个阵列中它的所有实例。

【实例阵列对话框】：用于编辑实例阵列的参数。对于圆形实例阵列，可以更改以下参数，【阵列方法】、【实例总数】、【实例之间的角度】、【阵列的半径】、【旋转轴】。对于矩形实例阵列，可以更改【阵列方法】、【XC 或 YC 方向上的实例总数】、【XC 或 YC 方向上的实例之间的偏置】。

【旋转实例】：用于修改实例阵列中单个实例的位置。

【取消对实例的旋转】：仅在已旋转选定的实例时可用。将选定的实例返回其原始位置。

【取消对实例集的旋转】：仅当旋转一个或多个实例（而非选定的一个实例）时可用。将整个实例阵列返回其原始参数。

（4）【编辑原有类型的扫掠特征的选项】

【特征参数】：用于编辑原有扫掠特征的【起始距离】、【终止距离】及【锥角值】。

【编辑公差】：用于更改【尺寸链公差】和【距离公差值】。

【编辑方向】：打开【矢量构造器】，可在适用情况下更改扫掠特征的方向。可以使用此选项来更改任何【拉伸体】或【回转体】特征的方向。

【编辑曲线】：打开【编辑曲线】对话框，可在适用情况下编辑与所选扫掠特征关联的任何曲线。

【编辑定义线串】：打开【编辑线串】对话框，可以添加或移除对象，以便在原有扫掠特征中重新指定截面线串。

【替换定义线串】：用于将原有扫掠特征的全部或部分定义线串替换为全新的线串。

【编辑草图尺寸】：用于编辑创建扫掠特征的草图尺寸。

【重新附着】：用于将草图及其关联的扫掠体移到另一个面或基准平面。

（5）【其他通用的编辑参数选项】

【特征对话框】：列出选中特征的参数名和参数值，并可在其中输入新值。

【公差】：用于为原有的【扫掠】、【通过曲线】及【直纹】特征指定新的距离公差，或是为【通过曲线网格】特征指定新的相交公差。

【编辑草图尺寸】：用于修改特征创建中所用的任意草图的草图尺寸。如果创建特征使用了多个有草图尺寸的草图，就必须先选择要编辑的草图。

【编辑曲线】：用于使用【编辑】/【曲线】下相同的选项来修改线串的现有曲线或段。用户可编辑的曲线数目不受限制。所有更改完成后，单击【确定】按钮以更新模型。

【编辑 V 向阶次】：用于更改"通过曲线组"特征的 V 向阶次。

【添加线串】：用于对体添加线串。线串可以是一个截面、一条引导线或一条脊线。对曲线网格体添加线串时，相同类型的线串（如主线串）不能有重合端点。

【移除线串】：用于移除体中的线串，但体必须至少有三个线串。如果要从只用两个线串创建的体中移除一个线串，就会出现下面的出错消息。

【重新指定起始对象】：用它可以在截面线串中重新指定起始对象。

【编辑对齐方式】：用于重新指定扫掠特征中使用的对齐方法，可以将对齐方法更改为【参数】、【弧长】或【根据点】。

【重新构建】：如果【重新构建】选项在特征的创建对话框中可用，则用于更改这类选秀。使用【重新构建】可重新定义曲面输入线串的阶次和结点，从而获得具有更佳连续性的更光顺曲面。

（6）【编辑原有再分割面特征的选项】

【编辑曲线】：用于使用编辑曲线对话框来修改曲线。

【替换曲线】：用于使用另一曲线替换原始曲线。

4.6.2　编辑位置

在【编辑特征】工具条中单击【编辑位置】按钮 或者执行【编辑】/【特征】/【编辑位置】命令，弹出【编辑位置】对话框，如图 4-54 所示。

【添加尺寸】：用于将定位尺寸添加到支持的特征。

【标识实体面】：在添加定位尺寸时，不能将被定位的特征与任何其他特征之间相交的任何对象（如目标实体）选作标注尺寸几何体。在某些情况下，可以使用标识实体面来避开此限制。用它可以标注圆柱或圆锥面的中心线。

【编辑尺寸值】：用于通过选择特征的一个或多个定位尺寸并更改其值来移动该特征。可编辑的尺寸值数多达特征中显示的尺寸值数。

【删除尺寸】：用于从特征中删除选定的定位尺寸。

4.6.3　移动特征

在【编辑特征】工具条中单击【移动特征】按钮 或者执行【编辑】/【特征】/【移

动特征】命令，弹出【移动特征】对话框，如图 4-55 所示。

图 4-54 【编辑位置】对话框   图 4-55 【移动特征】对话框

【DXC、DYC、DZC】：用于通过直角坐标系（XC 增量、YC 增量、ZC 增量）指定距离和方向来移动特征，该特征相对于工作坐标系（WCS）进行移动。

【至一点】：用于将特征从参考点移动到目标点。可以使用点工具来定义参考点及目标点。真正移动时，特征与目标点间保持其与参考点间相同的关系。

【在两轴间旋转】：用于通过在参考轴与目标轴之间旋转特征来移动它。

【CSYS 到 CSYS】：将特征从参考坐标系中的位置重定位到目标坐标系中，该特征相对于目标坐标系的位置与参考坐标系相同。使用【CSYS】工具的选项之一，可定义参考与目标坐标系。用户可以继续移动特征，但在选择【后退】或【取消】之后，才会更新图形窗口。

4.7　实体建模综合范例

为了帮助用户更好地掌握实体建模的方法，本节通过机座和水杯建模实例来系统地演示如何建立模型。特征建模的基本思路为先绘制草图，然后根据已有的曲线添加特征，对特征作相关的操作。

4.7.1　机座建模

下面以底座为例介绍 UG NX 8.5 的实体建模功能：底座主要起支持作用，其余的各零件均需装配在底座上，工程图如图 4-56 所示。

绘图分析：由于壁厚不均匀，所以通过抽壳加偏置面的命令组合不可取。对于该图，可通过创建草图并拉伸来解决。

（1）执行【文件】/【新建】命令或者单击【标准工具栏】上的【新建】按钮，新建一个文件。

（2）单击圆柱【圆柱】按钮，弹出【圆柱】对话框，类型选择【轴、直径和高度】，【指定矢量】为 Z 轴，【指定点】为坐标原点，输入【直径】数值为"112"、【高度】数值为"12"，如图 4-57 所示。单击【确定】按钮，生成实体，如图 4-58 所示。

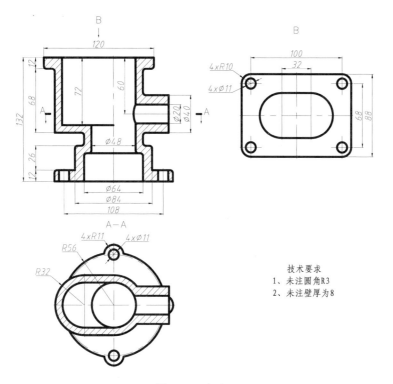

图 4-56　底座

图 4-57　【圆柱】对话框

图 4-58　生成实体

（3）单击圆柱【圆柱】按钮，弹出【圆柱】对话框，类型选择【轴、直径和高度】，【指定矢量】为 Z 轴，单击【指定点】后的【点对话框】，坐标参考选择 WCS，分别输入 XC、YC、ZC 的坐标值为（54、0、0），如图 4-59 所示。单击【确定】按钮，返回【圆柱】对话框。输入【直径】数值为"21"，【高度】数值为"12"，布尔方式为【求和】，如图 4-60 所示。单击【确定】按钮，生成实体，如图 4-61 所示。

图 4-59 【点】对话框　　　图 4-60 【圆柱】对话框　　　图 4-61 生成实体

（4）单击【阵列特征】按钮，弹出【阵列特征】对话框，打开右侧资源条中的部件导航器，选择第二步创建的圆柱，布局选择【圆形】，打开旋转轴下拉菜单，【指定矢量】为 Z 轴，【指定点】为坐标原第一步所创建圆柱的底面圆心，打开角度方向下拉菜单，【间距】选择【数量和节距】，输入【数量】为"4"、【节距角】为"90"，如图 4-62 所示。单击【确定】按钮，完成对特征的圆形阵列，生成实体，如图 4-63 所示。

图 4-62 【阵列特征】对话框　　　图 4-63 生成实体

（5）单击圆柱【圆柱】按钮，弹出【圆柱】对话框，类型选择【轴、直径和高度】，【指定矢量】为 Z 轴，【指定点】为第一步创建的圆柱上端面的圆心，输入【直径】数值为"84"，【高度】数值为"26"，布尔为【求和】，如图 4-64 所示。单击【应用】按钮，生成实体，如图 4-65 所示。

（6）重新指定矢量为 Z 轴，指定点为第（4）步创建的圆柱上端面圆心，输入【直径】数值为"64"，【高度】数值为"14"，布尔为【求和】，如图 4-66 所示。单击【应用】按钮，生成实体，如图 4-67 所示。

图 4-64　【圆柱】对话框

图 4-65　生成实体

图 4-66　【圆柱】对话框

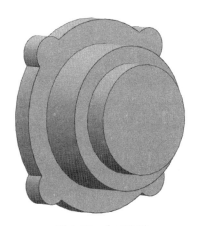

图 4-67　生成实体

（7）重新指定点为第（6）步创建圆柱的上端面圆心，输入【直径】数值为"64"，【高度】数值为"80"，布尔方式选择【无】，如图 4-68 所示。单击【确定】按钮，生成实体，如图 4-69 所示。

图 4-68　【圆柱】对话框

图 4-69　生成实体

（8）单击【拆分体】命令按钮，弹出【拆分体】对话框，选择体为第（7）步创建的圆柱，工具选项下拉菜单选择【新建平面】，打开指定平面后的下拉菜单，选择 YC-ZC 平面，如图 4-70 所示。单击【确定】按钮，将圆柱体分割，如图 4-71 所示。

图 4-70 【拆分体】对话框

图 4-71 生成实体

（9）执行【编辑】/【移动对象】命令（或按快捷键【Ctrl】+【T】），打开【移动对象】对话框，选择已拆分的圆柱的任一部分作为对象，运动方式为【距离】，指定矢量为 X 轴，注意方向为远离已拆分圆柱的另一部分，输入【距离】数值为"32"，结果选择【复制原先的】复选框，其余默认，如图 4-72 所示。单击【确定】按钮，完成操作，生成一个新的半圆柱，如图 4-73 所示。

图 4-72 【移动对象】对话框

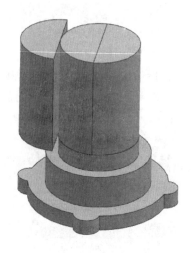

图 4-73 生成实体

（10）注意，由于存在迂回相关性，被复制的那部分实体无法单独隐藏，所以这里采用直接与整体求和的方法。单击【拉伸】按钮，弹出【拉伸】对话框，将过滤器选项改为【面的边】，选择第（8）步生成的半圆柱的矩形面，系统自动判断矢量方向，输入【开始值】为"0"，【结束值】为"32"，布尔为【无】，如图 4-74 所示。单击【确定】按钮，生成实体，如图 4-75 所示。

图 4-74 【拉伸】对话框及拉伸特征

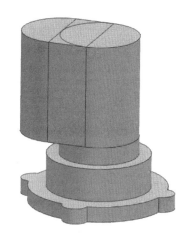

图 4-75 生成实体

（11）单击【求和】命令按钮，选择任一实体作为【目标体】，选择其余所有实体作为【工具体】，单击【确定】按钮生成实体，如图 4-76 所示。

（12）单击【圆柱】命令按钮，弹出对话框指定矢量为 -XC 方向，单击指定点后的【点对话框】按钮，选择参考为 WCS，分别输入 XC、YC、ZC 为 "0、0、72"，如图 4-77 所示。单击【确定】按钮，返回【圆柱】命令对话框，输入【直径】数值为 "40"、【高度】数值为 "60"，布尔方式为【求和】，选择已创建的实体作为求和【目标体】，如图 4-78 所示。单击【确定】按钮，生成实体，如图 4-79 所示。

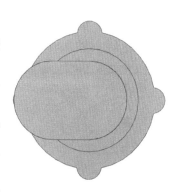

图 4-76 求和实体

图 4-77 【点】对话框

图 4-78 【圆柱】对话框

图 4-79 生成实体

（13）单击【抽壳】命令按钮，打开【抽壳】对话框，选择顶面、底面、上一步创建圆柱的端面，输入【厚度】数值为 "8"，如图 4-80 所示。单击【确定】按钮，生成实体，如图 4-81 所示。

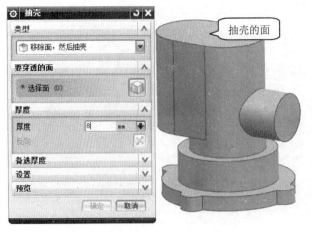

图 4-80 【抽壳】对话框及选择面　　　　　图 4-81 生成实体

（14）单击【替换面】命令按钮，打开【替换面】对话框，选择【要替换的面】和【替换面】，如图 4-82 所示。单击【确定】按钮，完成替换面操作，如图 4-83 所示。

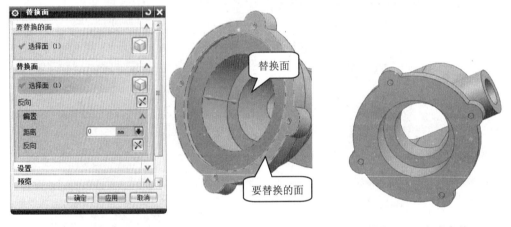

图 4-82 【替换面】对话框及选择面　　　　　图 4-83 生成实体

（15）单击【偏置面】命令按钮，打开【偏置面】对话框，选择要偏置的面，输入【偏置】值为"2"，如图 4-84 所示。单击【确定】按钮，完成直径的修改。

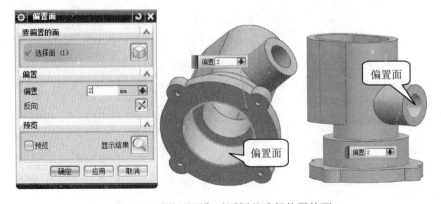

图 4-84 【偏置面】对话框及选择偏置的面

（16）打开【孔】命令按钮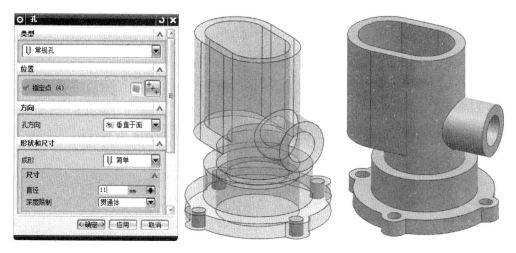，弹出【孔】对话框，选择类型为【常规孔】，在成型下拉菜单中选择【简单】，输入【直径】数值为"11"，深度限制选择【贯通体】，选择第（4）步创建的 4 个直径为 21 的特征的上表面圆心，如图 4-85 所示。单击【确定】按钮，生成孔特征，如图 4-86 所示。

图 4-85　【孔】对话框及指定点　　　　　图 4-86　生成孔特征

（17）单击【直接草图】中【草图】命令按钮，弹出【草图】对话框，选择顶面作为草图平面，如图 4-87 所示。绘制草图，如图 4-88 所示。单击完成草图退出草图环境。

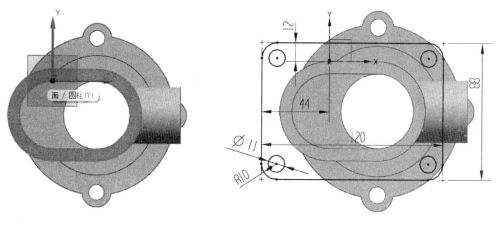

图 4-87　选择草图平面　　　　　　　　　图 4-88　绘制草图

（18）单击【拉伸】命令按钮，弹出【拉伸】对话框，选择上一步所绘草图和顶面内轮廓线，【指定矢量】为 Z 轴，输入开始【距离】为 0、结束【距离】为"12"，布尔方式为【求和】，选择图中实体作为【求和】目标体，如图 4-89 所示。单击【确定】按钮，生成实体，如图 4-90 所示。

（19）单击【边倒圆】命令按钮，选择形状为【圆形】，输入【半径】值为"3"，选择需要倒圆角的边，如图 4-91 所示。单击【确定】按钮，生成边倒圆特征，完成底座的建模，如图 4-92 所示。执行【文件】/【保存】命令（快捷键【Ctrl】+【S】），保存文件。

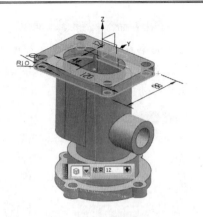

图 4-89 【拉伸】对话框　　　　　图 4-90 生成实体

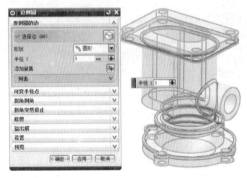

图 4-91 【边倒圆】对话框及选择边　　　　图 4-92 完成边倒圆

4.7.2 水杯建模

本节以水杯为例介绍实体建模的方法，具体步骤如下：

（1）执行菜单【文件】/【新建】命令，或者单击【标准工具栏】上的新建命令按钮□，输入文件名为"beizi.prt"，如图 4-93 所示。单击【确定】按钮，进入建模环境。

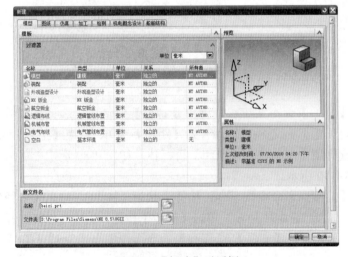

图 4-93 【新建】对话框

（2）单击【直接草图】中的【草图】按钮，选择 X-Y 平面为草图平面，按照给定的尺寸绘制草图并对草图进行完全约束，如图 4-94 所示。

（3）执行菜单【插入】/【来自曲线集的曲线】/【偏置曲线】命令，或者单击【草图】工具栏中【偏置曲线】按钮，对上一步绘制好的曲线进行偏置，偏置距离为"2"，偏置方向指向内侧，同时通过直线命令将偏置的曲线和原先的曲线进行连接，如图 4-95 所示，完成后单击【确定】按钮完成草图绘制。

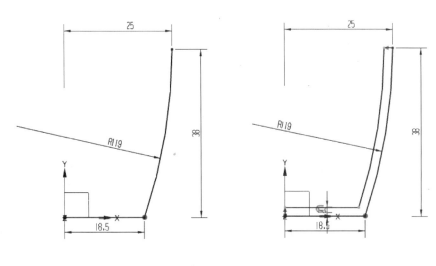

图 4-94　水杯草图 1　　　　　　　　图 4-95　水杯草图 2

（4）执行菜单【插入】/【设计特征】/【回转】命令，或者单击特征工具栏中【回转】按钮，弹出【回转】对话框，如图 4-96 所示。选择已创建的草图作为截面，选择 Y 轴为矢量方向，指定原点为轴点，如图 4-97 所示。

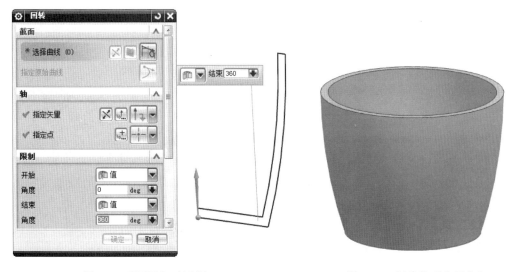

图 4-96　【回转】对话框　　　　　　　图 4-97　创建的"水杯体"

（5）单击直接草图中的【草图】按钮，选择 X-Y 平面作为草图平面，按照如图 4-98 所示绘制两段圆弧和一条直线，同时分别对两段圆弧和直线进行相切约束，并按照图 4-98

所示尺寸对草图进行标注。

（6）单击草图工具栏中【偏置曲线】按钮，对上一步绘制的曲线进行偏置，偏置距离为"2"，偏置方向指向内侧，如图 4-99 所示。单击【确定】按钮完成草图绘制，退出草图环境。

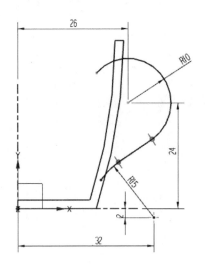

图 4-98　水杯柄草图 1

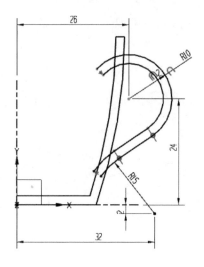

图 4-99　水杯柄草图 2

（7）单击直接草图中的【草图】按钮，【类型】选择【基于路径】，单击 R10 圆弧顶部端点附近，位置在弧长的"0%"处，【平面方位】选择垂直于轨迹，单击【确定】按钮，生成草图平面，如图 4-100 所示。

图 4-100　【创建草图】对话框

（8）单击草图工具栏中【椭圆】按钮，输入大半径"1"，小半径"2.5"，如图 4-101

所示，单击【确定】完成草图绘制。

图 4-101　椭圆曲线绘制

　　（9）执行菜单【插入】/【扫掠】/【沿引导线扫掠】命令或者单击曲面工具栏中【沿引导线扫掠】按钮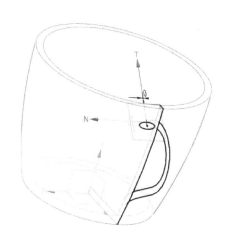，以椭圆为截面，以水杯柄的草图为两条引导线，结果如图 4-102 所示。

图 4-102　水杯柄创建

　　（10）执行【插入】/【组合体】/【求和】命令，或者单击特征工具栏中【求和】按钮，弹出【求和】对话框，分别选择主体部分为目标体，柄为刀具，如图 4-103 所示。

图 4-103　【求和】特征

（11）执行菜单【插入】/【同步建模】/【替换面】命令，或者在同步建模工具栏中单击【替换面】按钮 ，打开【替换面】对话框，选择水杯柄的上下两表面作为要替换的面，选择水杯内表面作为替换面，如图 4-104 所示。

图 4-104　替换面修饰

（12）添加边倒圆特征，执行菜单【插入】/【特征操作】/【边倒圆】，或者在特征工具栏中单击【边倒圆】按钮 ，打开【边倒圆】对话框，分别选择其中两条边，一条边圆角大小为 1，另外一条边圆角大小为 3，如图 4-105 所示。

图 4-105　圆角修饰

（13）最后水杯的效果如图 4-106 所示。

图 4-106　水杯效果

4.8　本章小节

本章主要讲述了 UG 建模中有关实体建模的知识，包括基本知识、基于曲线的特征建模工具、特征操作、编辑特征。并通过机座、水杯建模的综合实例讲述了实体建模命令的综合应用。通过本章的学习，用户应重点掌握拉伸、回转、沿引导线扫掠等使用方法，并通过特征操作、编辑特征对基本特征进行编辑。

4.9　思考与练习

1. 思考题

（1）UG 系统提供了几种创建基准平面的方法？
（2）通过 UG 系统可创建的设计特征和细节特征有哪些？

2. 练习题

（1）练习创建基准平面与基准轴的所有方法。
（2）练习使用特征建模方法创建如图 4-107 所示的实体模型。

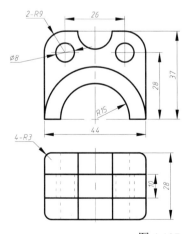

图 4-107　三维实体

（3）分别创建两个实体对象，然后通过布尔并运算形成一个实体。

第 5 章 曲 面 建 模

本章主要介绍 NX 8.5 曲面模型的建立和编辑。曲面建模不同于实体建模，其不是完全参数化的特征。曲面建模相对于实体建模功能更强大，可以完成形状复杂的光顺曲面。用户可以使用曲面建模来完成标准建模方法无法创建的模型，它既可以生成曲面也可以生成实体。本章主要介绍曲面模型的建立及编辑。

5.1 曲面建模基本知识

一般来说，创建曲面都是从曲线开始的。可以通过点创建曲线来创建曲面，也可以通过抽取或使用视图区已有的特征边缘线创建曲面。一般的创建过程如下。

（1）首先创建曲线。可以用测量得到的云点创建曲线，也可以从光栅图像中勾勒出用户所需曲线。

（2）根据创建的曲线，利用过曲线、直纹、通过曲线网格、扫掠等选项，创建产品的主要或大面积的曲面。

（3）利用桥接面、二次截面、软倒圆、N-边曲面选项，对前面创建的曲面进行过渡接连、编辑或光顺处理，最终得到完整的产品模型。

5.1.1 曲面工具栏

曲面命令集成在【曲面】工具条上，或者使用【插入】/【曲面】子菜单中的命令，如图 5-1 所示。有些命令没有显示出来，可以通过【定制】使其显示出来,【曲面】中命令具体如表 5-1 所示。

图 5-1　曲面工具条及菜单

表 5-1　【曲面】工具条的说明

图标	名称	说明
	四点曲面	可通过四个点来创建一个平面
	整体突变	通过拉长、折弯、歪斜、扭转和移位操作动态创建曲面
	通过点	通过矩形阵列点创建曲面
	从极点	用定义曲面极点的矩形阵列点创建曲面
	拟合曲面	在逆向工程工作流中将曲面拟合到小平面体、曲线特征或组（点集或点组）
	快速造面	从小平面体创建曲面模型
	过渡	在两个或多个截面形状的交点创建特征
	有界平面	创建由一组端点相连的平面曲线封闭的平面片体
	曲线成片体	通过曲线组创建片体
	条带构建器	在输入轮廓和偏置轮廓之间构建片体
	修补开口	创建片体，以将开口插入到一组面中
	直纹	在直纹形状为线性过渡的两个截面之间创建体
	通过曲线组	通过多个截面创建体，此时，直纹形状改变以穿过各截面
	通过曲线网格	通过一个方向的截面网格和另一方向的引导线创建体，其中，形状配合穿过曲线网格
	艺术曲面	用任意数量的截面和引导线串创建曲面
	N 边曲面	创建由一组端点相连的曲线封闭的曲面
	扫掠	通过沿一条、两条或三条引导线串扫掠一个或多个截面，来创建实体或片体
	样式扫掠	通过沿一条或两条引导线串扫掠一组截面线串来开发一流质量的自由形状曲面
	剖切曲面	使用二次曲线构造方法来创建通过曲线或边的截面的曲面
	变化扫掠	通过沿路径扫掠横截面（截面的形状沿该路径变化）来创建体
	规律延伸	根据距离规律及延伸的角度来延伸现有的曲面或片体
	延伸曲面	从基本片体创建延伸片体

5.1.2　编辑曲面工具栏

编辑曲面命令集成在【编辑曲面】工具条上，或者执行【编辑】/【曲面】的命令。如图 5-2 所示，有些命令没有显示出来，可以通过【定制】使其显示，【编辑曲面】中命令具体如表 5-2 所示。

图 5-2　编辑曲面工具条及菜单

表 5-2 【编辑曲面】工具条的说明

图标	名称	说明
	X 成形	编辑样条和曲面的极点和点
	I 成形	通过编辑等参数曲线来动态修改面
	移动极点	通过移动用于定义曲面的极点来修改曲面
	匹配边	修改曲面，使其与参考对象的共有边界几何连续
	边对称	在逆向工程工作流中将曲面拟合到小平面体、曲线特征或组（点集或点组）
	使曲面变形	通过拉长、折弯、歪斜、扭转和移位操作动态修改曲面
	剪断曲面	在指定点分割曲面或剪断曲面中不需要的部分
	扩大	更改未修剪的片体或面的大小
	整修面	改进面的外观，同时保留原先几何体的紧公差
	光顺极点	通过计算选定极点对于周围曲面的恰当位置，修改极点分布
	法向反向	反转片体的曲面法向

5.2 曲　　面

本节主要介绍关于创建曲面的命令，其相关的命令主要在【曲面】、【编辑曲面】上。本节介绍了多种创建曲面的方法，其中包括【通过曲线网格】、【扫掠】、【N 边曲面】等命令（有些命令默认没有显示，到【定制】里面调出）。

5.2.1　四点曲面

【四点曲面】命令可通过指定四个点来创建一个曲面。在创建支持基于曲面的 A 类工作流的基本曲面时使用该命令很有用。可以提高阶次及补片来得到更复杂的具有期望形状的曲面，通过这种方法用户可以很容易地修改这种曲面。

用户必须遵循下列这些点指定条件：

（1）在同一条直线上不能存在三个选定点。

（2）不能存在两个相同的或在空间中处于完全相同位置的选定点。

（3）必须指定四点才能创建曲面。如果指定三个点或少于三个点，则会显示出错消息。如图 5-3 所示，模型文件为 5.2.1.prt。

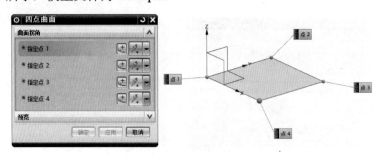

图 5-3 【四点曲面】对话框

5.2.2　曲线成片体

【曲线成片体】用于通过选择的曲线创建体，如图 5-4 所示。

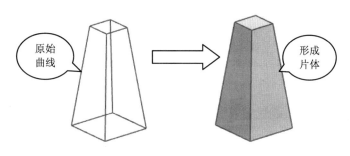

图 5-4　使用【曲线成片体】命令

当选择【曲线成片体】时，会出现以下选项：

❑ 【按图层循】：每次在一个图层上处理所有可选的曲线。要加速处理，可能要启用此选项，这会使系统同时处理一个图层上的所有可选曲线，从而创建体。用于定义体的所有曲线必须在一个图层上。

❑ 【警告】：在生成体以后，如果存在警告的话，会导致系统停止处理并显示警告消息。会警告用户有曲线的非封闭平面环和非平面的边界。如果选择"关"，则不会出现警告信息，也不会停止处理。

5.2.3　有界平面

使用【有界平面】命令可创建由一组端相连的平面曲线封闭的平面片体。曲线必须共面，且形成封闭形状。要创建一个有界平面，必须建立其边界，并且必要时还要定义所有的内部边界（孔）。用户可以通过选择单个曲线来定义边界，或者可以使用选择意图。如图 5-5 所示，模型文件为 5.2.3.prt。

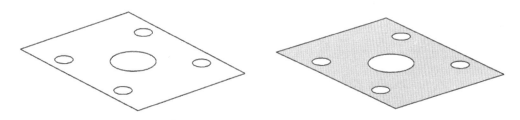

图 5-5　选择曲线为区域边界的有界平面

单击【曲面】工具条上的【有界平面】按钮，或者执行【曲面】/【有界平面】命令，打开【有界平面】对话框，如图 5-6 所示。

【平截面】：用于选择端到端曲线或实体边的封闭线串来形成有界平面的边界。边界线串可以由单个或多个对象组成。每个对象可以是曲线、实体边或实体面。有界平面中的孔定义为内部边界，在此不创建片体。用户可通过单独选择或使用选择意图规则来创建有孔或没有孔的有界平面。

图 5-6 【有界平面】对话框

5.2.4 直纹面

直纹面可在两个截面之间创建体，其中直纹形状是截面之间的线性过渡。截面可以由单个或多个对象组成，且每个对象可以是曲线、实体边或实体面。如果截面线串为封闭的图形，则生成实体，反之为片体。第一个截面线串也可以是一个点，如图 5-7 所示，模型文件为 5.2.4.prt。

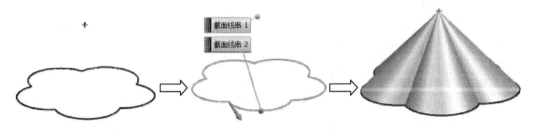

图 5-7 截面线串 1 为点的直纹

单击【曲面】工具条上的【直纹】按钮，或者执行【插入】/【网格曲面】/【直纹】命令，打开【直纹】对话框，如图 5-8 所示。

【截面线串 1】：用于选择第一个截面线串，可以是一个点。选择截面以后，会出现矢量标示截面方向，该方向和用户选择截面的端点有关，可以选择反向及指定初始位置。

【截面线串 2】：用于选择第二个截面线串。同【截面线串 1】相似出现矢量，对于多数直纹来说，应保证 2 截面线串具有相同的端点及方向，否则会生成一个扭曲的曲面。

选中保留形状复选框时，只能使用【参数】和【根据点】对齐方法。

【参数】：沿截面以相等的参数间隔来隔开等参数曲线连接点。当组成截面线串的曲线数目及长度较一致时，使用该选项。

【根据点】：对齐不同形状的截面之间的点。用户可以通过添加、删除、移动点等操作来优化曲面形状。当组成截面线串的曲线数目及长度不一致时，可以使用该选项。

【设置】当中的【保留形状】和【G0 位置】一般采用默认设置。

【例 5-1】 绘制由圆及五边形生成的直纹曲面。

利用一个圆及一个五边形绘制如图 5-9 所示的直纹曲面，实例文件见光盘中的"5.2.4.1prt"。

图 5-8 【直纹】对话框 　　　　 图 5-9 创建直纹面

（1）打开模型 5.2.4.1.prt，如图 5-10 所示。

（2）单击【曲面】工具条上的【直纹】按钮，打开【直纹】对话框。

（3）单击圆作为【截面线串 1】，如图 5-11 所示。

（4）单击鼠标中键切换到【截面线串 2】，或者单击【截面线串 2】选择曲线，选择六边形作为第二条截面线串，如图 5-12 所示。

（5）对齐选择【根据点】。

（6）单击鼠标中键或单击【确定】按钮完成【直纹】操作，如图 5-9 所示。

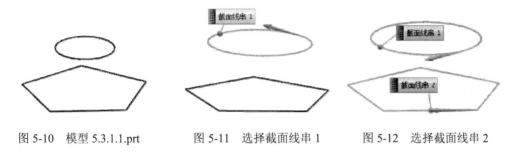

图 5-10　模型 5.3.1.1.prt　　　图 5-11　选择截面线串 1　　　图 5-12　选择截面线串 2

📖　根据具体情况选择不同的对齐方式。选择截面线串时，注意截面上出现的矢量，包括其端点位置及截面方向，防止模型出现扭曲。

5.2.5　通过曲线组

【通过曲线组】利用一组截面线串来生成曲面或实体。截面线串可以是曲线、实体边缘或实体表面。

单击【曲面工具】条中【通过曲线组】按钮，或执行【插入】/【网格曲面】/【通过曲线组】命令，打开【通过曲线组】对话框，如图 5-13 所示。

【选择曲线或点】：用于选择截面线串，最多可以选择 150 条，只有第一截面或最后截面可以是一个点。

【反向】：反转各截面的方向。要想生成光顺的曲面，所有截面的方向必须同向。

【指定原始曲线】：当选择封闭的截面线串时，可以指定线串的初始位置。

【添加新集】：添加一个新的空截面线串，也可通过单击中键完成添加。

【连续性】：新生成的曲面在第一个和最后一个截面线串的连续性。

图 5-13　【通过曲线组】对话框

【对齐】：分别根据参数、弧长、根据点、距离、角度、脊线、根据分段来对齐创建的曲面。

【例 5-2】　绘制通过曲线组曲面。

两个待连接的面组如图 5-14 所示，利用通过曲线组来完成两个面组的连接。实例文件见光盘中的"5.2.5.1prt"。

（1）打开模型 5.2.5.1.prt，如图 5-14 所示。

（2）单击【曲面】工具条上的【通过曲线组】按钮 ，打开【通过曲线组】对话框。

（3）分别选择三条截面线串，如图 5-15 所示。

（4）选择第一截面及最后一个截面的相切面，如图 5-16 所示。

（5）单击鼠标中键或单击【确定】按钮，完成【通过曲线组】的操作，如图 5-17 所示。

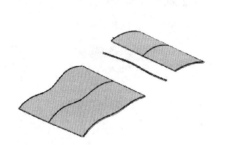

图 5-14　要创建的通过曲线组的曲面

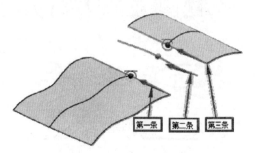

图 5-15　选择截面线串

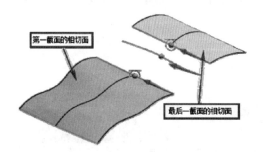

图 5-16　设置曲面连续性

图 5-17　通过曲线组建立曲面

📖　可通过对齐方式来适当调整曲面的质量。要避免发生扭转并确保每个截面点的方向相同，选择上端的顶部曲线。

5.2.6　通过曲线网格

【通过曲线网格】使用成组的主曲线和交叉曲线来创建双三次曲面，每组曲线都必须相邻。多组主曲线必须大致保持平行，且多组交叉曲线也必须大致保持平行。可以使用点而非曲线作为第一个或最后一个主集。

单击【曲面工具】条中【通过曲线网格】 按钮，或者执行【插入】/【网格曲面】/【通过曲线网格】命令，打开【通过曲线网格】对话框，如图 5-18 所示。

（1）【主曲线】：用于选择包含曲线、边或点的主截面线串集。必须至少选择两个主集。只能为第一个与最后一个集选择点。必须以连续顺序选择这些集，即从一侧到另一侧，

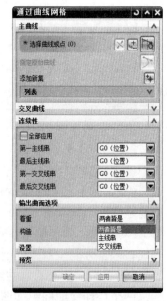

图 5-18　【通过曲线网格】对话框

且它们必须指向相同。

（2）【交叉曲线】：用于选择包含曲线、边的横截面线串集。如果所选的主曲线能形成一个封闭的环，则可以把第一个交叉线串重复选作最后一个交叉线串，这样可以形成一个封闭的体，其他选择同主曲线。

（3）【连续性】：用于在第一主截面和/或最后主截面，以及第一横截面与最后横截面处选择约束面，并指定连续性。可以沿公共边或在面的内部约束网格曲面。

（4）【输出曲面选项】：包括【着重】与【构造】选项。

1）【着重】：指定曲面穿过主曲线或交叉曲线，或这两条曲线的平均线。只有在主曲线串和交叉曲线串不相交时才发挥作用。

【两者皆是】：主曲线和交叉曲线有同等效果，如图 5-19 所示。

【主线串】：主曲线发挥更多的作用，如图 5-20 所示。

【交叉线串】：交叉曲线发挥更多的作用，如图 5-21 所示。

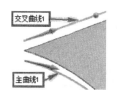 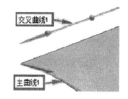 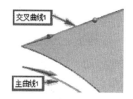

图 5-19　两者皆是　　　　图 5-20　主曲线　　　　图 5-21　交叉曲线

2）【构造】：用于指定创建曲面的构造方法。

【例 5-3】　绘制通过曲线网格曲面

曲线网格线性框架如图 5-22 所示，通过曲线网格来创建片体。实例文件见光盘中的"5.2.6.1prt"。

（1）打开模型 5.2.6.1.prt，如图 5-22 所示。

（2）单击【曲面】工具条上的【通过曲线网格】按钮，打开【通过曲线网格】对话框。

图 5-22　要创建的通过曲线网格的曲面

（3）选择主曲线 1，单击鼠标中键进入下一条主曲线的选取，或者单击对话框中的【添加新集】按钮，选择最后一条主曲线，如图 5-23 所示。

（4）完成主曲线的选择后，单击鼠标中键两次，切换到选择交叉曲线，如图 5-24 所示，选择两条交叉曲线。

（5）单击【确定】按钮，完成【通过曲线网格】操作，如图 5-25 所示。

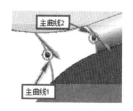  

图 5-23　选择两条主线串　　图 5-24　选择两条交叉线串　　图 5-25　选择两条交叉线串

（6）对完成的曲面进行面反射分析，如图 5-26 所示，经过分析得知所作片体与相邻曲面不连续。

（7）双击所作片体，打开【连续性】对话框。按图 5-27 所示操作，选择相应的约束面，如图 5-28 所示，分别为最后一条主线串、第一交叉线串、最后交叉线串指定约束面。

（8）对所作片体作面反射分析，如图 5-29 所示，经过连续性面约束后，曲面光滑连续。

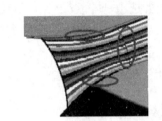

图 5-26　所作片体面反射分析 1

图 5-27　【连续性】对话框

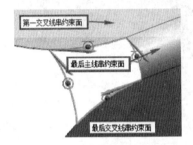

图 5-28　选择对应的约束面

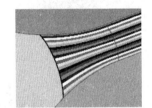

图 5-29　所作片体面反射分析 2

　　📖　根据具体情况选择连续性的相关设置，注意所建片体的连续性。

5.2.7　N 边曲面

【N 边曲面】可以通过使用不限数目的曲线或边建立一个曲面，并指定其与外部面的连续性（所用的曲线或边组成一个简单的开放或封闭的环）。执行【N 边曲面】命令可以移除非四个面的曲面上的洞或缝隙；指定约束面与内部曲线，以修改 N 边曲面的形状；控制 N 边曲面的中心点的锐度，同时保持连续性约束。如图 5-30 所示，（a）为未修补的开放面，（b）为外环不封闭的已修剪类型，（c）为外环封闭的已修剪类型，（d）为添加约束面的已修剪类型，（e）为添加约束面的三角形类型。

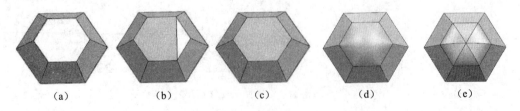

（a）　　　　　（b）　　　　　（c）　　　　　（d）　　　　　（e）

图 5-30　【N 边曲面】实例

单击【曲面工具】条中【N 边曲面】按钮，或者执行【插入】/【网格曲面】/【N 边曲面】命令，打开【N 边曲面】对话框，如图 5-31 所示。

【类型】：用于指定可创建的 N 边曲面的类型。已修剪：创建单个曲面，可覆盖所选曲线或边的闭环内的整个区域。三角形：在所选曲线或边的闭环内创建由单独的、三角形补片构成的曲面，每个补片都包含每条边和公共中心点之间的三角形区域。

【外环】：用于选择曲线或边的闭环作为 N 边曲面的构造边界。

【约束面】：用于选择面以将相切及曲率约束添加到新曲面中。选择约束面以自动将曲面的位置、切线及曲率同该面相匹配。如图 5-32 所示，选择约束面时，N 边曲面 1 与该约束面 2 的曲率相匹配。如图 5-33 所示，不选择约束面时，N 边曲面 2 是平的。

图 5-31　【N 边曲线】对话框

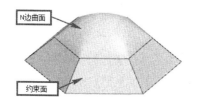

图 5-32　约束面的 N 边曲面

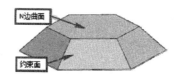

图 5-33　不约束面的 N 边曲面

【UV 方位】：用于指定构建新曲面的方向。如果不指定 UV 方位，则会自动生成曲面。包括【脊线】、【矢量】和【面积】选项。

【形状控制】：用于控制新曲面的连续性与平面度。

5.2.8　扫掠

【扫掠】可通过沿一条、两条或三条引导线串扫掠一个或多个截面来创建实体或片体。通过沿引导曲线对齐截面线串，可以控制扫掠体的形状。控制截面沿引导线串扫掠时的方位缩放扫掠体。使用脊线串使曲面上的等参数曲线变均匀。每组曲线都必须相邻，多组主曲线必须大致保持平行，且多组交叉曲线也必须大致保持平行。可以使用点而非曲线作为第一个或最后一个主集。

单击【曲面】工具条中【扫掠】按钮，或者执行【扫掠】/【扫掠】/命令，打开【扫掠】对话框，如图 5-34 所示。

（1）【截面】：用于用于扫掠的截面线串。

【选择曲线】：可以选择多达 150 条截面线串。

图 5-34　【扫掠】对话框

【指定原始曲线 】 🄳：用于更改闭环中的原始曲线。

【添加新集】 🄳：将当前选择添加到【截面】组的列表框中，并创建新的空截面，还可以在选择截面时，通过按鼠标中键来添加新集。

（2）【列表】：出现有的截面线串集。选择线串集的顺序可以确定产生的扫掠。选择的【截面】线串顺序不同，产生效果也不同，如图 5-35 所示，其中"1"为"截面 1"、"2"为"截面 2"、"3"为"截面 3"、"4"为"引导线"。

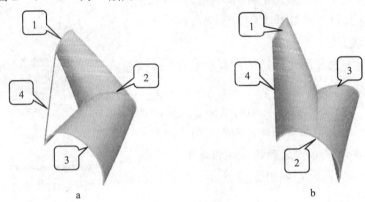

图 5-35　截面线串顺序不同时的【扫掠】

【移除】 🄳：从列表中移除选定的线串。

【向上移动】 🄳：通过在列表中将选定的线串向上移动，以对线串集的顺序进行重排序。

【向下移动】 🄳：通过在列表中将选定的线串向下移动，以对线串集的顺序进行重排序。

（3）【引导线（最多 3 条）】：用来选择用于扫掠的引导线。

【选择曲线】 🄳：用于选择多达三条线串来引导扫掠操作。

【指定原始曲线】 🄳：用于更改闭环中的初始曲线。

（4）【脊线】：用于选择脊线。

【选择曲线】 🄳：使用脊线可以控制截面线串的方位，并避免在导线上不均匀分布参数导致的变形。当脊线串处于截面线串的法向时，该线串状态最佳。

（5）【截面选项】

【截面位置】：选择单个截面时可用。截面在引导对象的中间时，这些选项可以更改产生的扫掠。

【沿引导线任何位置】：可以沿引导线在截面的两侧进行扫掠，如图 5-36 所示。

【引导线末端】：可以沿引导线从截面开始仅在一个方向进行扫掠，如图 5-37 所示。

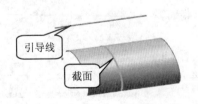

图 5-36　沿引导线任何位置

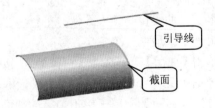

图 5-37　引导线末端

【插值】：选择多个截面时可用，可以确定截面之间的曲面过渡形状。

【线性】：可以按线性分布使曲面从一个截面过渡到下一个截面，如图 5-38 所示。

【三次】："可以按三次分布使曲面从一个截面过渡到下一个截面，如图 5-39 所示。

【倒圆】：使曲面从一个截面过渡到下一个截面，以便连续的段是 G1 连续的，如图 5-40 所示。

图 5-38　线性　　　　　　　　图 5-39　三次　　　　　　　　图 5-40　倒圆

（6）【对齐方法】

【对齐】：可定义在定义曲线之间的等参数曲线的对齐。

【参数】：可以沿定义曲线将等参数曲线所通过的点以相等的参数间隔隔开。

【弧长】：可以沿定义曲线将等参数曲线将要通过的点以相等的弧长间隔隔开。

【根据点】：可以对齐不同形状的截面线串之间的点。如果截面线串包含任何尖角，则建议使用根据点来保留它们。

（7）【定位方法】

【方位】：使用单个引导线串时可用，在截面沿引导线移动时控制该截面的方位。

【固定】：可在截面线串沿引导线移动时保持固定的方位，且结果是平行的或平移的简单扫掠。

【面的法向】：可以将局部坐标系的第二个轴与一个或多个面（沿引导线的每一点指定公共基线）的法矢对齐，这样可以约束截面线串以保持和基本面或面的一致关系。

【矢量方向】：可以将局部坐标系的第二根轴与在引导线串长度上指定的矢量对齐。

【另一曲线】：使用通过连结引导线上相应的点和其他曲线（就好像在它们之间构造了直纹片体）获取的局部坐标系的第二根轴，来定向截面。

【一个点】：与【另一曲线】相似，不同之处在于获取第二根轴的方法是通过引导线串和点之间的三面直纹片体的等价物。

【角度规律】：用于通过规律子函数来定义方位的控制规律。

【强制方向】：用于在截面线串沿引导线串扫掠时通过矢量来固定剖切平面的方位。

（8）【缩放方法】

【缩放】：在截面沿引导线进行扫掠时，可以增大或减小该截面的大小。在使用一条引导线时，可以用到的选项包括【恒定】、【倒圆功能】、【另一曲线】、【一个点】、【面积规律】、【周长规律】。

【恒定】：可以指定沿整条引导线保持恒定的比例因子。

【倒圆功能】：在指定的起始与终止比例因子之间允许线性或三次缩放，这些比例因子对应于引导线串的起点与终点。

【另一曲线】：类似于定位方法组中的另一曲线方法，此缩放方法以引导线串和其他曲线或实体边之间的划线长度上任意给定点的比例为基础。

【一个点】：和【另一曲线】相同，但是使用点而不是曲线。当用户同时还使用用于方位控制的相同点构建一个三面扫掠体时，选择此方法。

【面积规律】：用于通过规律子函数来控制扫掠体的横截面积。

【周长规律】：类似于【面积规律】，不同之处在于用户可以控制扫掠体的横截面周长，而不是它的面积；在使用两条引导线时，可以用到的选项包括【均匀】、【横向】、【另一曲线】。

【均匀】：可在横向和竖直两个方向缩放截面线串。

【横向】：仅在横向上缩放截面线串。

【另一曲线】：使用曲线作为缩放引用以控制扫掠曲面的高度。

【比例因子】：在【缩放】设置为【恒定】时可用。用于指定值以在扫掠截面线串之前缩放它。截面线串绕引导线的起点进行缩放。

【倒圆功能】：在【缩放】设置为【倒圆功能】时可用。用于将截面之间的倒圆设置为【线性】或【三次】。为【倒圆功能】的【开始】与【结束】指定值。

5.2.9　桥接曲面

【桥接】可以创建一个过渡曲面以连接两个面。可以指定过渡曲面与两个连接曲面的相切或曲率连续性，也可以指定每条边的相切幅值、选择曲面的流向、将曲面边限制为所选边的某个百分比。

图 5-41　【桥接曲面】对话框

单击【特征】条中【细节特征下拉菜单】的【桥接】按钮 <u>　</u> ，或者执行【插入】/【细节特征】/【桥接】命令，打开【桥接曲面】对话框，如图 5-41 所示。

（1）【边】：用于指定两个曲面待连接的边。选择时注意两条边的方向，防止创建的曲面扭曲。

（2）【约束】：用于设定创建曲面对于连接曲面的【连续性】、【相切幅值】、【流向】及【边限制】。

【连续性】：指定创建的过渡曲面与两连接曲面在指点邻边处按照 G0（位置）、G1（相切）、G2（曲率）连接，如图 5-42 所示。

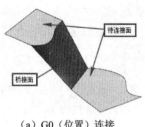
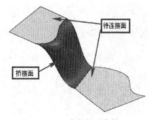
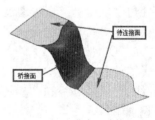

（a）G0（位置）连接　　　　　（b）G1（相切）连接　　　　　（c）G2（曲率）连接

图 5-42　【桥接】曲面的【连续性】

【相切幅值】：用于指定相切幅值的大小。如图 5-43 所示，分别为"相切幅值=0.5"和"相切幅值=3.0"。

【流向】：分别用来指定过渡面的流向相对于两个待连接面的邻边为【未指定】、【等参数】及【垂直】，如图 5-44 所示。

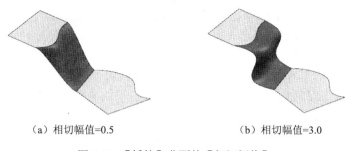

（a）相切幅值=0.5　　　　　　　（b）相切幅值=3.0

图 5-43　【桥接】曲面的【相切幅值】

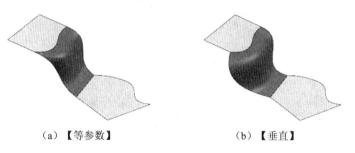

（a）【等参数】　　　　　　　（b）【垂直】

图 5-44　【桥接】曲面的【流向】

【边限制】：用来指定过渡面和相对于两个待连接面邻边的起始位置及长度，如图 5-45 所示。

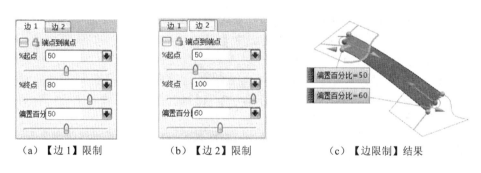

（a）【边 1】限制　　　　（b）【边 2】限制　　　　（c）【边限制】结果

图 5-45　【桥接】曲面的【边限制】

5.2.10　规律延伸

【规律延伸】可以动态地或根据距离规律及延伸的角度，来延伸现有的曲面或片体。在特定的方向非常重要时，或是需要引用现有的面时，规律延伸可以创建弯边或延伸。例如，在冲模设计或模具设计中，拔模方向在创建分型面时起重要作用。

单击【曲面】条中【规律延伸】按钮，或者执行【插入】/【弯边曲面】/【规律延伸】命令，打开【规律延伸】对话框，如图 5-46 所示。

（1）【类型】：使用其中一种方法来指定参考方向，分为【面】和【矢量】两种类型。

图 5-46　【规律延伸】对话框

【面】：使用一个或多个面来定义延伸曲面的参考坐标系。参考坐标系是在基本轮廓的中点形成的，即第一根轴垂直于平面，该平面与面垂直，并与基本曲线串轮廓的中点相切。第二根轴在基本轮廓的中点与面垂直。

【矢量】：使用沿基本曲线串的每个点处的单个坐标系来定义延伸曲面。形成坐标系以便使第一根轴与指定的参考矢量平行。第二根轴与平面垂直，该平面包含第一根轴，并在基本轮廓的中点上相切。

（2）【基本轮廓】：用于指定一条曲线或边线串来定义要创建曲面的基本边。

（3）【参考面】：在【类型】设置为【面】时可用。选择一个或多个面来定义用于构造延伸曲面的参考方向。如果从不同的体选择面，则这些体必须符合缝合命令的要求。

【参考矢量】：在【类型】设置为【矢量】时可用。指定矢量以定义要用于构造延伸曲面的参考方向。

（4）【长度规律】：用于指定延伸曲面长度的规律类型。

（5）【角度规律】：用于指定延伸角度的规律类型及结合该规律类型使用的参数。

（6）【相反侧延伸】：指定是否在基本曲线串的相反侧上生成规律延伸。

（7）【脊线】：用于根据曲线或矢量指定脊线。脊线可以更改 NX 确定局部 CSYS 方位的方式为垂直于脊线串的平面确定测量角度的平面。

【例 5-4】 创建规律延伸曲面。下面举例说明创建规律延伸曲面的操作过程。实例文件见光盘中的 "5.2.10.1prt"。

（1）打开模型 5.2.10.1.prt，如图 5-47 所示。

（2）单击【曲面】条中【规律延伸】按钮，打开【规律延伸】对话框。在【类型】组中，从列表中选择【面】。在【基本轮廓】组中，单击选择曲线，然后在图形窗口中选择要延伸曲面的"边 1"及"边 2"，如图 5-48 所示。在【参考面】组中，单击选择面，然后在图形窗口中选择要延伸的曲面，如图 5-49 所示。

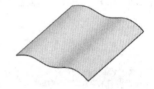

图 5-47　要创建的通过曲线网格的曲面

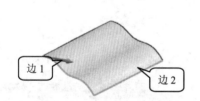

图 5-48　选择要延伸曲面的边

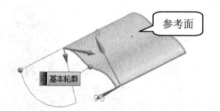

图 5-49　选择参考面

（3）在【长度规律】组中，从规律类型列表选择【线性】，指定【起点】数值为 5 与【终点】数值为 35，结果如图 5-50 所示。在【角度规律】组中，从【规律类型】列表选择【恒定】，指定延伸的角度值数值为 135，如图 5-51 所示。

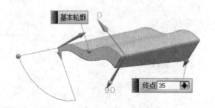

图 5-50　指定【长度规律】

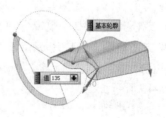

图 5-51　指定【角度规律】

（4）在【相反侧延伸】组中，从【延伸】类型列表中选择【无】，单击【确定】按钮，结果如图 5-52 所示。

5.2.11　偏置曲面

使用【偏置曲面】命令可以创建一个或多个现有面的偏置曲面。系统用选择面的法向偏置点的方法来创建新的偏置曲面，指定距离称为偏置距离。可以选择要偏置的任何类型的面，还可以选择多个面，创建偏置曲面。

单击【曲面】工具条上的【偏置曲面】按钮，或者执行【插入】/【偏置/缩放】【偏置曲面】，弹出【偏置曲面】对话框，如图 5-53 所示。

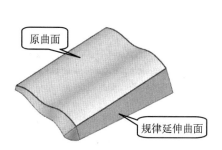

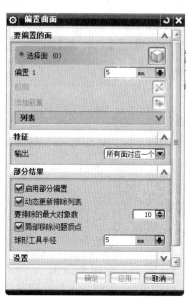

图 5-52　创建规律延伸曲面　　　　　　图 5-53　【偏置曲面】对话框

（1）【要偏置的面】：用于选择要偏置的面。面可以分组到具有相同偏置值的多个集合中。它们将在列表框中显示为偏置集。

（2）【特征】

【输出】：确定输出特征的数量。包括【所有面对应一个特征】及【每个面对应一个特征】两个选项。【所有面对应一个特征】：为所有选定并相连的面创建单个偏置曲面特征。【每个面对应一个特征】：为每个选定的面创建偏置曲面特征。

【面的法向】：在【输出】设置为【每个面对应一个特征】时可用。确定如何为每个要偏置的曲面指定矢量方向，包括【使用现有的】及【从内部点】两个选项。

【指定点】：在【面的法向】设置为【从内部点】时可用。

（3）【部分结果】

【启用部分偏置】：无法从指定的几何体获取完整结果时，提供部分偏置结果。问题几何体会自动从输入几何体中移除。

【动态更新排除列表】：在选中【启用部分偏置】复选框时可用。在偏置操作期间检测到的问题对象会自动添加到排除列表中。创建偏置特征后禁用此选项。清除该复选框可选择更多面进行偏置，而无须在选择时对每个面进行处理。完成附加选择时，选中该复选框以同时处理新选择的所有面。

【要排除的最大对象数】：在选中【启用部分偏置】与【动态更新排除列】复选框时可用。在获取部分结果时控制要排除的问题对象的最大数量。在已排除对象数达到的数量使部分结果不再是一个值时，使用此命令可停止处理。

【局部移除问题顶点】：在选中【启用部分偏置】与【动态更新排除列表】复选框时可用。使用具有【球形工具半径】中指定半径的工具球头，从部件中减去问题顶点。

【球形工具半径】：仅当选中【局部移除问题顶点】复选框时启用。控制用于切除问题顶点的球头的大小。

【例 5-5】 下面介绍偏置曲面的应用。实例见光盘 5.2.11.1.prt。

（1）打开本书光盘中的 5.2.11.1.prt。

（2）在【特征】工具条上单击【偏置曲面】，或执行【插入】/【偏置/缩放】/【偏置曲面】命令。选定【选择面】并选择要偏置的面，如图 5-54 所示。在【偏置曲面】对话框的【偏置 1】框中输入值 5，如图 5-55 所示。

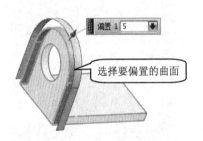

图 5-54 选择要偏置的面　　　　图 5-55 输入偏置数值

（3）要使用不同的偏置值来指定附加面集，通过单击【添加新集】按钮，选择新的面为下一个面集，如图 5-56 所示。可以在【偏置 2】框中输入新的数值 5，如图 5-57 所示，单击【确定】或【应用】按钮，结果如图 5-58 所示。

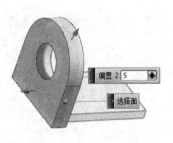

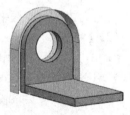

图 5-56 选择要偏置的面　　　图 5-57 输入偏置数值　　　图 5-58 偏置曲面结果

5.3 编 辑 曲 面

编辑曲面是指对已知的曲面进行修剪、延伸、更改阶次及扩大等操作，其中有不改变外在形状的，也有形状的操作，其相关操作在工业设计及艺术造型方面有广泛运用，下面介绍相关知识。

5.3.1 等参数修剪/分割

【等参数裁剪/分割】用于根据 U 或 V 等参数方向的百分比参数来修剪或分割 B 曲面。可以修剪或分割一个片体（当指定的参数在 0.0%和 100.0%之间时），或延伸它（当指定的参数小于 0.0%或大于 100.0%时）。

执行【编辑】/【曲面】/【等参数修剪/分割】（即将失效）命令，打开【修剪/分割】对话框，如图 5-59 所示。

【等参数修剪】：用于修剪片体。通过为上下视图参数百分比（U 最小值、U 最大值、V 最小值、V 最大值）输入新值，来定义【等参数修剪】（或延伸）。参数可以是任意的正或负值（即四个参数值中的任意一个都可以小于 0.0%，大于 100.0%，或在 0.0% 和 100.0% 之间）。

图 5-59 【修剪/分割】对话框

【等参数分割】：用于分割片体。根据 U 或 V 向的百分比参数分割 B 曲面。通过使用视点或【点构造器】指出片体上的点来指定延伸参数。

【例 5-6】 对 5.3.1.1.prt 进行等参数修剪。

（1）打开本书光盘中的 5.3.1.1.prt。

（2）单击【编辑曲面】工具条上面的【等参数修剪/分割】，在对话框中选择【等参数修剪】选择【编辑原片体】，如图 5-60 所示，在出现的对话框中输入如图 5-61 所示的 U、V 值，修剪结果如图 5-62 所示，单击【确认】按钮，在随后的对话框中单击【取消】按钮完成修剪。

图 5-60 选择【编辑原片体】　　　　图 5-61 输入 U、V 值

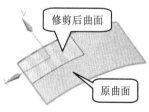

图 5-62 修剪结果

【例 5-7】 对 5.3.1.1.prt 进行等参数分割。

（1）打开本书光盘中的图 5.3.1.1.prt 文件。

（2）单击【编辑曲面】工具条上的【等参数修剪/分割】，在对话框中选择【等参数分割】，在出现的对话框中选择【编辑原片体】，如图 5-63 所示，在绘图区选择要分割的曲面。在【等参数分割】对话框中输入【分割值】50，如图 5-64 所示，分割结果如图 5-65 所示。

5.3.2 扩大曲面

在 UG 中创建曲面时，大的曲面往往可以使用户的建模更加完善，可以根据给定的比例来更改扩大要编辑的曲面。

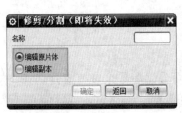

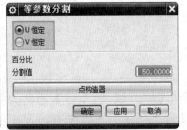

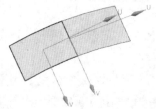

图 5-63 选择【编辑原片体】　　　图 5-64 输入分割值　　　图 5-65 分割结果

单击【编辑曲面】工具条上【扩大】 按钮，或者执行【编辑】/【曲面】/【扩大】的命令，打开【扩大】对话框，如图 5-66 所示。

（1）【选择面】用于选择要修改的曲面。

（2）【调整大小参数】

【全部】：将相同修改应用到片体的所有边。指定片体各边的修改百分比。要标识边，选择边手柄。

【%U 起点】、【%U 终点】、【%V 起点】、【%V 终点】：指定片体各边的修改百分比。

【重置调整大小参数】：在创建模式下，将参数值和滑块位置重置为默认值 (0,0,0,0)。

（3）【设置】

【模式】：包括【线性】和【自然】两种类型。【线性】：在一个方向上线性延伸片体的边。【自然】：（默认）顺着曲面的自然曲率延伸片体的边。使用此选项可增大或减小片体的尺寸。

【编辑副本】：对片体副本执行扩大操作。

图 5-66 【扩大】对话框

【例 5-8】 对 5.3.2.1.prt 进行扩大操作。

（1）打开本书光盘中的 5.3.2.1.prt 文件。

（2）单击【编辑曲面】工具条上的【扩大】 按钮，选择要编辑的曲面，如图 5-67 所示，可以通过选择曲面边缘的圆球进行拉动，改变其 U、V 的大小，如图 5-68 所示。也可以通过拖动对话框里面的滑块改变曲面的大小，结果如图 5-69 所示。

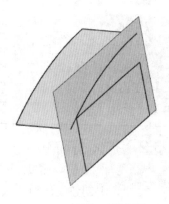

图 5-67 选择曲面　　　　　图 5-68 调整大小参数　　　　图 5-69 扩大后的曲面

5.3.3　修剪和延伸

【修剪和延伸】允许用边或者曲面进行延伸和修剪一个或多个曲面，该选项可以用来延伸片体，也可以对曲面进行必要的修剪。与【延伸】命令不同的是，它并不会创建一个新的曲面，所产生的曲面延伸部分仍然属于原本的片体。

单击【曲面】工具条的【修剪和延伸】按钮，或者执行【插入】/【修剪】/【修剪和延伸】命令，打开【修剪和延伸】对话框，如图 5-70 所示。如果在【修剪】命令中没有【修剪和延伸】，单击【工具】/【定制】，在【命令】中选择【插入】/【修剪】，在右边的对话框中把【修剪与延伸】命令拖曳出来。

（1）【类型】：指定修剪和延伸操作类型。

【按距离】：使用值来延伸边，不发生修剪。下面举例说明延伸片体的过程。

【已测量百分比】：将边延伸到选中的其他"测量"边的总弧长的某个百分比，不会发生修剪。

【直至选定对象】：使用选中的边或面作为工具修剪或延伸目标。当边作为目标或工具时，则可以在修剪之前进行延伸，其延伸量是自动决定的。 当选择了面，则在修剪之前不会进行延伸，选定的面仅可用于修剪。

【制作拐角】：在目标和工具之间形成拐角。 方向箭头将显示在目标和工具面上。根据箭头侧选项设置，箭头指向将保留或移除面的方向。

图 5-70　【修剪和延伸】对话框

（2）【要移动的边】

【选择边】：当【类型】为【按距离】或【已测量百分比】时出现，用于选择要修剪或延伸的边。

（3）【延伸】

【距离】：当类型为按距离时出现。输入要延伸选中对象的限制距离值。

【已测量边的百分比】：当类型为【已测量百分比】时出现。输入要用于选中的测量边的百分比值。目标对象的延伸距离是所有选中的测量边合并长度的百分比。

（4）【目标】

【选择面或边】：当类型为【直至选定对象】或【制作拐角】时出现，用于选择要修剪或延伸的边或面。

反向：当类型为【制作拐角】时出现，使限制面的方向反向。

（5）【工具】作用同【目标】

（6）【需要的结果】：当类型为【直至选定对象】或【制作拐角】时出现。可以选择相应选项来保留或删除修剪材料。

【箭头侧】：包括【保持】和【删除】两类。

（7）【设置】

【延伸方法】：指定延伸操作的连续类型。包括【自然相切】、【自然曲率】、【镜像的】三种。【自然相切】在选中的边上，延伸在与面相切的方向是线性的，这种类型的延伸为相切（C1）连续。【自然曲率】：面延伸时曲率连续（C2）。可以使用确保在延伸开始时为 C2 连续性，在一小段距离后趋于线性算法，进行此项操作。【镜像的】：面的延伸尽可能反映或"镜像"要延伸的面的形状。 延伸的曲面在自然相切和自然曲率之间角度偏差通常大约为 3°。

【作为新面延伸（保留原有的面）】：将原始边保留在目标面或工具面上，输入边缘不会受修剪或延伸操作的影响，且保持在其原始状态。

【公差】：用于创建特征的公差值。

5.4 曲面建模综合范例

前面已经介绍了曲面建模的基本知识、曲面命令、编辑曲面命令，在这些相关知识的基础上，下面通过两个综合范例——"水果梨"和"电风扇"来讲解综合使用曲面工具建模的过程，进一步巩固本章所学命令的使用方法。

5.4.1 综合范例 1——水果梨

设计要求

利用所学的"草图"、"曲面"等命令，绘制如图 5-71 所示的水果梨。

设计思路

（1）绘制水果梨的线性框架，如图 5-72 所示。
（2）绘制水果梨的主体部分，如图 5-73 所示。
（3）绘制水果梨柄部分，如图 5-74 所示。
（4）细节修饰。
（5）着色渲染。

图 5-71　水果梨效果图

图 5-72　搭建主要线性框架

图 5-73　创建主体部分

图 5-74　创建柄

绘制水果梨的线性框架

（1）打开 UG NX 8.5，单击【标准】工具栏中的【新建】按钮，在弹出的【新建】对话框选择【模型】，输入文件名称"5.4.1.prt"，选择文件保存位置，单击鼠标中键或【确定】按钮。

（2）执行【插入】/【任务环境中的草图】/【圆】命令或者单击【特征】工具条上的【任务环境中的草图】 按钮，选择 X-Y 平面作为草绘的基准平面，单击草图工具栏中【圆】按钮○，绘制直径Φ3mm 的圆，如图 5-75 所示。

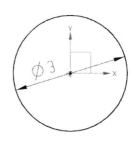

图 5-75 水果梨草图 1

（3）执行【插入】/【基准/点】/【基准平面】命令或者单击【特征】工具栏中【基准平面】□按钮，在【类型】下拉菜单中选择【按某一距离】，选择 X-Y 平面作为【平面参考】，创建一平面距离 X-Y 平面–70mm，如图 5-76、图 5-77 所示。

图 5-76 "基准平面"对话框

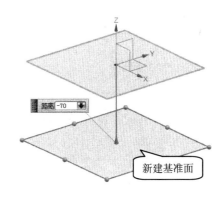

图 5-77 创建的"基准平面"

（4）重复第（2）步，在第（3）步所创建的基准面上绘制直径Φ80mm 的圆，如图 5-78 所示。

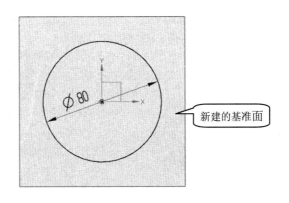

图 5-78 水果梨草图 2

（5）执行【插入】/【任务环境中的草图】/【样条】命令或者单击【直接草图】工具栏中【草图】按钮，选择 Y-Z 平面作为草绘的基准平面，单击草图工具栏中【样条】按钮，绘制如图 5-79 所示的样条线，单击草图工具栏中【镜像样条曲线】按钮，完成如图 5-80 所示的镜像曲线。

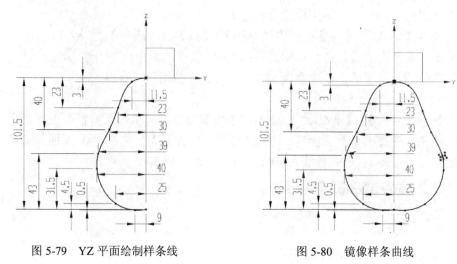

图 5-79　YZ 平面绘制样条线　　　　图 5-80　镜像样条曲线

（6）完成如图 5-81 所示的水果梨主体线性框架的搭建。

绘制水果梨的主体部分

（1）执行【插入】/【网格曲面】/【通过曲线网格】命令或者单击【曲面】工具栏中【通过曲线网格】按钮，打开【通过曲线网格】对话框，如图 5-82 所示。

（2）选择"Φ3mm 的圆"作为【主曲线 1】、"Φ80mm 的圆"作为【主曲线 2】、"样条曲线底部端点"作为【主曲线 3】，选择"样条 1"作为【交叉曲线 1】、"镜像曲线"作为【交叉曲线 1】、"样条 1"作为【交叉曲线 3】，如图 5-83 所示。创建结果如图 5-84 所示。

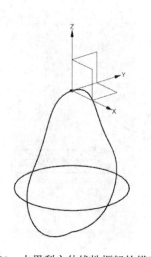

图 5-81　水果梨主体线性框架的搭建　　　图 5-82　通过曲线网格选择

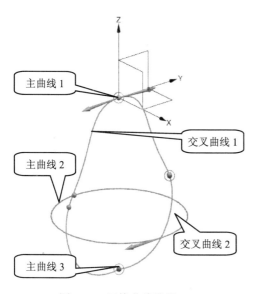

图 5-83　网格曲线选择

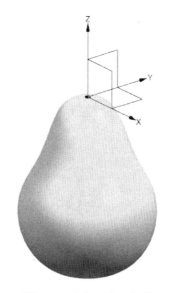

图 5-84　水果梨主体部分

📖　注意曲线网格中主曲线与交叉曲线的选择，二者在某些情况下是不可互换的。创建的
　　　曲面如果发生变形，改变主曲线的顺序进行曲面调整。

✅绘制水果梨柄部分

（1）创建曲线。执行【插入】/【任务环境中的草图】/【样条】命令或者单击【直接
草图】工具栏中【草图】按钮📇，选择 X-Z 平面作为草绘的基准平面，单击草图工具栏中
【样条】按钮～，绘制如图 5-85 所示的样条线。

（2）生成柄实体，执行【插入】/【网格曲面】/【截面】命令，或者单击【曲面】工
具栏中【剖切截面】按钮🗞，打开【剖切曲面】对话框，如图 5-86 所示。

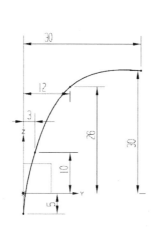

图 5-85　水果梨柄样条线

图 5-86　【剖切曲面】对话框

（3）选择"样条曲线"为【引导线】及【脊线】，分别指定"点1"为脊线0%处及【直径】为2.5，"点2"为脊线50%处及【直径】为1，"点3"为脊线100%处及【直径】为1.5，如图5-87所示。

✅ **细节修饰**

（1）执行【插入】/【组合体】/【求和】，或者单击【特征】工具栏中【求和】按钮💼，分别选择"主体部分"为【目标体】，"柄"为【刀具】，如图5-88所示。

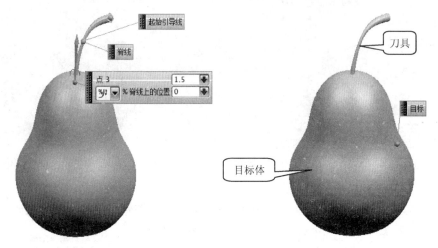

图5-87　创建剖切曲面　　　　　　　　图5-88　求和特征

（2）添加【边倒圆】特征，执行【插入】/【特征操作】/【边倒圆】命令，或者单击【特征】工具栏中【边倒圆】按钮🔲，打开【边倒圆】对话框。分别选择如图5-89、图5-90所示的2条边，输入圆角大小为2。

✅ **渲染**

（1）执行【编辑】/【对象显示】命令，或者单击【实用】工具栏中【编辑对象显示】按钮🔑，【过滤器】类型更改为"面"，改变主体及并柄颜色如图5-91所示，完成水果梨的建模。

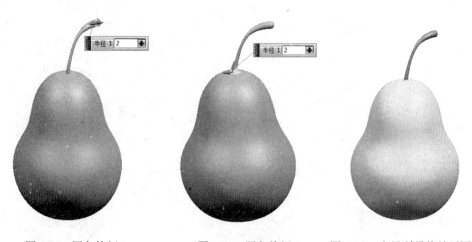

图5-89　圆角特征1　　　　　图5-90　圆角特征2　　　　图5-91　水果梨最终效果图

5.4.2　综合范例2——电风扇叶片

⑦设计要求

使用草图、扫掠、移动对象等命令，绘制如图 5-92 所示的电风扇叶片。

ⓘ设计思路

（1）绘制风扇叶的支持部分，如图 5-93 所示。

（2）绘制风扇叶的扇叶部分，使用扫掠命令，如图 5-94 所示。

（3）使用移动对象的命令生成其余的扇叶，并求和。

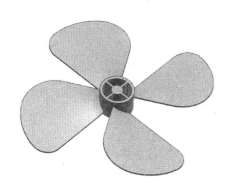
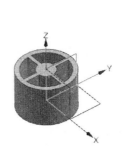
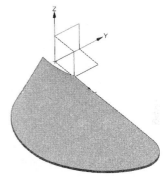

图 5-92　电风扇叶　　　　图 5-93　支撑部分　　　　图 5-94　扇叶

✔绘制中心支撑部分

（1）打开 UG NX 8.5，单击【标准】工具栏中的【新建】按钮，在弹出的【新建】对话框选择【模型】，输入文件名称 "5.4.2.prt"，选择文件保存位置，单击鼠标中键或【确定】按钮。

（2）绘制草图。执行【插入】/【草图】命令或者单击【特征】工具条上的【任务环境中的草图】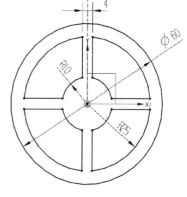 按钮，选择 X-Y 平面作为草绘的基准平面，绘制如图 5-95 所示的草图。

（3）拉伸。在【特征】工具条中单击【拉伸】按钮 或者执行【插入】/【设计特征】/【拉伸】命令，打开【拉伸】对话框，如图 5-96 所示。选择草图作为【截面】，【方向】为 Z 轴正方向，在【限制】选项组中【开始】、【结束】选择为 "值"，输入对应的【距离】为 35 及–5，单击【确定】按钮，得到如图 5-97 所示拉伸图形。

图 5-95　草图

✔绘制扇叶

（1）绘制螺旋线。单击【曲线】工具条中的【螺旋线】按钮 ，或者执行【插入】/

【曲线】/【螺旋线】命令，打开【螺旋线】对话框，如图 5-98 所示。在【方位】选项 Z 轴正向；【大小】选项组中选择【直径】，【规律类型】为"恒定"，【值】输入 58；【螺距】选项组中【规律类型】为"恒定"，【值】输入 150；【长度】选项组中【方向】为"圈数"，【圈数】输入 0.2；在【设置】选项组中，【旋转方向】为"左手"，其他为系统默认设置，单击【确认】按钮，得到螺旋线如图 5-99 所示。

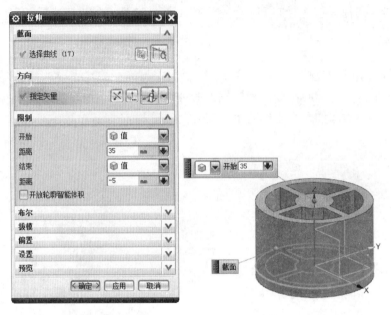

图 5-96 【拉伸】对话框   图 5-97 拉伸图形

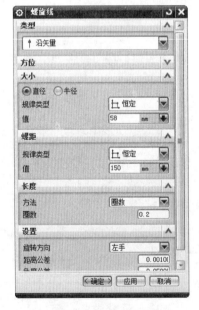

图 5-98 【螺旋线】对话框

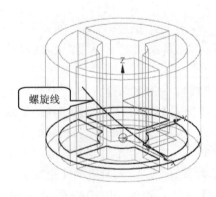

图 5-99 螺旋线

（2）绘制直线。单击【曲线】工具条上的【直线】按钮◢或者执行【插入】/【曲线】/【直线】命令，打开【直线】对话框，如图 5-100 所示。【起点】选择螺旋线在 X 轴上的端点，【终点选项】为"**XC 沿 XC**"，在【限制】选项组中，【起始限制】为"在点上"，【距离】为 0，【终止限制】为"值"，【距离】为 150，绘制的直线如图 5-101 所示。

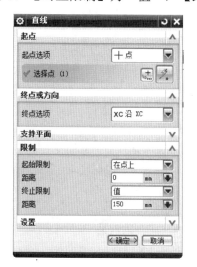

图 5-100　【直线】对话框

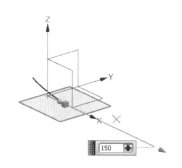

图 5-101　直线

（3）扫掠特征。单击【曲面】工具条中【扫掠】 按钮，或者执行【扫掠】/【扫掠】/命令，打开【扫掠】对话框，如图 5-102 所示。【截面】选择所绘直线，【引导线】选择螺旋线，在【截面选项】选项组中，【定位方法】的【方向】为"面的法向"，选择拉伸的外圆柱面，其他为系统默认，得到如图 5-103 所示的扫掠图形。

图 5-102　【扫掠】对话框

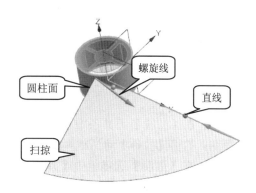

图 5-103　扫掠图形

（4）加厚。在【特征】工具条中单击【加厚】按钮或者执行【插入】/【偏置/缩放】/【加厚】命令，打开【加厚】对话框，如图 5-104 所示。【面】选择扫掠得到的曲面，在【厚度】选项组中，【偏置 1】输入 1，【偏置 2】输入-1，得到加厚体如图 5-105 所示。

图 5-104　【加厚】对话框

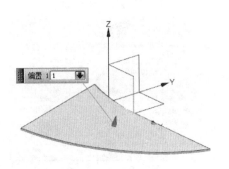

图 5-105　加厚体

（5）绘制草图。执行【插入】/【任务环境中的草图】/【圆】命令或者单击【特征】工具条上的【任务环境中的草图】 按钮，选择拉伸的上表面作为草绘的基准平面，绘制如图 5-106 所示的草图。

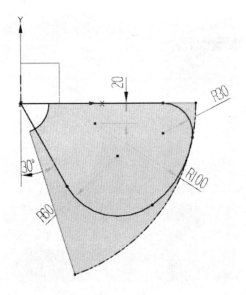

图 5-106　草图 2

（6）拉伸。在【特征】工具条中单击【拉伸】按钮或者执行【插入】/【设计特征】/【拉伸】命令，打开【拉伸】对话框，如图 5-107 所示。选择草图作为【截面】，【方向】为 Z 轴正方向，在【限制】选项组中【开始】、【结束】设置为"值"，输入对应的【距离】为 35 及–5，【布尔】为"求交"，选择加厚特征为求交的对象，单击【确定】按钮，得到如图 5-108 所示的拉伸图形。

图 5-107　【拉伸】对话框

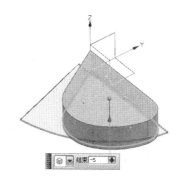

图 5-108　拉伸图形

✅ **生成图形**

（1）生成副本。单击【特征】工具条上【组合下拉菜单】中【求和】按钮 ，或者执行【编辑】/【移动对象】命令，打开【移动对象】对话框，如图 5-109 所示，【对象】选择上一步拉伸的体，在【变换】选项组中，【运动】为"角度"，【指定矢量】为 Z 轴，【指定轴点】为"坐标原点"，【角度】为 90deg，在【结果】选项组中，选择【复制原先的】复选框，【距离/角度分割】为 1，【非关联副本数】为 3，得到如图 5-110 所示图形。

图 5-109　【移动对象】对话框

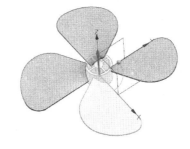

图 5-110　得到扇叶的副本

（2）求和。在【标准】工具条上，单击【移动对象】按钮 ，或者执行【插入】/【组合】/【求和】命令，打开【求和】对话框，如图 5-111 所示，【目标】选择中心支持体，【工具】选择四个扇叶，得到如图 5-112 所示图形。

图 5-111 【求和】对话框

图 5-112 求和

5.5 本章小结

本章主要讲述了 UG 建模中有关曲面建模的知识，包括基本知识、曲面建模工具、曲面编辑工具。并通过水果梨、电风扇叶片建模的综合实例讲述了曲面建模命令的综合应用。通过本章的学习，用户应重点掌握通过曲线网格、扫掠、偏置曲面等使用方法，并通过等参数修剪/分割、扩大曲面、修剪和延伸命令对曲面特征进行编辑。

5.6 思考与练习

1．思考题

（1）【通过曲线组】和通过【曲线网格】有什么异同点？

（2）简述下【N 边曲面】的操作方法。

2．练习题

（1）用所学的命令画出如图 5-113 所示的伞。（未给出尺寸自定）实体见光盘 5.6.1.prt。

（2）用熟悉的命令，画出如图 5-114 所示的花。（尺寸自定）。实体见光盘 5.6.2.prt。

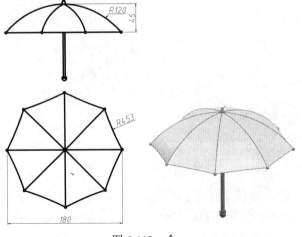

图 5-113 伞

图 5-114 花

第6章 装　　配

前面几章我们介绍了 UG 的基本功能，学习了草图绘制、实体建模、曲线曲面建模等知识，本章学习 UG 8.5 装配模块。

装配模块是 UG 中集成的模块，使用装配模块可以将零件文件和子装配文件装配成一个完整的产品模型。在装配过程中，部件几何体被引用到装配中，通过关联条件在部件间添加约束关系来确定部件在产品中的位置。装配部件保持关联性，无论在何处编辑修改部件，引用它的装配部件都将自动更新。

6.1 装 配 概 述

使用 NX 装配应用模块可以为零件文件和子装配文件装配建模。装配文件也是一个部件文件，包含组件对象，而子装配是在更高级别装配中用作组件的装配。装配命令也可在其他应用模块中使用，例如，基本环境、建模、制图、加工、NX 钣金、外观造型设计等。

UG 装配实质是在装配模块下，对现有组件或新建的组件添加约束条件，将各组件定位在装配环境中。在学习装配模块前，用户先要了解装配模块的基本界面，熟悉 UG8.5 中常用的装配术语。本节将介绍一些常用的装配术语和基本概念，以及如何进入装配模块等内容。

6.1.1 进入装配模式

用户要对组件进行装配，首先要进入装配模块。UG8.5 软件进入装配模块的方式有两种：一种是通过新建装配文件或打开装配文件进入装配模块；另一种是在当前建模环境下调出【装配】工具栏进入装配环境进行关联设计。具体操作方法如下。

1．直接新建装配或打开装配文件

执行【文件】/【新建】命令或者单击【标准工具条】中的【新建】图标□，弹出如图 6-1 所示的【新建】对话框，在该对话框中的【模板】选项卡中的【类型】中选择【装配】，设置单位，更改新建文件名称和存储路径，单击【确定】按钮，弹出如图 6-2 所示的【添加组件】对话框，添加组件之后进入到装配模块。

2．在建模环境中进入装配模块

在建模环境中，单击【标准工具条】中的【开始】图标🌏，在下拉菜单中选择【装配】，如图 6-3 所示，系统将【装配】工具条打开。若再次进行上述操作，系统将关闭【装配】工具条。

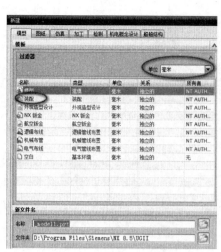

图 6-1 【新建】对话框　　　图 6-2 【添加组件】对话框　　图 6-3 【开始】下拉菜单

6.1.2　常用装配术语

在 UG 装配过程中会遇见很多装配术语，用户要了解其定义及作用，下面介绍装配过程中常用的几个术语。

1．组件对象

组件对象是指向包含组件几何体文件的非几何指针。在部件文件中定义组件后，该部件文件将拥有新的组件对象，此组件对象允许在装配中显示组件，而无需复制任何几何体。组件对象中存储组件部件的相关信息，如图层、颜色、组件部件的存储位置等。

2．组件部件文件

组件部件是由装配中的组件对象引用的部件文件，组件部件中存储的几何体在装配中可见，但未被复制。

3．组件事例

组件事例是指组件文件中几何体的指针，使用组件事例可以创建对组件的一个或多个引用，而无须创建以外的几何体。组件事例所得到的组件都具有关联性，在更改原始组件时，其他事例对象将随之更新。

4．主模型

主模型是一个部件文件，它是装配的唯一组件。主模型可以是包含几何体的零件文件，也可以是一个装配文件。同一主模型可以同时被工程图、装配、加工、机构分析等模块引用，多个主模型装配也可以同时引用相同的几何体。应用模块数据与主模型的几何体相关联，因此，更改主模型时，部件及相关应用会自动更新。

5．子装配

子装配是指在高一级装配中被用作组件的装配，子装配中包含自己的组件。子装配是一个相对概念，任何一个装配部件都可以在更高级装配中用作子装配。

6．自顶向下装配建模

自顶向下装配是指在装配部件的顶级向下产生子装配和零件的装配方法，即先在装配结构的顶部生成一个装配，然后下移一层，生成子装配和组件。使用自顶向下装配建模，可以在装配级别创建几何体，并可将几何体移动或复制到一个或多个组件中。

7．自上而下装配建模

自上而下装配建模先创建零件，然后将其添加到装配当中。

6.2 装配导航器

装配导航器是一个方便的装配操作环境，处在资源条的上方，是一个可视化的窗口。它能够显示装配结构树，以及树中节点的各种信息，能够帮助技术人员清晰地观察装配件中各组件的装配关系、位置和引用集等信息，同时又能够直接在装配导航器中进行各种操作。

6.2.1 【装配导航器】界面

在资源导航器中单击【装配导航器】按钮，弹出【装配导航器】界面，如图 6-4 所示。

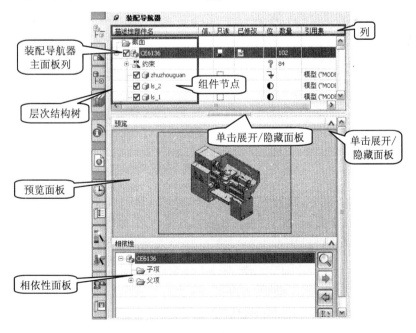

图 6-4 【装配导航器】界面

（1）【装配导航器主面板列】

【层次结构树】始终出现在装配导航器主面板的最左列。在【层次结构树】中每一个组件呈节点显示，单击某个节点，在视图区将高亮显示对应的节点部件。以下符号出现在选定的树结构的节点之前，具体含义如表 6-1 所示。

表 6-1 节点前符号说明

位　　置	图标	说　　明
选定的节点之前	📁	用于视图截面和组件组的文件夹
	⊞·	展开装配或子装配节点
	⊟·	压缩装配或子装配节点
	⋯	已从装配导航器显示中过滤掉一个或多个组件，此符号出现在"更多"一词之前
截面文件夹的各个剖视图中显示	⬛	标识工作剖视图
	⬛	标识非工作截面的剖视图
节点代表装配或子装配。	🔷	装配是工作部件或工作部件的组件
	🔷	装配虽然已被加载，但并不是工作部件或工作部件的组件
	🔷	装配未加载
	🔷	装配已被抑制
	🔷	装配不是几何装配
剖视图旁的复选框	☐	截面线已隐藏
	☑	截面线已显示
节点代表零件。	⬜	组件是工作部件或工作部件的组件
	⬜	组件既不是工作部件，也不是工作部件的组件
	⬜	组件已关闭
	⬛	组件已被抑制
	⬜	组件不是几何组件
	📁	表示此节点代表组件组
约束旁的复选框	☐	约束已被抑制
	☑	约束未受抑制
组件旁的复选框	☐	组件未加载
	☑	组件至少已部分加载，但不可见
	☑	组件至少已部分加载，而且可见
	⬚	部件已被抑制

（2）【列】

在【装配导航器】中，可以同时显示预先确定的列和用户定义的列。最左侧的【列】必须是标识组件的【列】，例如，描述性部件名、组件名或部件名。【列】及其图标可提供有关装配导航器中截面、约束及组件行的信息。部分列说明如表 6-2 所示。

表 6-2 【列】部分说明

列	说　　明
描述性部件名	在装配首选项对话框中定义的描述性部件名可以是以下各项之一：文件名、描述、指定的属性。如果描述性部件名不可用，则显示使用尖括号（◇）括起的部件名

续表

列	说　明			
信息	有关组件的附加信息			
	◈部件仅供参考，表示子装配	◇部件仅供参考，表示零件	⚲部件是链接部件	▣部件是部件族成员
组件名	组件对象的名称			
部件名	组件的操作系统文件名			
只读	完全加载的组件的读写权限			
	💾可读写	🔒只读	▣部件族成员）只读	⬚已部分加载
已修改	有关在当前会话中是否对部件进行了修改的信息，🗋表示已修改			
位置	组件的定位信息			
	●完全约束	●完全配对	⊥固定，没有剩余的自由度	●完全约束，隐式替代
	○未约束/未配	◑组件部分配对	◐部分约束，至少有一个剩余自由度	◕部分约束，显式替代
	✔已加载所有几何体	？延迟约束	●完全配对，隐式替代	✖两个或多个约束冲突
数量	装配或子装配中组件的数量，包括装配或子装配本身。对于已卸载的组件及零件，此列为空			
引用集	当前引用集的名称。对于显示部件，此列为空			
过时	部件中的过时状态，部件中的一个或多个对象没有自动更新			
单位	组件的单位。包括：mm（毫米）、in（英寸）			
重量	以磅、克或千克表示组件的质量。可以显示多个重量列			
重量	重量分析的结果			
状态	✔重量合适	⬙赋予重量	？不可靠的值	✖超出重量限制
颜色	组件对象的颜色。如果没有定义颜色，则此列显示【未设置】			
图层	组件对象的层。如果没有设置层，则此列显示【原先的】			

（3）【装配导航器】的【预览】面板可显示选定组件的已保存部件预览。在没有已保存的部件预览或者选择了多个组件时，预览面板显示没有可用的预览消息。

（4）【装配导航器】的【相依性】面板会显示所选装配或零件节点的当前父级和子级相依性。可用相依性面板中的结构确定修改的潜在影响。相依性包含以下内容：所选部件与同一装配中的已加载或已卸载组件、所选部件和装配以外的已加载部件的 WAVE 相依性；装配约束；原有配对条件。

📖　可以将相依性树结构导出至浏览器或电子表格。

6.2.2　【装配导航器】操作

在装配导航器中可以对各组件进行编辑操作，首先选中要编辑的对象，然后右击，弹出【编辑装配】快捷菜单。右击某一【组件】节点弹出的快捷菜单和快捷工具条，如图 6-5 所示。右击某几个【组件】节点弹出的快捷菜单和快捷工具条，如图 6-6 所示。右击装配关系弹出的快捷菜单和快捷工具条，如图 6-7 所示。右击【列】弹出的快捷菜单，如图 6-8 所示。右击【约束】弹出的快捷菜单如图 6-9 所示。右击【父组件】节点弹出的快捷菜单如图 6-10 所示。用户可以根据不同的需要对所选的对象进行编辑。部分右键快捷菜单中命令说明如表 6-3 所示。

图 6-5 【编辑装配】快捷菜单　图 6-6 多个部件【编辑装配】快捷菜单　图 6-7 【装配关系】快捷菜单

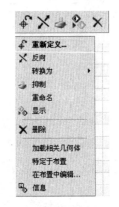
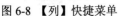
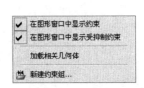

　　图 6-8 【列】快捷菜单　　　　图 6-9 【约束】快捷菜单　　　图 6-10 【父组件】快捷菜单

表 6-3　部分快捷菜单命令说明

命 令 名 称	说　　　　明
显示父项	将显示部件更改为右键单击的所选节点父项
打开	在装配结构中打开所选的对象，可以是【组件】、【装配】、【完整组件】或者【子组件】
关闭	在装配结构中关闭所选的【部件】、【装配】
替换引用集	可供选择要显示的引用集

续表

命 令 名 称	说 明
设为唯一	创建不同于其他组件的部件
替换组件	将选定的组件替换为另一组件
装配约束	通过指定约束关系，相对装配中的其他组件重定位组件
移动	移动装配中选定的组件
抑制	定义装配布置中选定组件为抑制状态
隐藏	隐藏所选组件
仅显示	显示所选组件并隐藏其他所有组件
剪切	剪切选定的对象将其放到剪切板上
复制	将选定的对象复制到剪切板上
删除	删除选定对象
显示自由度	显示选定对象的自由度
属性	打开选定对象的属性对话框
打包	仅适用于具有多个事例的节点。使用单一节点替换所选组件的多个事例。打包节点所代表的事例数会在节点上显示
解包	适用于打包的节点。展开打包的节点以显示所有事例
包含约束	显示【约束】节点
包含截面	显示【截面】节点
显示组件组	显示当前装配的所有已定义组件组。启用组件分组命令
全部折叠	折叠装配导航器部件节点，以便仅显示根节点
全部展开	展开装配导航器中所有折叠的节点，以便每个组件都具有可见的节点
展开至选定的	展开所需的已折叠节点，以显示一个或多个选定部件的节点
展开至可见的	展开包含可见组件的所有已折叠节点
展开至工作的	展开所需的已折叠节点，以显示当前工作部件的节点
展开至加载的	展开包含完全加载或部分加载的部件的所有已折叠节点
全部打包	将当前在装配中具有多个事例的所有组件打包
全部解包	对具有多个事例的所有组件解包
导出至浏览器	展开导航器树的当前文本和节点图标以显示 HTML 文件，并在互联网浏览器中打开此文件
导出至电子表格	将导航器树中的当前文本作为新的电子表格文件导出至电子表格应用程序
列	展开以显示菜单，用户可以将【列】添加到当前显示或移除这些【列】。选择【配置】以打开【装配导航器属性】对话框，并显示【列】选项卡
包含非几何组件	显示不包含几何体的组件的节点
包含仅参考组件	显示仅参考组件
过滤约束	应用在【装配导航器属性】对话框中定义的当前约束过滤器设置
更新结构	打开【更新结构】对话框

在实际操作中，上述表中的每一项有时并不会全部显示，它是根据装配树节点的状态显示的。

6.3 装 配 命 令

完整的装配工具条如图 6-11 所示，集合了 NX 主要的装配功能。【装配】工具条中的命令说明如表 6-4 所示。

图 6-11 【装配】工具条

表 6-4 【装配】工具条的说明

图标	名 称	说 明
	打开组件	用于在当前显示的装配中打开当前未加载或不可见的选定组件
	查找组件	用于查找一个组件
	按邻近度打开	提供在较大装配中的小区域内加载组件的选项，用于诸如间隙分析等用途
	保存关联	保存当前装配的关联。关联是工作部件和组件可见性。关联存储在 TEMP 目录中的 username.plmxml 文件内，其中 "username" 是用户名
	恢复关联	只有在执行了保存关联操作后才可用。通过由保存关联操作所创建的 username.plmxml 文件恢复原始关联
	设置工作部件	将选定的组件定义为工作部件，或者选择此选项，然后选择部件
	设置显示部件	将选定的组件定义为显示部件，或者选择此选项，然后选择部件
	显示轻量级	在一个或多个所选组件中显示实体和片体几何体的轻量级表示（假设部件文件包含轻量级表示）
	显示精确	显示一个或多个选定组件的精确表示
	显示产品轮廓	显示或隐藏总体装配轮廓
	处理显示装配	在关联中工作时可用，可以将组件或子装配中的工作部件改为最高级别的显示父项
	添加组件	可将一个或多个组件部件添加到工作部件中
	新建组件	在装配中创建新组件
	新建父对象	为当前显示的部件创建新的父部件
	替换组件	可移除现有组件，并用另一类型为 *.prt 文件的组件将其替换
	创建组件阵列	为装配中的组件创建命名的关联阵列
	镜像装配	通过指定的草图直线，制作草图几何图形的镜像副本
	抑制组件	从显示中移除组件及其子组件
	取消抑制组件	显示之前抑制的组件
	编辑抑制状态	定义装配布置中组件的抑制状态
	移动组件	移动装配中的组件
	装配约束	定义组件在装配中的位置。NX 使用无向定位约束，任一组件都可以移动以求解约束
	显示和隐藏约束	控制以下各项的可见性：选定的约束、与选定组件相关联的所有约束、仅选定组件之间的约束
	装配布置	创建和编辑装配布置，定义备选组件位置
	爆炸图	控制【爆炸图】工具条的显示，它提供创建和编辑装配中组件的爆炸图命令
	装配序列	打开【装配序列】任务环境以控制组件装配或拆卸的顺序，并仿真组件运动

续表

图标	名 称	说 明
	产品接口	定义其他部件可以引用的几何体和表达式、设置引用规则并列出引用工作部件的部件
	WAVE 几何链接器	将装配中其他部件的几何体复制到工作部件中。可以创建关联的链接对象，也可以创建非关联副本。编辑源几何体时，会更新关联的链接几何体及其大部分属性
	设为对称	将 PMI 从一个部件复制到另一个部件或从一个部件复制到一个装配中
	关系浏览器	提供有关部件间链接的图形信息
	装配间隙	列出【装配间隙】命令

6.3.1 添加组件

在 UG 装配过程中，需要将组件添加到装配当中，然后在组件之间添加合适的约束确定其位置，从而形成装配体。【添加组件】命令可以将一个或多个组件部件添加到工作部件。

单击【装配】工具条中【添加组件】按钮，或者执行【装配】/【组件】/【添加组件】命令，弹出【添加组件】对话框，如图 6-12 所示。

（1）【部件】：指定要添加到组件中的部件。

【选择部件】：选择要添加到工作部件中的一个或多个部件。可以从【图形窗口】、【装配导航器】、【已加载的部件】列表、【最近访问的部件】列表四个位置来添加部件。

【已加载的部件】：列出当前已加载的部件。

【最近访问的部件】：列出最近添加的部件。

图 6-12 【添加组件】对话框

【打开】：打开【部件名】对话框，可供选择要添加到工作部件的一个或多个部件。

【重复】：设置已添加部件的实例数。

面文件夹中找到部件并加载，并通过输入重复数量可同时添加多个相同部件。

（2）【放置】：将加载的部件放置到加载界面。

【定位】：设置已添加组件的定位方法，包括【绝对原点】、【选择原点】、【通过约束】和【移动组件】四个选项。

【分散】复选框：选中该复选框后，可自动将组件放置在各个位置，以使组件不重叠。

（3）【复制】：用于需要多重添加的部件，同时可以将多重添加的部件进行阵列。

（4）【设置】

【名称】：将当前所选组件的名称设置为指定的名称。如果要添加多个组件，则此选项不可用。

【引用集】：设置已添加组件的引用集。

【图层选项】：包括【原先的】、【工作】、【按指定的】三种方式进行加载组件的图层设置。

【图层】：当【图层选项】是【按指定的】时出现。设置组件和几何体的图层。

【预览】：在【装配首选项】对话框中选择【添加组件】时【预览】复选框时可用。选中后，以分段视图的方式显示【组件预览】。

📖 通常情况下，对于第一组件的添加一般使用【绝对原点】的方式来【定位】，其后添加的组件按照【通过约束】来添加。

6.3.2 引用集

【引用集】为命名的对象集合，可以从另一个部件引用这些对象。使用引用集可以减少甚至完全消除部分装配的图形显示，而不用修改实际的装配结构或基本的几何体模型。【引用集】允许控制从每个组件加载的及在装配关联中查看的数据量。管理出色的引用集策略有以下优点：加载时间段、使用的内存更少、图形显示更整齐。建立的引用集属于当前的工作部件。

执行【格式】/【引用集】命令，弹出如图 6-13 所示的对话框。在该对话框中，可以对引用集进行创建、删除、重命名。编辑属性和信息查找等操作，还可以对引用集的内容进行添加和删除设置。

系统提供了三个默认的引用集。

【模型（MODLE）】：这个引用集仅包括部件的实体对象。

【空】：这个引用集不包括任何的几何对象，所以在进行装配时看不到它所定义的部件，这样可以提高速度。

【整个部件】：引用集的全部几何数据。在默认情况下系统选用这个类型的选择集。

单击【引用集】对话框中【添加新的引用集】按钮 ，在【引用集名称】文本框中输入引用集名称，在图形窗口选择要添加的几何对象，单击【确定】按钮，建立引用集。此时引用集的坐标系方向和圆点都是当前工作坐标系的方向和原点。

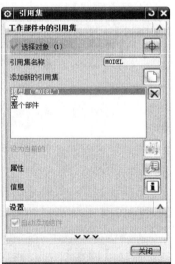

图 6-13 【引用集】对话框

6.3.3 新建父对象

【新建父对象】可以为当前显示的部件创建新的父对象。在该操作过程中，将创建一个空的装配，且当前显示的部件作为子对象添加到该装配中。操作完成后，新的父装配就显示为工作部件。

　　单击【装配】工具条中【新建父对象】按钮，或者执行【装配】/【组件】/【新建父对象】命令，弹出【新建父对象】对话框，如图 6-14 所示。

6.3.4　移动组件

　　在 UG 装配过程中，很多部件加载后并不能到达指定的位置，不能达到用户想要的效果，【移动组件】可以将所加载的部件有选择地通过多种运动方式到达指定的位置并复制。

　　单击【装配】工具条中【移动组件】按钮，或者执行【装配】/【组件位置】/【移动组件】命令，弹出【移动组件】对话框，如图 6-15 所示。

图 6-14　【新建父对象】对话框　　　　　　图 6-15　【移动组件】对话框

　　（1）【要移动的组件】：用于选择一个或多个要移动的组件。

　　【选择组件】：当【运动】（在【变换】选项组中）设置为【通过约束】时，除了可以选择新约束的组件以外，用户还可以选择其他组件。

　　（2）【变换】

　　【运动】：指定所选组件的移动方式。包括以下几种方式。

　　①【动态】：用于通过拖动、使用图形窗口中的屏显输入框或通过点对话框来重定位组件。

　　②【通过约束】：用于通过创建移动组件的约束来移动组件，具体见 6.3.4【装配约束】。

　　③【距离】：用于定义选定组件的移动距离。

　　④【点到点】：用于将组件从选定点移到目标点。

⑤【增量 XYZ】⚒：允许用户根据 WCS 或绝对坐标系将组件移动指定的 XC、YC 和 ZC 距离。

⑥【角度】✗：用于沿着指定矢量按一定角度移动组件。

⑦【根据三点旋转】✓：允许用户使用三个点旋转组件，枢轴点、起点和终点。

⑧【CSYS 到 CSYS】⚘：允许用户根据两个坐标系的关系移动组件。

⑨【轴到矢量】⚐：允许用户使用两个指定矢量和一个枢轴点来移动组件。

（3）【复制】

【模式】：指定是否创建副本，包括【不复制】、【复制】和【手动复制】三种选项。

【创建副本】⚏：当【模式】设置为【手动复制】时显示，立即复制选定的组件。

【要复制的组件】：当【模式】设置为【复制】或【手动复制】时可用，包括【自动判断】、【选择】和【选择组件】三种选项。

【复制后选择】：包括【维持组件选择】、【更改为选择复制的组件】两个待选项。

【中间副本】：当【模式】列表设置为【复制】时可用，设置要在移动过程中创建的【副本总数】。

【重复变换】：当【模式】列表设置为【手动复制】时可用。包括【重复次数】和【复制并重复】⚐两个待选项。

（4）【设置】

【仅移动选定的组件】：用于移动选定的组件。约束到所选组件的其他组件（未选定）不会移动。如果移动所选组件会引起非选定组件的移动，则选定的组件可能不会移动。

【布置】：指定约束如何影响其他布置中的组件定位，包括【使用组件属性】和【应用到已使用的】两个选项。

【动画步骤】：在图形窗口中设置组件移动的步数。例如，值 1 表示一步将组件移到新位置，值 8 表示将进行 8 次移动。

【动态定位】：选中该复选框可对约束求解并移动组件，就像创建每个约束一样。

【移动曲线和管线布置对象】：如果希望对对象和非关联曲线进行管线布置，使其在用于约束中时进行移动，选中该复选框。

【动态更新管线布置实体】：选中该复选框可在移动对象时动态更新管线布置对象位置。

6.3.5　装配约束

在装配中，两个部件之间的位置关系分为约束和非约束关系。【装配约束】就是将两个组件的位置关系进行约束，使组件根据需要合理的装配。进行约束关系后的组件之间存在关联关系，当一个组件移动时，有约束关系的所有组件随之移动，部件之间始终保持着相对位置，而且约束的尺寸还可以进行灵活修改，真正实现装配机的参数化。

单击【装配】工具条中【装配约束】按钮⚒，或者执行【装配】/【组件位置】/【装配约束】命令，弹出【装配约束】对话框，如图 6-16 所示。【类型】下拉菜单如图 6-17 所示。

图 6-16　【装配约束】对话框　　　　图 6-17　【类型】菜单

（1）【类型】：用户指定【装配约束】的类型，具体可选项如表 6-5 所示。

表 6-5　【装配约束】类型说明

图标	名称	说　明
	角度	定义两个对象间的角度尺寸
	胶合	将组件"焊接"在一起，使它们作为刚体移动。只能应用于组件，或组件和装配级的几何体，其他对象不可选
	中心	使一对对象之间的一个或两个对象居中，或使一对对象沿另一个对象居中
	同心	约束两个组件的圆形边或椭圆形边，以使其中心重合，并使边的平面共面
	距离	对两个组件通过输入距离的方式进行约束，所输数值正负均可，所选对象必须是两个平行的面或线
=	配合	将两个半径相等的圆柱面或锥形面靠拢，使圆柱面的线性公差为 0.1 mm，锥形面的角度公差为 1 度。如果以后半径变为不等，则该约束无效。配合约束对于销或螺栓定位在孔中很有用
	固定	将组件固定在其当前位置上。在需要隐含的静止对象时，固定约束会很有用。如果没有固定的节点，整个装配可以自由移动
	平行	将一对组件的方向矢量相平行。可以执行平行操作的对象组合有直线与直线、直线与平面、轴线与平面、圆柱面的轴线与轴线和平面与平面等
	垂直	该约束是将一对组件的矢量相互垂直
	接触对齐	约束两个组件，使其彼此接触或对齐。接触对齐是最常用的约束
		【首选接触】 ⚡　当接触约束过度约束装配时，将显示对齐约束
		【接触】 ▶◀　使约束对象的曲面法向在反方向上
		【对齐】 ⦚　使约束对象的曲面法向在相同的方向上
		【自动判断中心/轴】 ⬅　指定在选择圆柱面或圆锥面时，系统将使用面的中心或轴而不是面本身作为约束对象

（2）【要约束的几何体】选项区中的选项还出现在【移动组件】对话框的约束部分中。

【方位】：仅在【类型】为【接触对齐】时才出现，包括【首选接触】（在大多数模型中，接触约束比对齐约束更常用）、【接触】、【对齐】、【自动判断中心/轴】四种类型。

【子类型】：仅在【类型】为【角度】或【中心】时才出现。指定角度约束包括【3D 角 】和【定位角度】选项。指定中心约束包括【1 对 2】（使一个对象在一对对象间居中）、【2对 1】（使一对对象沿着另一个对象居中）、【2 对 2】（使两个对象在一对对象间居中）。

【轴向几何体】：仅在【类型】为【中心】并且【子类型】为【1 对 2】或【2 对 1】时才出现。指定当选择了一个面（圆柱面、圆锥面或球面）或圆形边界时，NX 所用的中心约束，包括【使用几何体】（使用面（圆柱面、圆锥面或球面）或边界作为约束）、【自动判断中心/轴】（使用对象的中心或轴）两种选项。

【选择对象】⊕：用于选择对象作为约束。

【点构造器】：仅在【类型】为【中心】、【拟合】、【接触对齐】或【距离】时才出现。打开【点构造器】可定义约束的点。

【创建约束】：仅在【类型】为【胶合】时才出现，将选定的对象胶合在一起，使其作为刚体移动。

【返回上一个约束】：仅当一个约束有两个解算方案时可用，显示约束的其他解算方案。

【循环上一个约束】：当存在两个以上的解时，仅对距离约束出现，用于在距离约束的可行解之间循环。

（3）【角度】：仅在【类型】设置为【角度】时选择对象之后出现，输入指定选定对象之间的角度。

（4）【距离】：仅在【类型】设置为【距离】时选择对象之后出现，输入指定选定对象之间的距离。

（5）【设置】：同【移动组件】中的【设置】相同。

6.3.6 镜像装配

【镜像装配】可以根据不同的平面位置镜像组件，利用【镜像装配】可以有效减少重新装配组建的麻烦，而且装配后的两组间相互联系，该功能主要用在具有对称组件的装配上。很多装配实际很对称，可以对一个整体装配进行镜像，也可以选择个别组件进行镜像，还可以指定要从镜像的装配中排除的组件。

单击【装配】工具条中【镜像装配】按钮，或者执行【装配】/【组件】/【镜像装配】命令，弹出【镜像装配向导】对话框。镜像步骤如下：

（1）【欢迎】：在对话框中单击【下一步】按钮。

（2）【选择组件】：在对话框选取待镜像的组件，其中，组件可以是单个也可以是多个，单击【下一步】按钮。

（3）【选择平面】：在对话框中选择基准面为镜像平面，如果没有可选择的镜像平面，可单击【创建基准面】按钮，在打开的对话框中创建一个基准面为镜像平面，完成上述步骤后单击【下一步】按钮。

（4）【镜像查看】：在打开的新对话框中设置镜像类型，可选取镜像组件，可为每个组件选择不同的镜像类型，包括【关联镜像】、【非关联镜像】。可单击【排除】以排除所选组件。【重用和重定位】是默认镜像类型。设置镜像类型后，单击【精加工】按钮。

（5）【命名策略】：按照【命名规则】和【目录规则】命名新部件文件，单击【下一步】按钮。

（6）【命名新部件文件】：双击要更改名称的部件文件。

（7）单击【完成】按钮，完成【镜像装配】操作。

6.3.7　爆炸图

爆炸图是指在装配环境下，将装配体中的组件拆分开来，目的是为了更好地显示整个装配的组成情况。通过对组件的分离，能够清晰反映组件的装配方向和关系。

爆炸图本质上也是一个视图，与其他用户定义的视图相同，一旦定义和命名就可以被添加到其他图形中。爆炸图不会影响实际的装配模型，它只用来观察视图，并可输出到工程图中。一个装配图可以创建多个组件的多个爆炸图，并且在任何时候任何视图中都可以显示爆炸图和非爆炸图。

在【装配】工具条中单击【爆炸图】按钮，弹出【爆炸图】工具条，如图 6-18 所示。

图 6-18　【爆炸图】工具条

（1）【新建爆炸图】

要查看装配实体爆炸效果，首先需要创建爆炸视图。通常创建爆炸视图的方法是单击【爆炸图】工具栏中的【新建爆炸图】按钮，或者执行【装配】/【爆炸图】/【新建爆炸图】命令，打开【创建爆炸图】对话框，如图 6-19 所示。

用户可以根据实际需要在【名称】栏输入爆炸图名称，系统默认名称为 Explosion 1。完成后，单击【确定】按钮即可创建一个爆炸试图。创建爆炸图只是新建一个爆炸图及爆炸图的名称，并不涉及爆炸图的参数，具体参数可以在编辑爆炸视图中设置。

（2）【编辑爆炸视图】

【编辑爆炸图】命令可重定位爆炸图中选定的一个或多个组件，此命令在工作视图显示爆炸图时可用。

单击【爆炸图】工具条中【编辑爆炸图】按钮或执行【装配】/【爆炸图】/【编辑爆炸图】命令，打开【编辑爆炸图】对话框，如图 6-20 所示。

图 6-19　【创建爆炸图】对话框

图 6-20　【编辑爆炸图】对话框

【选择对象】：用于选择要爆炸的组件。

【移动对象】：可用于移动选定的组件。

【只移动手柄】：可用于移动拖动手柄而不移动任何其他对象。

【距离】或【角度】：设置【距离】或【角度】以重新定位所选组件。选择原始拖动手柄时，此选项变为灰色。

【捕捉增量】：选中此选项时，可以为拖动手柄时移动的【距离】或旋转的【角度】设置捕捉增量。增量值在文本框中进行设置。

【捕捉手柄至 WCS】：将拖动手柄移到 WCS 位置，此选项只影响手柄。

【矢量工具】：选择平移拖动手柄时可用，可用于定义矢量并将选定的拖动手柄与之对齐。

【取消爆炸】：将选定的组件移回其未爆炸的位置。

【原始位置】：在所选组件的未爆炸位置与原始装配位置不同时可用。将所选组件移回它在装配中的原始位置，该选项多用于在组件繁多的爆炸视图中。

（3）【自动爆炸组件】

【自动爆炸组件】命令可定义爆炸图中一个或多个选定组件的位置，此命令可沿基于组件的装配约束的法向矢量，来偏置每个选定的组件。对未约束的组件无效。使用该命令，不能一次就生成理想的爆炸图，一般要执行【编辑爆炸图】命令来优化自动爆炸图。

单击【爆炸图】工具条中【自动爆炸组件】按钮或执行【装配】/【爆炸图】/【自动爆炸组件】命令，打开【类选择】对话框，选择要偏置的组件，单击【确定】按钮，弹出【自动爆炸组件】对话框，如图 6-21 所示，在距离框中，输入偏置值并按【Enter】键。

【距离】：为爆炸组件设置偏置距离，该值可正可负。

【添加间隙】：选中此复选框时，自动生成间隙偏置。

（4）【取消爆炸组件】

【取消爆炸组件】命令可将一个或多个选定组件恢复至其未爆炸的原始位置。

单击【爆炸图】工具条中【取消爆炸组件】按钮，或者执行【装配】/【爆炸图】/【取消爆炸组件】命令，打开【类】对话框。选择需要取消爆炸的组件，单击【确定】按钮即可将选中的组件恢复到爆炸前的位置。

（5）【删除爆炸图】

当不需要显示装配体的爆炸效果时，可以执行【删除爆炸图】命令将其删除。如果存在多个爆炸图，将显示所有爆炸图的列表，供用户选择要删除的视图。

单击【爆炸图】工具条中【删除爆炸图】按钮或执行【装配】/【爆炸图】/【删除爆炸图】命令，打开【爆炸图】对话框，如图 6-22 所示。选择需要取消爆炸的视图，单击【确定】按钮即可将选中的爆炸图删除。

图 6-21 【自动爆炸组件】对话框

图 6-22 【爆炸图】对话框

> 如果爆炸图是显示视图，则无法将其删除。要删除此视图，必须首先更改显示视图，或隐藏爆炸图。如果选中的爆炸图与任何其他视图关联，则会出现警告，提示必须首先删除关联的视图。

（6）【工作视图爆炸】

在装配过程中，尤其是已创建了多个爆炸视图，当需要在多个爆炸视图和无爆炸视图间进行切换时，可以利用【爆炸图】工具栏中的【工作视图爆炸】下拉菜单进行爆炸图的切换。只需单击按钮▼，打开下拉列表，在其中选择爆炸图名称，进行爆炸图的切换操作即可。

（7）【隐藏视图中的组件】

为了能够更好地显示重要部件，需要对一些零部件进行隐藏，达到直观的效果。

单击【爆炸图】工具栏中【隐藏视图中的组件】按钮，弹出【隐藏视图中的组件】对话框，如图 6-23所示，单击选择要隐藏的组件，单击【确定】按钮。

图 6-23　【隐藏视图中的组件】对话框

（8）【显示视图中的组件】

如果隐藏的组件需要显示，则需要用到【显示视图中的组件】。

单击【爆炸图】工具栏中【显示视图中的组件】按钮，弹出【显示视图中的组件】对话框，如图 6-24 所示，单击选择要显示的组件，单击【确定】按钮。

（9）【追踪线】

【追踪线】可创建一些线条来描绘爆炸组件在装配或拆卸期间遵循的路径。通过这些线条可以了解零部件与零部件之间的联系，能够清楚地知道零部件的爆炸路径。追踪线只能在创建它们时所在的爆炸图中显示。可以将爆炸图及其所包含的追踪线导入图纸中。

单击【爆炸图】工具栏中【追踪线】按钮，或者执行【装配】/【爆炸图】/【追踪线】命令，弹出【追踪线】对话框，如图 6-25 所示。

图 6-24　【显示视图中的组件】对话框

图 6-25　【追踪线】对话框

【起始】：设置追踪线的起始点位置和矢量方向。

❑ 【指定点】：可在组件中选择要使追踪线开始的点。

❑ 【起始方向】：指定起始点的矢量方向。可通过【矢量对话框】或【自动判断矢量】下拉菜单来设置。

【终止】：设置追踪线的终点位置和矢量方向。

❑ 【结束对象】：可指定结束对象为【点】，用于大多数情况；如果是【组件】，用于很难选择终点时可以使用该选项选择追踪线应在其中结束的组件。

- □ 【指定点】 ⚡︎：在【终止对象】设置为【点】时可用，可在组件中选择要使追踪线结束的点。

- □ 【选择对象】 ⊕：在【终止对象】设置为【组件】时可用。可选择追踪线应在其中结束的组件。NX 使用组件的未爆炸位置来计算终点的位置。

【路径】：在【被备解】⯐中设置折线的折弯位置。

本例演示一个阀门装配的爆炸演示，用户可以打开本书所附光盘中的文件。

（1）打开装配文件。

（2）如果【爆炸图】工具条没有显示，则单击【装配】工具条上的【爆炸图】按钮🖼️使其显示。

（3）单击【爆炸图】工具条上的【新建爆炸图】按钮🖼️，弹出【创建爆炸图】对话框。然后为爆炸图输入名称。在本例中接受默认的名称"Explosin 1"，直接单击【确定】按钮。

（4）单击【爆炸图】工具条上的【自动爆炸组件】按钮🖼️，系统就会弹出【类选择】对话框。在图形窗口中框选装配体的所有组件，单击【确定】按钮。按照弹出爆炸距离对话框，按照图 6-26 所示进行操作自动爆炸的图。

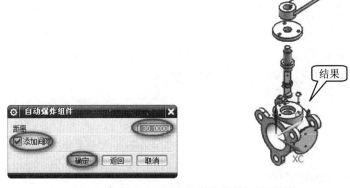

图 6-26 【自动爆炸组件】对话框

（5）单击【爆炸图】工具条上的【编辑爆炸图】按钮🖼️，弹出【编辑爆炸图】对话框，按图 6-27 所示编辑阀盖和阀臂的位置。

（6）继续以类似方式移动其他组件到合适位置，如图 6-28 所示。

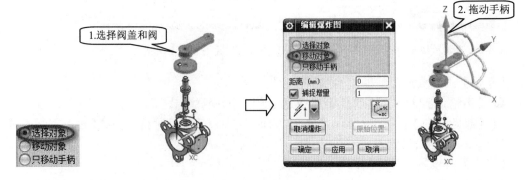

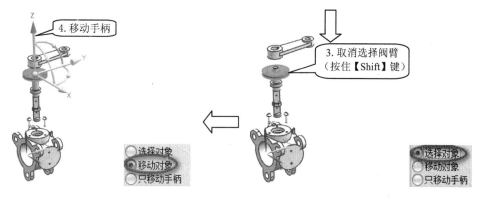

图 6-27　移动阀盖和阀臂

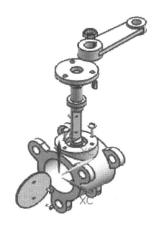

图 6-28　移动其他组件

（7）创建追踪线。单击【爆炸图】工具条上的【创建追踪线】按钮♪，弹出【创建追踪线】对话框，按如图 6-29 所示进行编辑。

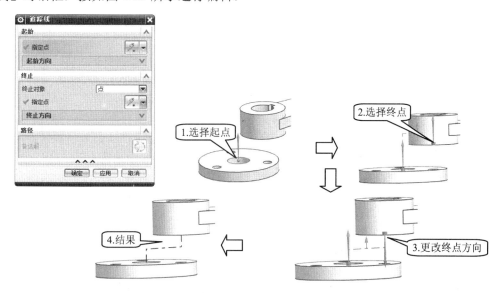

图 6-29　创建阀盖和阀臂之间的追踪线

（8）如果需要，则可以按类似方式创建其他组件之间的追踪线，结果如图 6-30 所示。

（9）如果要编辑追踪线，则可以在图形窗口中右击该追踪线并从快捷菜单中执行【编辑】命令，弹出【编辑追踪线】对话框，该对话框所包含的选项与【创建追踪线】对话框相同。在追踪线上双击也可以打开【编辑追踪线】对话框。

（10）从【工作视图爆炸】下拉列表中选择【无爆炸】选项，可以将工作视图恢复到装配状态。

（11）单击【标准】工具条上的【保存】按钮，保存对工作部件的更改。

6.3.8 装配序列

图 6-30　创建其他组件之间的追踪线

装配序列化的功能主要有两个：一个是规定一个装配每个组件的时间和成本性；另一个是用于对显示装配组件的装配和拆卸进行仿真，指定一线工人进行现场装配或拆卸。

完成组件装配后，可建立序列化来表达装配各组件间的装配顺序。一个序列分为一系列步骤。每个步骤代表装配或拆卸过程中的一个阶段。这些步骤可以包括：（1）建立一个或多个帧（即在相等的时间单位内分布的图像）；（2）向装配序列显示中添加一个或多个组件；（3）从装配序列显示中移除一个或多个组件；（4）建立一个或多个组件的运动；（5）移除或拆卸一个或多个组件之前的运动；（6）在运动之前添加或装配一个或多个组件。

单击【装配】工具栏中【装配序列】按钮，或者执行【装配】/【序列】/命令，可进入序列任务环境，如图 6-31 所示。NX 主菜单选项和工具条包含对序列有用的选项。

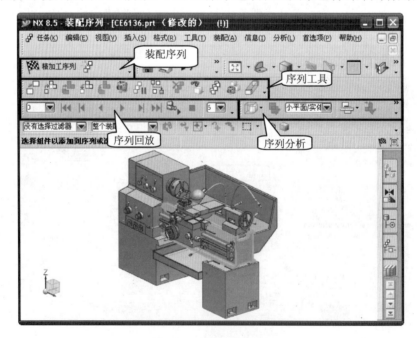

图 6-31　装配序列环境

【装配序列】工具条如图 6-32 所示，具体说明如表 6-6 所示。

表 6-6　【装配序列】工具条说明

图　　标	名　　称	说　　明
	精加工序列	退出装配序列任务环境，快捷键为【Ctrl】+【Q】
	新建序列	在显示装配中创建一个新序列，并将其设置为关联序列
序列_1	设置关联序列	可用于选择显示装配中的某个序列作为关联序列

【序列工具】工具条包含最常见的序列命令按钮，如图 6-33 所示。具体说明如表 6-7 所示。

图 6-32　【装配序列】工具栏　　　　　图 6-33　【序列工具】 工具栏

表 6-7　【装配序列】工具条说明

图标	名　　称	说　　明
	插入运动	打开【录制组件运动】对话框条，在其中可定义运动步骤
	装配	在关联序列中为所选组件创建一个装配步骤，并将组件从未处理的文件夹中移除。如果选定了多个组件，则按选择顺序为每个组件创建一个步骤
	一起装配	创建组件组和一个装配步骤，该步骤在关联序列中将组件组添加到装配，并将组件从未处理的文件夹中移除
	拆卸	在关联序列中为选定组件创建一个拆卸步骤。如果选定了多个组件，则按选择顺序为每个组件创建一个步骤
	一起拆卸	创建组件组和一个拆卸步骤，该步骤在关联序列中将组件组从装配中移除
	记录摄像位置	创建摄像步骤。摄像步骤将回放过程中的序列视图重定向至创建步骤时显示的缩放位置和部件方位
	插入暂停	插入暂停步骤。 暂停步骤提供许多帧，在序列回放中，这些帧中不执行任何操作
	抽取路径	计算所选组件的抽取路径。保存抽取路径时，会将它另存为关联序列中的【抽取路径】步骤
	删除	删除选定的序列或步骤。将组件移到【未处理的】文件夹中
	在序列中查找	允许在【序列导航器】中查找指定组件
	显示所有序列	选中此选项时，显示【序列导航器】中的所有序列。未选中此选项时，仅显示关联序列
	捕捉布置	将装配组件的当前位置另存为新布置
	运动包络体	在一系列运动步骤过程中，在由一个或多个组件占用的空间中创建小平面化的体

【序列回放】工具条控制序列回放和.avi 电影导出，如图 6-34 所示。具体说明如表 6-8 所示。

图 6-34　【序列回放】 工具栏

表 6-8 【序列回放】工具条说明

图标	名称	说明
⃣ ▼	设置当前帧	显示或设置当前帧
5 ▼	回放速度	设置相对回放速度，范围为 1（最慢）到 10（最快）
◄◄	倒回到开始	将当前帧设置为关联序列中的第一帧
◄	前一帧	后退一帧
◄	向后播放	从当前帧向后播放关联序列
►	向前播放	从当前帧向前播放关联序列
►►	下一帧	向前移动一帧
►►►	快进到结尾	将当前帧设置为关联序列中的最后一帧
⃣►	导出至电影	从当前帧向前播放帧，并导出为.avi 电影。如果当前帧是最后一帧，则反向播放帧和录制电影
■	停止	在【向后播放】或【向前播放】期间可用，停止回放

【序列分析】设置在移动期间发生碰撞或违反预先确定的测量要求时要执行的操作。工具条如图 6-35 所示。具体说明如表 6-9 所示。

图 6-35 序列分析】 工具栏

表 6-9 【序列分析】工具条说明

图标	名称	说明
⬚	无检查	忽略运动过程中的碰撞
⬚	高亮显示碰撞	高亮显示移动对象及与之碰撞的体
⬚	在碰撞前停止	当下一步骤将导致碰撞时，移动对象停止。运动停止后组件之间的距离取决于步长滑动副的设置和捕捉框中的值
⬚	认可碰撞	可用于使对象经过最近一次碰撞后继续运动，从而使碰撞体处于硬干涉状况下。发生不同的碰撞时，移动的对象再次停止
小平面/实体 ▼	小平面/实体	为碰撞提供默认和更精确的检查方法
快速小平面 ▼	快速小平面	为碰撞提供较快但精确度稍低的检查方法
⬚	高亮显示测量	高亮显示违例的测量尺寸
⬚	违例后停止	高亮显示违例的测量尺寸并停止移动对象
⬚	认可需求违例	继续因测量违例而停止的运动
5 ▼	测量显示更新频率	指定测量检查之间的运动帧数

6.3.9 设为工作部件

设为工作部件就是将某个部件激活为当前工作部件，成为工作部件就可以对该部件进行编辑，如产生草图、生成新的特征等。在当前的设计装配树中每次只能设置一个工作部件。设为工作部件的组件正常显示，其他转为灰色显示，如图 6-36 所示。

设为工作部件有以下几种方法：

（1）最快捷的方法是双击需要设置的组件。

（2）单击【装配】工具条中的【设置工作部件】按钮，使组件转为工作部件。

（3）执行菜单栏中【装配】/【关联控制】/【设置工作部件】命令，使组件转为工作部件。

（4）在图形窗口中右击某个组件，在弹出快捷菜中执行【转为工作部件】命令。

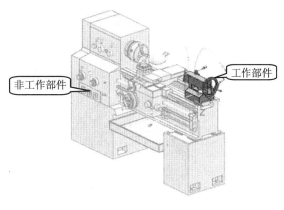

图 6-36　设为工作部件

（5）在装配导航器中找到需要成为工作部件的组件，然后双击该组件。

（6）在装配导航器，右击某个组件节点，在弹出快捷菜单中执行【转为工作部件】命令。

6.3.10　设为显示部件

设为显示部件就是将某个部件显示为当前单独的部件。成为显示部件就可以对该部件进行编辑。转为显示部件与使之成为工作部件的最大不同之处在于，显示部件可以单独显示。

在单一零件设计师，工作部件和显示部件是相同的；在装配设计时，工作部件和显示部件可以相同也可以不同。显示部件和工作部件必须始终使用相同的单位。

设为显示部件有以下几种方法：

（1）单击【装配】工具条中【设置显示部件】按钮，使组件转为显示部件。

（2）执行菜单栏中【装配】/【关联控制】/【设置显示部件】命令，使组件转为显示部件。

（3）在图形窗口中右击某个组件，在弹出快捷菜单中执行【设为显示部件】命令。

（4）在装配导航器，右击某个组件节点，在弹出快捷菜单中执行【设为显示部件】命令。

6.4　装　配　检　验

在 UG 8.5 中，干涉检验包括动态干涉检验和静态干涉检验。静态干涉检验主要对各零部件的位置关系、公差配合等因素进行判断；而动态干涉检验是在装配部件运动时分析其运动部件在空间上是否有干涉的存在。静态干涉检验就是对部件间的间隙进行检查，UG 中的干涉检验通常指静态干涉检验。在检验时用户可以自定义一个间隙大小，干涉的类型可以分为不干涉、接触干涉、硬干涉、软干涉和包容干涉。

不干涉：两个对象间的距离大于制定干涉距离。

接触干涉：两个对象相互接触但没有干涉。

硬干涉：两个对象相交，有公共的部分，但没有完全重合。

软干涉：最小距离小于间隙区域，但不接触。

包容干涉：一个实体被完全包容在另一个实体之内。

【简单间隙检查】命令可检查装配中选定组件与其他组件之间可能存在的干涉。如果发现干涉，则会显示一个报告。对于每个干涉，报告都会列出：所选组件的名称，在名称旁显示表示干涉类型的图标；干涉组件的名称；干涉的状态，例如，报告显示干涉是新的还是现有的，是硬干涉、软干涉，还是接触干涉，如图 6-37 所示。

图 6-37　【干涉检查】分析表

【例 6-1】　利用【简单间隙检查】命令检查装配组件中是否存在干涉。具体装配图形如图 6-38 所示。

设计基本思路：利用【简单间隙检查】命令演示如何检查所示装配的组件之间存在的干涉，以及如何仅查看干涉中所涉及的组件。

（1）单击【装配】工具栏中【装配间隙】列表中【简单间隙检查】按钮，或者执行【分析】/【装配间隙】/【简单间隙检查】/命令，打开【类选择】对话框。

（2）在绘图区单击选择要检查干涉的组件，在本例中选择上盖，如图 6-39 所示。

选择上盖作为要检查的组件

图 6-38　装配图　　　　　　　图 6-39　选择要检查干涉的组件

（3）在上盖与交叉组件中发现硬干涉，如图 6-40 所示。

（4）在【干涉检查】对话框中，选择第一个干涉，单击【隔离干涉】，查看设计干涉的组件，或者在对话框中双击干涉，如图 6-41 所示。

（5）单击【确定】按钮，完成【隔离干涉】。

图 6-40 【干涉检查】对话框

图 6-41 隔离干涉

6.5 装配综合范例——减速箱的装配

本节通过装配一台减速器介绍 UG NX 8.5 的装配过程，减速器是原动机和工作机之间的独立的闭式传动装置，用来降低转速和增大转矩，以满足工作需要。齿轮减速器在各行各业应用广泛，是一种不可缺少的机械传动装置。如图 6-42 所示是一个典型的展开式二级软齿面直齿圆柱齿轮减速器。

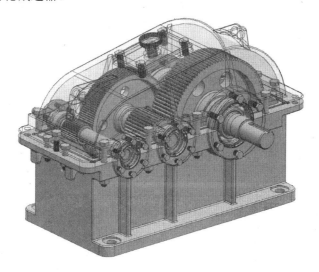

图 6-42 展开式二级软齿面直齿圆柱齿轮减速器

根据减速箱各零件的相互关系，得到减速箱层级装配结构如表 6-10 所示。

表 6-10 减速箱层级装配结构表

总装配	子装配	组件	文件名	个数
减速箱	高速轴装配	高速轴	high speed shaft.prt	1
		套筒	sleeve of high shaft.prt	1
		轴承	high bearing.prt	2

续表

总装配	子装配	组件		文件名	个数
减速箱	中间轴装配	中间轴		counter shaft.prt	1
		键		key of counter shaft 8x7x25.prt	1
		中间轴齿轮		counter shaft gear.prt	1
		套筒		sleeve of counter shaft.prt	1
		轴承		counter bearing.prt	2
	低速轴装配	低速轴		low speed shaft.prt	1
		键		key of low shaft 14x9x45.prt	1
		低速轴齿轮		low gear.prt	1
		套筒		sleeve of low shaft.prt	1
		轴承		lower bearing.prt	2
	箱体			box.prt	1
	箱盖			box cover.prt	1
	其他	油标尺		oil scale.prt	1
		通气器		breather.prt	1
		油塞		oil plug.prt	1
		通气窥视孔盖		cover.prt	1
		起盖螺钉		bolt of cover box.prt	1
		通气窥视孔盖螺栓		bolt of breather .prt	4
		高速轴轴承端盖	透盖	bearing cap of high shaft 1.prt	1
			闷盖	bearing cap of high shaft 2.prt	1
		中键轴轴承端盖		bearing cap of counter shaft.prt	2
		高速轴、中间轴端盖螺栓		bolt of high shaft and counter shaft-24.prt	24
		低速轴轴承端盖	透盖	bearing cap of low shaft 1.prt	1
			闷盖	bearing cap of low shaft 2.prt	1
		低速轴端盖螺栓		bolt of low shaft-12.prt	12
		箱盖螺栓		bolt of cover box-4.prt	4
		螺母		nut.prt	40

上表给出了减速箱装配结构层级图。可以把一个比较复杂的装配体按照结构上的关系和功能要求划分成若干个子装配体，每个子装配体可能又由一些子装配体和零部件组装而成。用户可以先把各轴上的零件装配起来，然后与其他零件一起分别按照要求装配到箱体上，最后装配箱盖，从而完成整个减速箱的装配任务。这样做能使装配层次更为清晰，而且可以提高装配效率。在实际产品装配中，也大多采用这种方法。

6.5.1 高速轴的装配

1. 新建装配文件

启动 UG NX 8.5，在标准工具条上单击【新建】按钮 ，或者执行【文件】/【新建】命令，也可按快捷键【Ctrl】+【N】，打开【新建】对话框，在文件名栏内输入子装配体——high speed shaft_asm1.prt，如图 6-43 所示，单击【确定】按钮，系统进入建模模块，单击【标准】工具栏上的【开始】/【装配】，打开【装配】工具条。

图 6-43 【新建】对话框

2．导入高速轴

（1）单击【装配】工具条中【添加组件】按钮，或者执行【装配】/【组件】/【添加组件】命令，弹出【添加组件】对话框，单击【打开】按钮，弹出【打开】对话框，在目录中选取已创建的高速轴模型 high speed shaft.prt 文件，在对话框的右侧生成零件的预览，如图 6-44 所示。

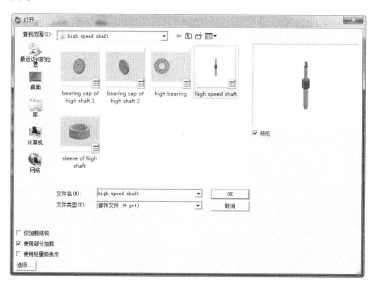

图 6-44 【打开】对话框

（2）单击【OK】按钮，返回到【添加组件】对话框，在【定位】下拉菜单中选择【绝对原点】选项，在【图层选项】下拉菜单选择【原始的】，系统保持组件原有图层位置。完成设置，如图 6-45 所示，生成【组件预览】窗口，如图 6-46 所示。单击【确定】按钮，零件被加载至装配体中，作为该装配体的基础件，如图 6-47 所示。

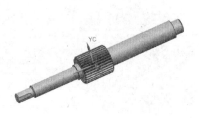

图 6-45　添加高速轴对话框　　　图 6-46　高速轴预览　　　图 6-47　绘图区加载的高速轴

3．装配高速轴轴承 1

（1）单击【添加组件】对话框，弹出【添加组件】对话框，单击【打开】按钮，弹出【部件名】对话框，在目录中选取已创建的高速轴轴承模型 high bearing.prt 文件，单击【OK】按钮，返回到【添加组件】对话框，在【定位】下拉菜单中选择【通过约束】选项，其他按系统默认设置，如图 6-48 所示，单击【确定】按钮，生成【组件预览】窗口，如图 6-49 所示。

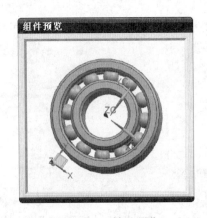

图 6-48　添加轴承对话框　　　　　图 6-49　轴承预览

（2）单击【确定】按钮，系统弹出【装配约束】对话框，在【类型】下拉菜单中选择【接触对齐】，在【方位】下拉菜单选项组中选择【自动判断中心】，在【组件预览】中选择轴承内孔，系统自动判断出轴承的中心轴线作为相配对的对象，在绘图区选择轴的表面，系统自动判断出轴的中心轴线作为配合对象，如图 6-50 所示。

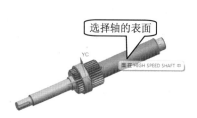

图 6-50　约束轴与轴承的中心对齐

（3）继续在【类型】下拉菜单中选择【接触对齐】，在【方位】下拉菜单选项组中选择【接触】，在【组件预览】中选择轴承端面作为相配对的对象，在绘图区选择阶梯轴轴肩为配合对象，如图 6-51 所示。

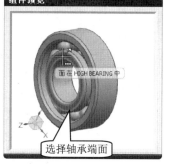

图 6-51　约束轴承端面与阶梯轴轴肩接触

（4）单击【确定】按钮，完成高速轴和轴承的装配，如图 6-52 所示。

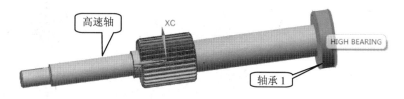

图 6-52　完成轴承 1 装配的高速轴

4．装配套筒

（1）单击【添加组件】对话框，弹出【添加组件】对话框，单击【打开】按钮，弹出

【部件名】对话框,在目录中选取已创建的套筒模型 sleeve of high shaft.prt 文件,单击【OK】按钮,返回到【添加组件】对话框,在【定位】下拉菜单中选择【通过约束】选项,其他按系统默认设置,如图 6-53 所示,单击【确定】按钮,生成【组件预览】窗口,如图 6-54 所示。

图 6-53　添加套筒对话框

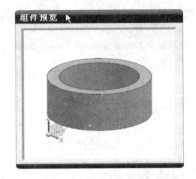

图 6-54　套筒预览

（2）单击【确定】按钮,弹出【装配约束】对话框。在【类型】下拉菜单中选择【接触对齐】,在【方位】下拉菜单选项组中选择【自动判断中心】,在【组件预览】中选择套筒内孔,系统自动判断出套筒的中心轴线作为相配对的对象,在绘图区选择轴的表面,系统自动判断出轴的中心轴线作为配合对象,如图 6-55 所示。

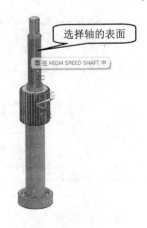

图 6-55　约束套筒与轴中心对齐

（3）继续在【类型】下拉菜单中选择【接触对齐】,在【方位】下拉菜单选项组中选择【接触】，在【组件预览】中选择套筒端面作为相配对的对象，在绘图区选择阶梯轴轴肩为配合对象，如图 6-56 所示。

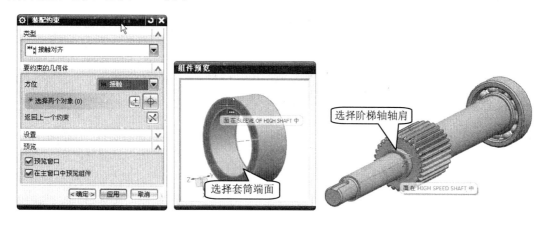

图 6-56 约束套筒端面与阶梯轴肩接触对齐

（4）单击【确定】按钮，完成高速轴和套筒的装配，如图 6-57 所示。

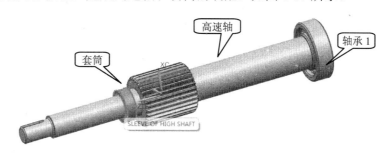

图 6-57 完成套筒装配的高速轴

5. 装配高速轴轴承2

（1）装配方法同步骤（3），单击【添加组件】对话框，弹出【添加组件】对话框，在【已加载的部件】中选取已创建的高速轴轴承模型 high bearing.prt 文件，单击【OK】按钮，返回到【添加组件】对话框，在【定位】下拉菜单中选择【通过约束】选项，其他按系统默认设置，完成设置。

（2）单击【确定】按钮，系统弹出【装配约束】对话框。在【类型】下拉菜单中选择【接触对齐】，在【方位】下拉菜单选项组中选择【自动判断中心】，在【组件预览】中选择轴承内孔，系统自动判断出轴承的中心轴线作为相配对的对象，在绘图区选择轴的表面，系统自动判断出轴的中心轴线作为配合对象。

（3）继续在【类型】下拉菜单中选择【接触对齐】，在【方位】下拉菜单选项组中选择【接触】，在【组件预览】中选择轴承端面作为相配对的对象，在绘图区选择套筒端面为配合对象，如图 6-58 所示。

（4）单击【确定】按钮，完成高速轴和轴承的装配，如图 6-59 所示。

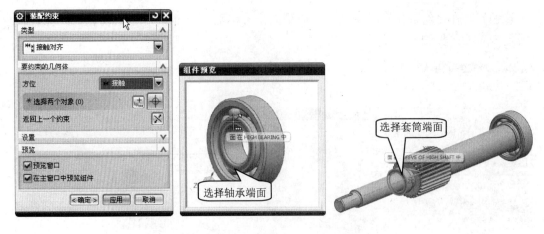

图 6-58　约束轴承端面与套筒端面接触对齐

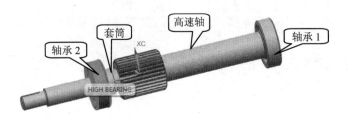

图 6-59　完成轴承 2 装配的高速轴

6．装配导航器

high speed shaft_asm1.prt 装配导航器如图 6-60 所示。单击【保存】按钮并关闭 high speed shaft_asm1.prt 文件。

描述性部件名	信息	只	已	位	数量	引用集
📁 截面						
☑ 🏭 high speed shaft_asm1	💾				5	
☑ 🔧 约束				✔	6	
☑ ⫶ 对齐 (HIGH BEARING, HI...				✔		
☑ ⫶ 对齐 (SLEEVE OF HIGH S...				✔		
☑ ▶◀ 接触 (SLEEVE OF HIGH S...				✔		
☑ ▶◀ 接触 (HIGH BEARING, HI...				✔		
☑ ⫶ 对齐 (HIGH BEARING, HI...				✔		
☑ ▶◀ 接触 (SLEEVE OF HIGH S...				✔		
☑ 🗋 high bearing		☐		◑		模型 ("MODEL")
☑ 🗋 sleeve of high shaft		☐		◑		模型 ("MODEL")
☑ 🗋 high bearing		☐		◑		模型 ("MODEL")
☑ 🗋 high speed shaft		☐		◑		模型 ("MODEL")

图 6.60　速轴装配导航器

📖　在约束中不要出现冲突项，即 🔧 符号，以及【列】中出现"约束不一致"符号 ❌ 时，要检查出现问题的原因。

6.5.2　低速轴的装配

1．新建装配文件

启动 UG NX 8.5，在标准工具条上单击【新建】按钮 <img>，或者执行【文件】/【新建】命令，也可使用快捷键【Crtl】+【N】，打开【新建】对话框，在文件名栏内输入子装配体——low speed shaft_asm1.prt，如图 6-61 所示，单击【确定】按钮，系统进入建模模块，单击【标准】工具栏上的【开始】/【装配】，打开【装配】工具条。

图 6-61　【新建】对话框

2．导入低速轴

（1）单击【装配】工具条中【添加组件】按钮 <img>，或者执行【装配】/【组件】/【添加组件】命令，弹出【添加组件】对话框，单击【打开】按钮，弹出【部件名】对话框，在目录中选取已创建的低速轴模型 low speed shaft.prt 文件，在对话框的右侧生成零件的预览，如图 6-62 所示。

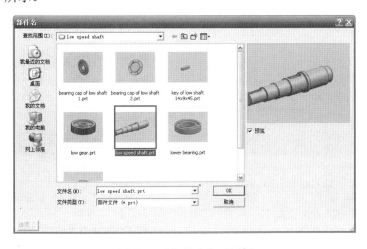

图 6-62　【部件名】对话框

（2）单击【OK】按钮，返回到【添加组件】对话框，在【定位】下拉菜单中选择【绝对原点】选项，在【图层选项】下拉菜单选择【原始的】，系统保持组件原有图层位置。完成设置，如图 6-63 所示，生成【组件预览】窗口，如图 6-64 所示。单击【确定】按钮，零件被加载至装配体中，作为该装配体的基础件，如图 6-65 所示。

图 6-63　添加低速轴对话框　　　　图 6-64　低速轴预览　　　　图 6-65　绘图区加载的低速轴

3．装配低速轴的键

（1）单击【添加组件】对话框，弹出【添加组件】对话框，单击【打开】按钮，弹出【部件名】对话框，在目录中选取已创建的键模型 key of low shaft 14x9x45.prt 文件，单击【OK】按钮，返回到【添加组件】对话框，在【定位】下拉菜单中选择【通过约束】选项，其他按系统默认设置，完成设置，如图 6-66 所示，生成【组件预览】窗口，如图 6-67 所示。

图 6-66　添加键对话框　　　　　　图 6-67　键的预览

（2）单击【确定】按钮，系统弹出【装配约束】对话框。在【类型】下拉菜单中选择【接触对齐】，在【方位】下拉菜单选项组中采用系统默认的【首选接触】，在【组件预览】中选择键底面作为相配对的对象，在绘图区选择低速轴上的键槽上表面为配合对象，如图 6-68 所示。

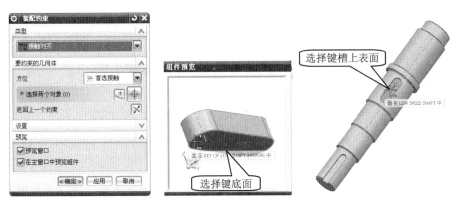

图 6-68　约束键底面与键槽上表面接触对齐

（3）在【类型】下拉菜单中选择【中心】，在【子类型】下拉菜单选项组中选择【2 对 2】，在【组件预览】中选择键两侧面，系统自动判断出键的中心平面作为相配对的对象，在绘图区选择低速轴上的键槽两侧面，系统自动判断出键槽的中心平面作为配合对象，如图 6-69 所示。

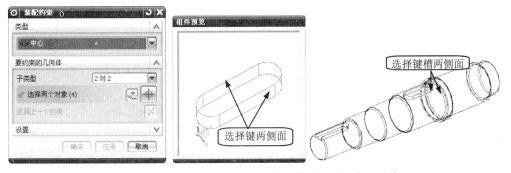

图 6-69　约束键的两侧面与键槽两侧面 2 对 2 中心对称

（4）在【类型】下拉菜单中选择【距离】，在【组件预览】中选择键的圆端面，作为相配对的对象，在绘图区选择低速轴上的键槽圆端面作为配合对象，如图 6-70 所示。在绘图区弹出的浮动对话框中输入【距离】为 "0"，如图 6-71 所示。

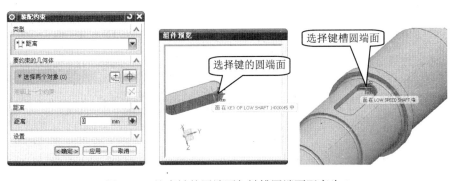

图 6-70　约束键的圆端面与键槽圆端面距离为 0

（5）单击【确定】按钮，完成低速轴和键的装配，如图 6-72 所示。

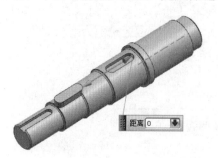

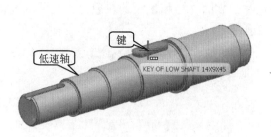

图 6-71　浮动对话框中输入【距离】数值　　　　图 6-72　完成键装配的低速轴

4．装配低速轴齿轮

（1）单击【添加组件】对话框，弹出【添加组件】对话框，单击【打开】按钮，弹出【部件名】对话框，在目录中选取已创建的低速轴齿轮模型 low gear.prt 文件，单击【OK】按钮，返回到【添加组件】对话框，在【定位】下拉菜单中选择【通过约束】选项，其他按系统默认设置，完成设置，如图 6-73 所示，生成【组件预览】窗口，如图 6-74 所示。

图 6-73　添加齿轮对话框　　　　图 6-74　齿轮预览

（2）单击【确定】按钮，系统弹出【装配约束】对话框，如图 6-75 所示。在【类型】下拉菜单中选择【接触对齐】，在【方位】下拉菜单选项组中选择【自动判断中心】，在【组件预览】中选择齿轮内孔，系统自动判断出齿轮的中心轴线作为相配对的对象，在绘图区选择轴的表面，系统自动判断出轴的中心轴线作为配合对象，如图 6-75 所示。

（3）在【类型】下拉菜单中选择【中心】，在【子类型】下拉菜单选项组中选择【2对 2】，在【组件预览】中选择齿轮键槽两侧面，系统自动判断出齿轮键槽的中心平面作为相配对的对象，在绘图区选择低速轴上的键槽两侧面，系统自动判断出键槽的中心平面作为配合对象,如图 6-76 所示。

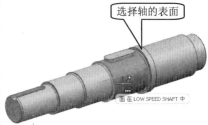

图 6-75 约束齿轮与轴的中心线对齐

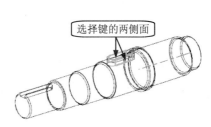

图 6-76 约束键槽两侧面与键的两侧面 2 对 2 中心对称

(4)继续在【类型】下拉菜单中选择【接触对齐】,在【方位】下拉菜单选项组中选择【首选接触】,在【组件预览】中选择轴承端面作为相配对的对象,在绘图区选择阶梯轴的轴肩端面为配合对象,如图 6-77 所示。

图 6-77 约束齿轮端面与阶梯轴端面接触对齐

(5)单击【确定】按钮,完成低速轴和轴承的装配,如图 6-78 所示。

5.装配低速轴套筒

(1)单击【添加组件】对话框,弹出【添加组件】对话框,单击【打开】按钮,弹出

【部件名】对话框，在目录中选取已创建的套筒模型 sleeve of low shaft.prt 文件，单击【OK】按钮，返回到【添加组件】对话框，在【定位】下拉菜单中选择【通过约束】选项，其他按系统默认设置，如图 6-79 所示，单击【确定】按钮，生成【组件预览】窗口，如图 6-80 所示。

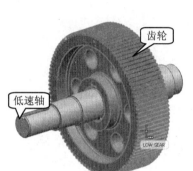

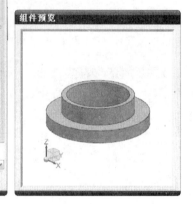

图 6-78　完成齿轮装配的低速轴　　　图 6-79　添加套筒对话框　　　图 6-80　套筒预览

（2）单击【确定】按钮，系统弹出【装配约束】对话框，在【类型】下拉菜单中选择【接触对齐】，在【方位】下拉菜单选项组中选择【自动判断中心】，在【组件预览】中选择套筒内孔，系统自动判断出套筒的中心轴线作为相配对的对象，在绘图区选择轴的表面，系统自动判断出轴的中心轴线作为配合对象，如图 6-81 所示。

图 6-81　约束套筒与轴的中心线对齐

（3）继续在【类型】下拉菜单中选择【接触对齐】，在【方位】下拉菜单选项组中选择【首选接触】，在【组件预览】中选择套筒端面作为相配对的对象，如图 6-82 所示，在绘图区选择齿轮端面为配合对象。

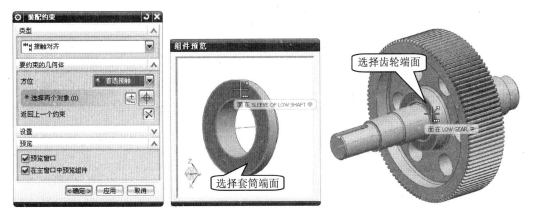

图 6-82　约束套筒端面与齿轮端面接触对齐

（4）单击【确定】按钮，完成低速轴和套筒的装配，如图 6-83 所示。

6．装配低速轴轴承 1

（1）单击【添加组件】对话框，弹出【添加组件】对话框，单击【打开】按钮，弹出【部件名】对话框，在目录中选取已创建的低速轴轴承模型 high bearing.prt 文件，单击【OK】按钮，返回到【添加组件】对话框，在【定位】下拉菜单中选择【通过约束】选项，其他按系统默认设置，如图 6-84 所示，单击【确定】按钮，生成【组件预览】窗口，如图 6-85 所示。

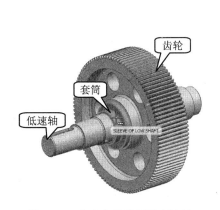

图 6-83　完成套筒装配的高速轴　　　图 6-84　添加轴承对话框　　　图 6-85　轴承预览

（2）单击【确定】按钮，系统弹出【装配约束】对话框，在【类型】下拉菜单中选择【接触对齐】，在【方位】下拉菜单选项组中选择【自动判断中心】，在【组件预览】中选择轴承内孔，系统自动判断出轴的中心轴线作为相配对的对象，在绘图区选择轴的表面，系统自动判断出轴的中心轴线作为配合对象，如图 6-86 所示。

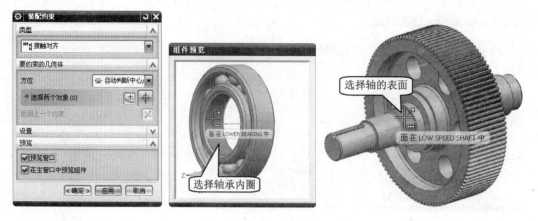

图 6-86　约束轴承与轴的中心线对齐

（3）继续在【类型】下拉菜单中选择【接触对齐】，在【方位】下拉菜单选项组中选择【接触】，在【组件预览】中选择轴承端面作为相配对的对象，在绘图区选择套筒的端面为配合对象，如图 6-87 所示。

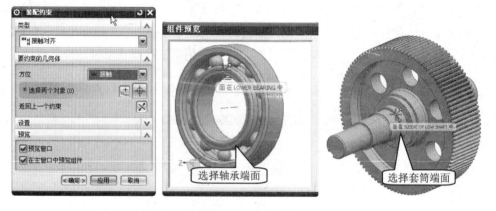

图 6-87　约束轴承端面与套筒端面接触对齐

（4）单击【确定】按钮，完成低速轴和轴承的装配，如图 6-88 所示。

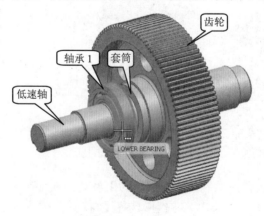

图 6-88　完成轴承 1 装配的低速轴

7. 装配低速轴轴承2

（1）单击【添加组件】对话框，弹出【添加组件】对话框，单击【打开】按钮，弹出【部件名】对话框，在【已加载的部件】中选取已创建的低速轴轴承模型 low bearing.prt 文件，单击【OK】按钮，返回到【添加组件】对话框，在【定位】下拉菜单中选择【通过约束】选项，其他按系统默认设置，完成设置，并生成【组件预览】窗口。

（2）单击【确定】按钮，系统弹出【装配约束】对话框。在【类型】下拉菜单中选择【接触对齐】，在【方位】下拉菜单选项组中选择【自动判断中心】，在【组件预览】中选择轴承内孔，系统自动判断出轴承的中心轴线作为相配对的对象，在绘图区选择轴的表面，系统自动判断出轴的中心轴线作为配合对象，如图 6-89 所示。

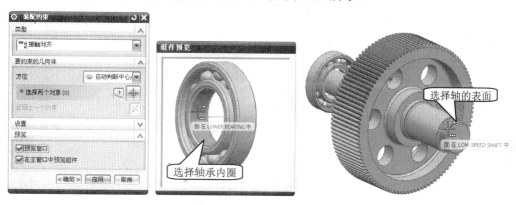

图 6-89　约束轴承与轴的中心线对齐

（3）继续在【类型】下拉菜单中选择【接触对齐】，在【方位】下拉菜单选项组中选择【首先接触】，在【组件预览】中选择轴承端面作为相配对的对象，在绘图区选择阶梯轴轴肩的表面为配合对象，如图 6-90 所示。

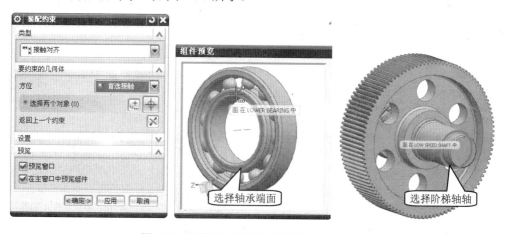

图 6-90　约束轴承端面与阶梯轴肩接触对齐

（4）单击【确定】按钮，完成高速轴和轴承的装配，如图 6-91 所示。

8. 装配导航器

low speed shaft_asm1.prt 装配导航器如图 6-92 所示。单击【保存】按钮并关闭 low speed shaft_asm1.prt 文件。

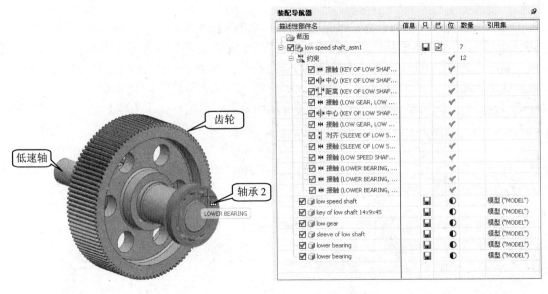

图 6-91　完成轴承 2 装配的高速轴　　　　图 6-92　低速轴的装配导航器

6.5.3　中间轴的装配

1．新建装配文件

启动 UG NX 8.5，在标准工具条上单击【新建】按钮，或者执行【文件】/【新建】命令，也可使用快捷键【Ctrl】+【N】，打开【新建】对话框，在文件名栏内输入子装配体——counter shaft_asm1.prt，如图 6-93 所示，单击【确定】按钮，系统进入建模模块，单击【标准】工具栏上的【开始】/【装配】，打开【装配】工具条。

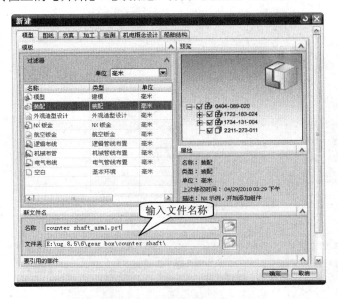

图 6-93　【新建】对话框

2．导入中间轴

（1）单击【装配】工具条中【添加组件】按钮，或者执行【装配】/【组件】/【添加组件】命令，弹出【添加组件】对话框，单击【打开】按钮，弹出【部件名】对话框，在目录中选取已创建的中间轴模型 counter shaft.prt 文件，在对话框的右侧生成零件的预览，如图 6-94 所示。

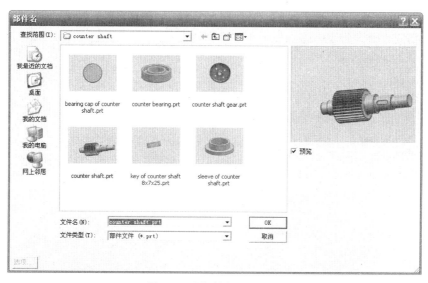

图 6-94 【部件名】对话框

（2）单击【OK】按钮，返回到【添加组件】对话框，在【定位】下拉菜单中选择【绝对原点】选项，在【图层选项】下拉菜单选择【原始的】，系统保持组件原有图层位置。完成设置，如图 6-95 所示，生成【组件预览】窗口，如图 6-96 所示。单击【确定】按钮，零件被加载至装配体中，作为该装配体的基础件，如图 6-97 所示。

图 6-95 添加中间轴对话框

图 6-96 中间轴预览

图 6-97 绘图区加载的中间轴

3．装配中间轴的键

（1）单击【添加组件】按钮，弹出【添加组件】对话框，单击【打开】按钮，弹出【部件名】对话框，在目录中选取已创建的键模型 key of counter shaft 8x7x25.prt 文件，单击【OK】按钮，返回到【添加组件】对话框，在【定位】下拉菜单中选择【通过约束】选项，其他按系统默认设置，如图 6-98 所示，单击【确定】按钮，生成【组件预览】窗口，如图 6-99 所示。

图 6-98　添加键对话框

图 6-99　键的预览

（2）单击【确定】按钮，系统弹出【装配约束】对话框，在【类型】下拉菜单中选择【接触对齐】，在【方位】下拉菜单选项组中采用系统默认的【首选接触】，在【组件预览】中选择键底面作为相配对的对象，在绘图区选择中间轴上的键槽上表面为配合对象，如图 6-100 所示。

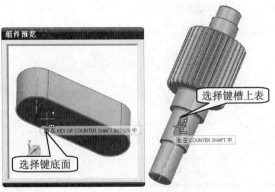

图 6-100　约束键底面与键槽上表面接触对齐

（3）在【类型】下拉菜单中选择【中心】，在【子类型】下拉菜单选项组中选择【2
对 2】，在【组件预览】中选择键两侧面，系统自动判断出键的中心平面作为相配对的对
象在绘图区选择低速轴上的键槽两侧面，系统自动判断出键槽的中心平面作为配合对象，
如图 6-101 所示。

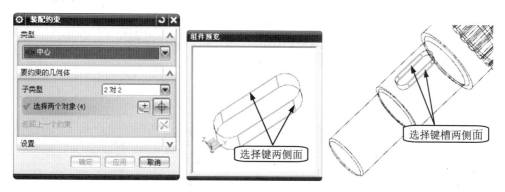

图 6-101　约束键的两侧面与键槽两侧面 2 对 2 中心对称

（4）在【类型】下拉菜单中选择【距离】，在【组件预览】中选择键的圆端面，作为
相配对的对象，在绘图区选择低速轴上的键槽圆端面作为配合对象，如图 6-102 所示。在
绘图区弹出的浮动对话框中输入【距离】为"0"，如图 6-103 所示。

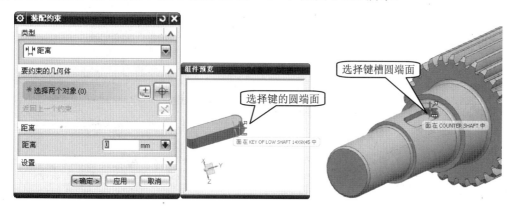

图 6-102　约束键的圆端面与键槽圆端面距离为 0

（5）单击【确定】按钮，完成中间轴和键的装配，如图 6-104 所示。

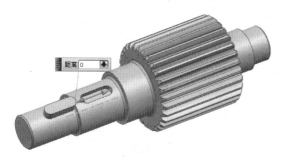

图 6-103　浮动对话框中输入【距离】数值

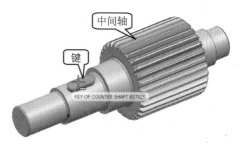

图 6-104　完成键装配的中间轴

4．装配中间轴齿轮

（1）单击【添加组件】按钮，弹出【添加组件】对话框，单击【打开】按钮，弹出【部件名】对话框，在目录中选取已创建的中间轴齿轮模型 counter gear.prt 文件，单击【OK】按钮，返回到【添加组件】对话框，在【定位】下拉菜单中选择【通过约束】选项，其他按系统默认设置，完成设置，如图 6-105 所示，生成【组件预览】窗口，如图 6-106 所示。

图 6-105　添加齿轮对话框

图 6-106　齿轮预览

（2）单击【确定】按钮，系统弹出【装配约束】对话框，在【类型】下拉菜单中选择【接触对齐】，在【方位】下拉菜单选项组中选择【自动判断中心】，在【组件预览】中选择齿轮内孔，系统自动判断出齿轮的中心轴线作为相配对的对象，在绘图区选择轴的表面，系统自动判断出轴的中心轴线作为配合对象，如图 6-107 所示。

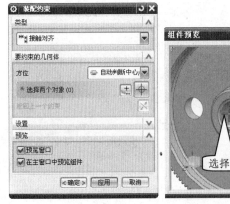

图 6-107　约束齿轮与轴的中心线对齐

（3）在【类型】下拉菜单中选择【中心】，在【子类型】下拉菜单选项组中选择【2对 2】，在【组件预览】中选择齿轮键槽两侧面，系统自动判断出齿轮键槽的中心平面作为相配对的对象，在绘图区选择中间轴上的键槽两侧面，系统自动判断出键槽的中心平面作为配合对象，如图 6-108 所示。

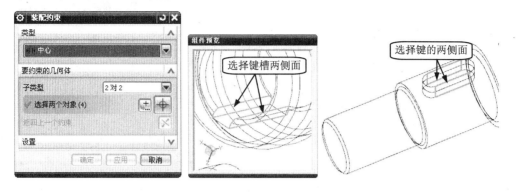

图 6-108　约束键槽两侧面与键的两侧面 2 对 2 中心对称

（4）继续在【类型】下拉菜单中选择【接触对齐】，在【方位】下拉菜单选项组中选择【首选接触】，在【组件预览】中选择轴承端面作为相配对的对象，在绘图区选择阶梯轴的轴肩端面为配合对象，如图 6-109 所示。

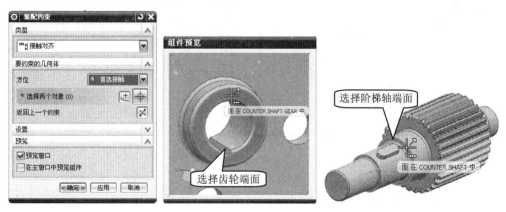

图 6-109　约束齿轮端面与阶梯轴轴肩接触对齐

（5）单击【确定】按钮，完成中间轴和齿轮的装配，如图 6-110 所示。

5．装配中间轴套筒

（1）单击【添加组件】按钮，弹出【添加组件】对话框，单击【打开】按钮，弹出【部件名】对话框，在目录中选取已创建的套筒模型 sleeve of low shaft.prt 文件，单击【OK】按钮，返回到【添加组件】对话框，在【定位】下拉菜单中选择【通过约束】选项，其他按系统默认设置，如图 6-111 所示，单击【确定】按钮，生成【组件预览】窗口，如图 6-112所示。

（2）单击【确定】按钮，系统弹出【装配约束】对话框，在【类型】下拉菜单中选择【接触对齐】，在【方位】下拉菜单选项组中选择【自动判断中心】，在【组件预览】中选择套筒内孔，系统自动判断出套筒的中心轴线作为相配对的对象，在绘图区选择轴的表面，系统自动判断出轴的中心轴线作为配合对象，如图 6-113 所示。

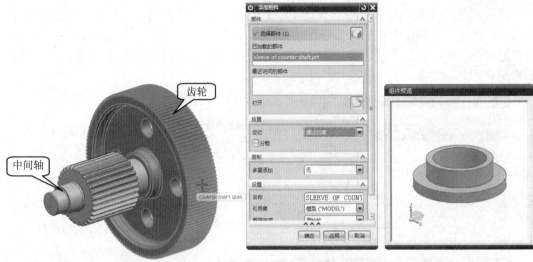

图 6-110　完成齿轮装配的中间轴　　图 6-111　添加套筒对话框　　图 6-112　套筒预览

图 6-113　约束套筒与轴的中心线对齐

（3）继续在【类型】下拉菜单中选择【接触对齐】，在【方位】下拉菜单选项组中选择【首选接触】，在【组件预览】中选择套筒端面作为相配对的对象，在绘图区选择齿轮端面为配合对象，如图 6-114 所示。

图 6-114　约束套筒端面与齿轮端面接触对齐

（4）单击【确定】按钮，完成中间轴和套筒的装配，如图 6-115 所示。

6．装配中间轴轴承1

（1）单击【添加组件】按钮，弹出【添加组件】对话框，单击【打开】按钮，弹出【部件名】对话框，在目录中选取已创建的中间轴轴承模型 counter bearing.prt 文件，单击【OK】按钮，返回到【添加组件】对话框，在【定位】下拉菜单中选择【通过约束】选项，其他按系统默认设置，如图 6-116 所示，单击【确定】按钮，生成【组件预览】窗口，如图 6-117所示。

图 6-115　完成套筒装配的中间轴　　图 6-116　添加轴承对话框　　图 6-117　轴承预览

（2）单击【确定】按钮，弹出【装配约束】对话框，在【类型】下拉菜单中选择【接触对齐】，在【方位】下拉菜单选项组中选择【自动判断中心】，在【组件预览】中选择轴承内孔，系统自动判断出轴承的中心轴线作为相配对的对象，在绘图区选择轴的表面，系统自动判断出轴的中心轴线作为配合对象，如图 6-118 所示。

图 6-118　约束轴承与轴的中心线对齐

（3）继续在【类型】下拉菜单中选择【接触对齐】，在【方位】下拉菜单选项组中选择【接触】，在【组件预览】中选择轴承端面作为相配对的对象，在绘图区选择套筒的端面为配合对象，如图 6-119 所示。

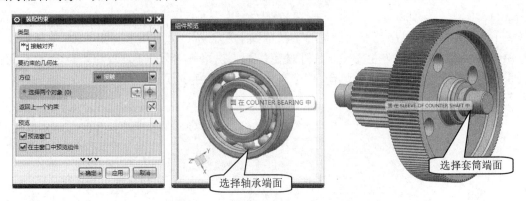

图 6-119　约束轴承端面与套筒端面接触对齐

（4）单击【确定】按钮，完成中间轴和轴承 1 的装配，如图 6-120 所示。

7．装配低速轴轴承2

（1）装配方法同步骤 6，单击【添加组件】按钮，弹出【添加组件】对话框，在【已加载的部件】中选取已创建的中间轴轴承模型 counter bearing.prt 文件，单击【OK】按钮，返回到【添加组件】对话框，在【定位】下拉菜单中选择【通过约束】选项，其他按系统默认设置，完成设置，并生成【组件预览】窗口。

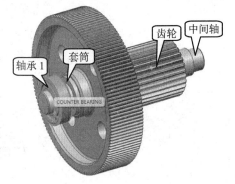

图 6-120　完成轴承 1 装配的中间轴

（2）单击【确定】按钮，系统弹出【装配约束】对话框，在【类型】下拉菜单中选择【接触对齐】，在【方位】下拉菜单选项组中选择【自动判断中心】，在【组件预览】中选择轴承内孔，系统自动判断出轴承的中心轴线作为相配对的对象，在绘图区选择轴的表面，系统自动判断出轴的中心轴线作为配合对象，如图 6-121 所示。

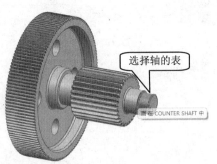

图 6-121　约束轴承与轴的中心线对齐

（3）继续在【类型】下拉菜单中选择【接触对齐】，在【方位】下拉菜单选项组中选

择【首先接触】，在【组件预览】中选择轴承端面作为相配对的对象，在绘图区选择阶梯
轴轴肩的表面为配合对象，如图 6-122 所示。

图 6-122　约束轴承端面与阶梯轴肩接触对齐

（4）单击【确定】按钮，完成中间轴和轴承的装配，如图 6-123 所示。

counter shaft_asm1.prt 装配导航器如图 6-124 所示。单击【保存】按钮并关闭 counter shaft_asm1.prt 文件。

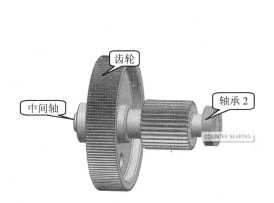

图 6-123　完成轴承 2 装配的中间轴

图 6-124　中间轴的装配导航器

6.5.4　减速箱的总装配

1．新建装配文件

启动 UG NX 8.5，在标准工具条上单击【新建】按钮，或者执行【文件】/【新建】
命令，也可按快捷键【Ctrl】+【N】，打开【新建】对话框，在文件名栏内输入总装配体
配的文件名 gear box_asm1.prt，如图 6-125 所示，单击【确定】按钮，系统进入建模模块，
单击【标准】工具栏上的【开始】/【装配】，打开【装配】工具条。

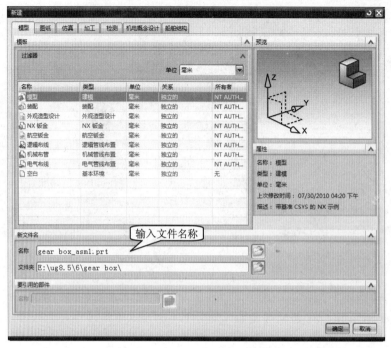

图 6-125 【新建】对话框

2．导入箱体

（1）单击【装配】工具条中【添加组件】按钮 ，或者执行【装配】/【组件】/【添加组件】命令，弹出【添加组件】对话框，单击【打开】按钮，弹出【部件名】对话框，在目录中选取已创建的箱体模型 box.prt 文件，在对话框的右侧生成零件的预览，如图 6-126所示。

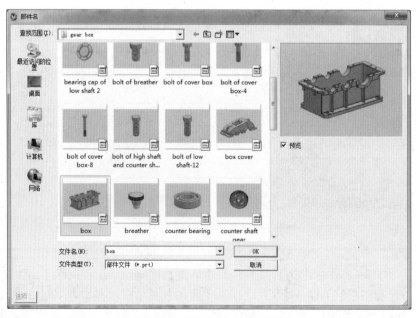

图 6-126 【部件名】对话框

（2）单击【OK】按钮，返回到【添加组件】对话框，在【定位】下拉菜单中选择【绝对原点】选项，在【图层选项】下拉菜单选择【原始的】，系统保持组件原有图层位置。完成设置，如图 6-127 所示，生成【组件预览】窗口，如图 6-128 所示。单击【确定】按钮，零件被加载至装配体中，作为该装配体的基础件，如图 6-129 所示。

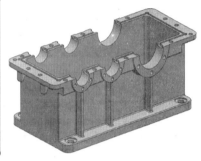

图 6-127　【添加组件】对话框　　　图 6-128　箱体预览　　　图 6-129　绘图区加载的箱体

（3）单击【装配】工具条中【装配约束】按钮，弹出【装配约束】对话框，在【类型】下拉菜单中选择【固定】选项。选中加载的 box.prt，单击【确定】按钮，如图 6-130 所示。

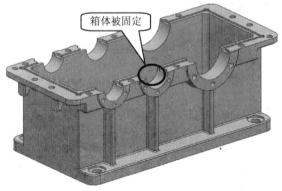

图 6-130　约束箱体为固定

3. 装配高速轴端盖2

（1）单击【添加组件】对话框，弹出【添加组件】对话框，单击【打开】按钮，弹出【部件名】对话框，在目录中选取已创建的高速轴端盖模型 bearing cap of high shaft 2.prt 文件，单击【OK】按钮，返回到【添加组件】对话框，在【定位】下拉菜单中选择【通过约束】选项，其他按系统默认设置，如图 6-131 所示，单击【确定】按钮，生成【组件预览】窗口，如图 6-132 所示。

图 6-131　添加轴承盖对话框　　　　图 6-132　轴承盖预览

（2）单击【确定】按钮，弹出【装配约束】对话框，在【类型】下拉菜单中选择【接触对齐】，在【方位】下拉菜单选项组中选择【自动判断中心】，在【组件预览】中选择端盖外圆面，系统自动判断出端盖的中心轴线作为相配对的对象，在绘图区轴承座的内表面，系统自动判断出轴的中心轴线作为配合对象，如图 6-133 所示。

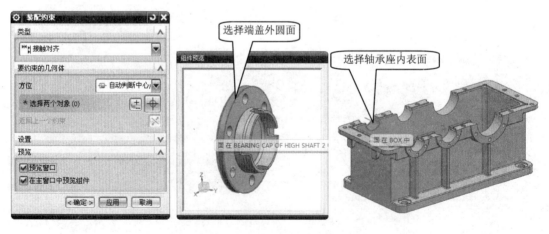

图 6-133　约束轴承盖外圆面与轴承座内表面中心线对齐

（3）继续在【类型】下拉菜单中选择【接触对齐】，在【方位】下拉菜单选项组中选择【自动判断中心】，在【组件预览】中选择端盖螺栓一个内孔面，系统自动判断出端盖螺栓内孔的中心轴线作为相配对的对象，在绘图区选择轴承座的螺栓孔，系统自动判断出轴承座的螺栓孔的中心轴线作为配合对象，如图 6-134 所示。

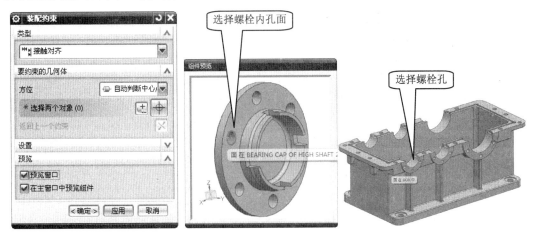

图 6-134　约束螺栓内孔与螺栓孔中心线对齐

（4）继续在【类型】下拉菜单中选择【接触对齐】，在【方位】下拉菜单选项组中选择【首选接触】，在【组件预览】中选择端盖端面，在绘图区选择轴承座的端面，如图 6-135 所示。

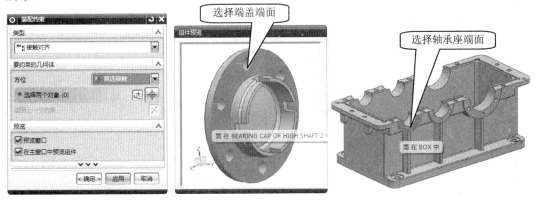

图 6-135　约束端盖端面与轴承座端面接触对齐

（5）单击【确定】按钮，完成箱体和高速轴端盖 2 的装配，如图 6-136 所示。

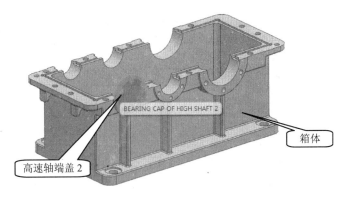

图 6-136　完成轴承 2 装配的箱体

4．装配高速轴子装配体

（1）单击【添加组件】对话框，弹出【添加组件】对话框，单击【打开】按钮，弹出【部件名】对话框，在目录中选取已装配的高速轴子装配体 high speed shaft_asm1.prt 文件，单击【OK】按钮，返回到【添加组件】对话框，在【定位】下拉菜单中选择【通过约束】选项，其他按系统默认设置，如图 6-137 所示，单击【确定】按钮，生成【组件预览】窗口，如图 6-138 所示。

图 6-137　添加高速轴对话框

图 6-138　高速轴预览

（2）单击【确定】按钮，弹出【装配约束】对话框，在【类型】下拉菜单中选择【接触对齐】，在【方位】下拉菜单选项组中选择【自动判断中心】，在【组件预览】中选择轴承外圈，系统自动判断出轴承外圈的中心轴线作为相配对的对象，在绘图区选择箱体的轴承座内表面，系统自动判断出箱体的轴承座内表面的中心轴线作为配合对象，如图 6-139 所示。

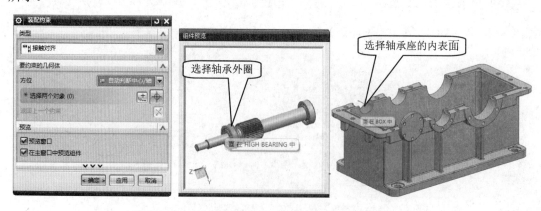

图 6-139　约束轴承外圈与轴承座内表面中心线对齐

（3）继续在【类型】下拉菜单中选择【接触对齐】，在【方位】下拉菜单选项组中选择【接触】，在【组件预览】中选择轴承端面作为相配对的对象，在绘图区选择箱高速轴端盖表面为配合对象，如图 6-140 所示。

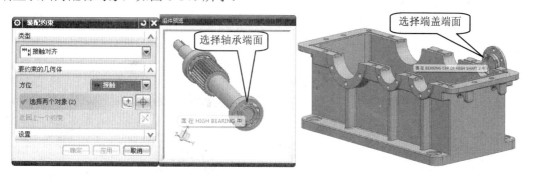

图 6-140　约束轴承端面与端盖端面接触对齐

（4）单击【确定】按钮，完成箱体和高速轴子装配体的装配，如图 6-141 所示。

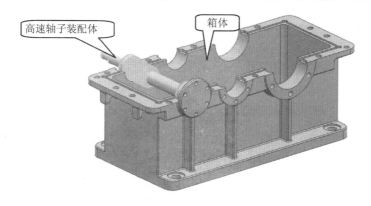

图 6-141　完成高速轴装配的箱体

5．装配中间轴子装配体

（1）单击【添加组件】对话框，弹出【添加组件】对话框，单击【打开】按钮，弹出【部件名】对话框，在目录中选取已装配的中间轴子装配体模型 counter shaft_asm1.prt 文件，单击【OK】按钮，返回到【添加组件】对话框，在【定位】下拉菜单中选择【通过约束】选项，其他按系统默认设置，如图 6-142 所示，单击【确定】按钮，生成【组件预览】窗口，如图 6-143 所示。

（2）单击【确定】按钮，系统弹出【装配约束】对话框，在【类型】下拉菜单中选择【接触对齐】，在【方位】下拉菜单选项组中选择【自动判断中心】，在【组件预览】中选择轴承外圈，系统自动判断出轴承外圈的中心轴线作为相配对的对象，在绘图区选择箱体的轴承座内表面，系统自动判断出箱体的轴承座内表面的中心轴线作为配合对象，如图 6-144 所示。

（3）在【类型】下拉菜单中选择【中心】，在【子类型】下拉菜单选项组中选择【2 对 2】，在【组件预览】中选择中间轴大齿轮两端面，系统自动判断出齿轮的中心平面作为相配对的对象，在绘图区选择高速轴齿轮的两端面，系统自动判断出高速轴齿轮的中心平面作为配合对象，如图 6-145 所示。

图 6-142　添加组件轴对话框

图 6-143　中间轴预览

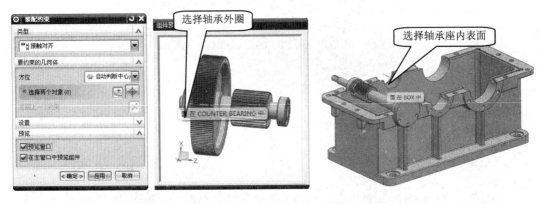

图 6-144　约束轴承外圈与轴承座内表面中心线对齐

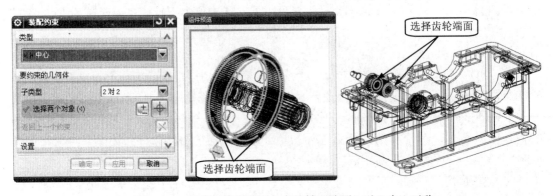

图 6-145　约束齿轮两端面与高速轴两端面 2 对 2 中心对称

（4）单击【确定】按钮，完成箱体和中间轴子装配体的装配，如图 6-146 所示。

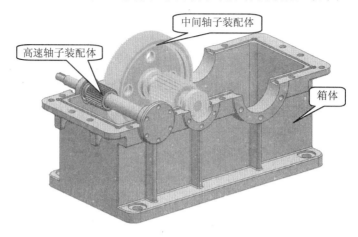

图 6-146 完成中间轴装配的箱体

6．装配低速轴子装配体

（1）单击【添加组件】按钮，弹出【添加组件】对话框，单击【打开】按钮，弹出【部件名】对话框，在目录中选取已装配的低素速轴子装配体模型 low speed shaft_asm1.prt 文件，单击【OK】按钮，返回到【添加组件】对话框，在【定位】下拉菜单中选择【通过约束】选项，其他按系统默认设置，如图 6-147 所示，单击【确定】按钮，生成【组件预览】窗口，如图 6-148 所示。

图 6-147 添加低速轴对话框

图 6-148 低速轴预览

（2）单击【确定】按钮，弹出【装配约束】对话框。在【类型】下拉菜单中选择【接触对齐】，在【方位】下拉菜单选项组中选择【自动判断中心】，在【组件预览】中选择轴承外圈，系统自动判断出轴承的中心轴线作为相配对的对象，在绘图区选择箱体的轴承座内表面，系统自动判断出箱体的轴承座内表面中心轴线作为配合对象，如图 6-149 所示。

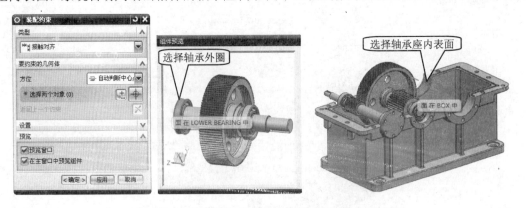

图 6-149　约束轴承外圈与轴承座内表面中心线对齐

（3）在【类型】下拉菜单中选择【中心】，在【子类型】下拉菜单选项组中选择【2 对 2】，在【组件预览】中选择低速轴齿轮端面，系统自动判断出齿轮端面的中心平面作为相配对的对象，在绘图区选择中间轴小齿轮端面，系统自动判断出中间轴小齿轮端面的中心平面作为配合对象，如图 6-150 所示。

图 6-150　约束齿轮两端面与中间轴小齿轮两端面 2 对 2 中心对称

（4）单击【确定】按钮，完成箱体和低速轴子装配体的装配，如图 6-151 所示。

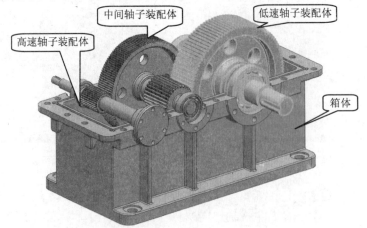

图 6-151　完成低速轴装配的箱体

7．装配箱盖

（1）单击【添加组件】按钮，弹出【添加组件】对话框，单击【打开】按钮，弹出【部件名】对话框，在目录中选取已创建的箱盖模型 box cover.prt 文件，单击【OK】按钮，返回到【添加组件】对话框，在【定位】下拉菜单中选择【通过约束】选项，其他按系统默认设置，如图 6-152 所示，单击【确定】按钮，生成【组件预览】窗口，如图 6-153 所示。

图 6-152　添加箱盖对话框　　　　　　图 6-153　箱盖预览

（2）单击【确定】按钮，弹出【装配约束】对话框。在【类型】下拉菜单中选择【接触对齐】，在【方位】下拉菜单选项组中选择【自动判断中心】，在【组件预览】中选择箱盖定位孔 1，系统自动判断出定位孔的中心轴线作为相配对的对象，在绘图区选择箱体的定位孔 1，系统自动判断出箱体的定位孔中心轴线作为配合对象，如图 6-154 所示。

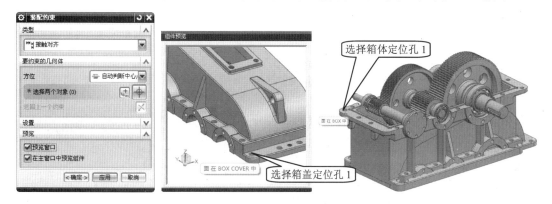

图 6-154　约束箱盖定位孔 1 与箱体定位孔 1 中心线对齐

（3）继续在【类型】下拉菜单中选择【接触对齐】，在【方位】下拉菜单选项组中选择【自动判断中心】，在【组件预览】中选择箱盖定位孔 2，系统自动判断出定位孔的中心轴线作为相配对的对象，在绘图区选择箱体的定位孔 2，系统自动判断出箱体的定位孔中心轴线作为配合对象，如图 6-155 所示。

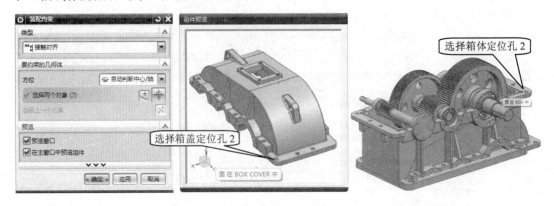

图 6-155　约束箱盖定位孔 2 与箱体定位孔 2 中心线对齐

（4）继续在【类型】下拉菜单中选择【接触对齐】，在【方位】下拉菜单选项组中选择【首选接触】，在【组件预览】中选择箱盖下表面的对象，在绘图区选择箱体的上表面，如图 6-156 所示。

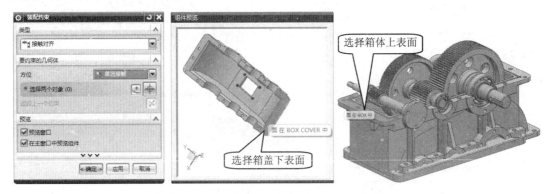

图 6-156　约束箱盖下表面与箱体上表面接触对齐

（5）单击【确定】按钮，完成箱体和箱盖的装配，如图 6-157 所示。

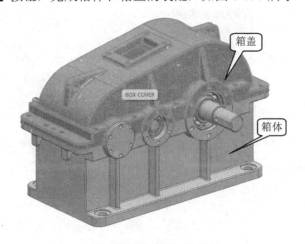

图 6-157　完成箱盖装配的箱体

8.装配窥视孔

（1）单击【添加组件】按钮，弹出【添加组件】对话框，单击【打开】按钮，弹出【部件名】对话框，在目录中选取已创建的窥视孔模型 cover.prt 文件，单击【OK】按钮，返回到【添加组件】对话框，在【定位】下拉菜单中选择【通过约束】选项，其他按系统默认设置，如图 6-158 所示，单击【确定】按钮，生成【组件预览】窗口，如图 6-159 所示。

图 6-158　添加窥视孔对话框　　　　　　　　图 6-159　窥视孔预览

（2）单击【确定】按钮，弹出【装配约束】对话框。在【类型】下拉菜单中选择【接触对齐】，在【方位】下拉菜单选项组中选择【自动判断中心】，在【组件预览】中选择螺纹孔，系统自动判断出螺纹孔的中心轴线作为相配对的对象，在绘图区选择箱盖的螺纹孔，系统自动判断出箱盖的螺纹孔中心轴线作为配合对象，如图 6-160 所示。

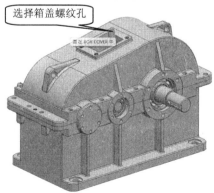

图 6-160　约束螺纹孔与箱盖螺纹孔中心线对齐

（3）在【类型】下拉菜单中选择【中心】，在【子类型】下拉菜单选项组中选择【2对 2】，在【组件预览】中选择窥视孔侧面，系统自动判断出中心平面作为相配对的对象，绘图区选择箱盖窥视孔侧面，系统自动判断出中心平面作为配合对象，如图 6-161 所示。

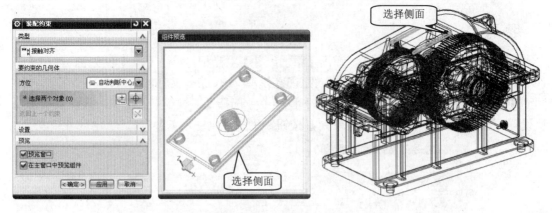

图 6-161　约束侧面与箱盖两侧面中心线对齐

（4）继续在【类型】下拉菜单中选择【接触对齐】，在【方位】下拉菜单选项组中选择【首选接触】，在【组件预览】中选择窥视孔下表面，在绘图区选择箱盖的上表面，如图 6-162 所示。

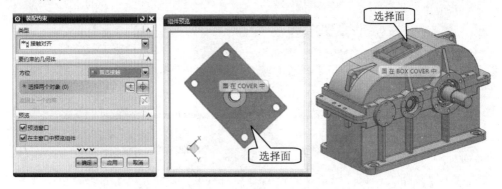

图 6-162　约束下表面与箱盖上表面接触对齐

（5）单击【确定】按钮，完成箱盖和窥视孔的装配，如图 6-163 所示。

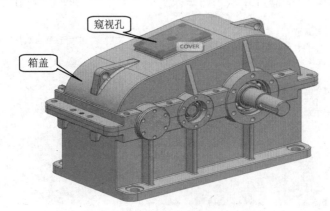

图 6-163　完成窥视孔装配的箱体

9．装配螺栓

（1）单击【添加组件】对话框，弹出【添加组件】对话框，单击【打开】按钮，弹出【部件名】对话框，在目录中选取已创建的螺栓模型 bolt of cover box-8.prt 文件，单击【OK】

按钮，返回到【添加组件】对话框，在【定位】下拉菜单中选择【通过约束】选项，其他按系统默认设置，如图 6-164 所示，单击【确定】按钮，生成【组件预览】窗口，如图 6-165 所示。

图 6-164　添加螺栓对话框

图 6-165　螺栓预览

（2）单击【确定】按钮，系统弹出【装配约束】对话框。在【类型】下拉菜单中选择【接触对齐】，在【方位】下拉菜单选项组中选择【自动判断中心】，在【组件预览】中选择螺栓，系统自动判断出螺栓的中心轴线作为相配对的对象，在绘图区选择箱盖的螺栓孔，系统自动判断出箱盖的螺栓孔中心轴线作为配合对象，如图 6-166 所示。

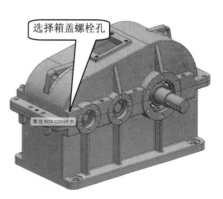

图 6-166　约束螺栓与螺栓孔中心线对齐

（3）继续在【类型】下拉菜单中选择【接触对齐】，在【方位】下拉菜单选项组中选择【首选接触】，在【组件预览】中选择螺栓面，在绘图区选择箱盖的表面，如图 6-167 所示。

（4）单击【确定】按钮，完成减速箱和螺栓的装配，如图 6-168 所示。

10. 装配端盖

（1）按照步骤 3 的方法，继续完成对高速轴端盖 1，中间轴端盖低速轴端盖 1，低速轴端盖 2 的装配，如图 6-169 所示。

图 6-167　约束螺栓下表面与箱盖螺栓孔上表面接触对齐

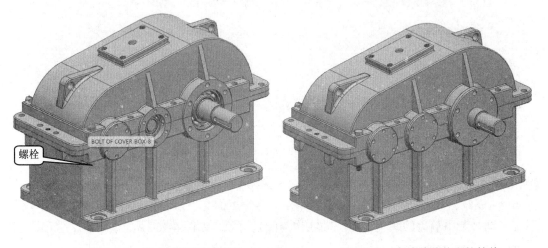

图 6-168　完成螺栓装配的箱体　　　　　　图 6-169　完成端盖装配的箱体

11. 装配螺栓螺母及其他附件

（1）按照以上步骤，完成螺栓螺母及其他附件的装配，如图 6-170 所示。

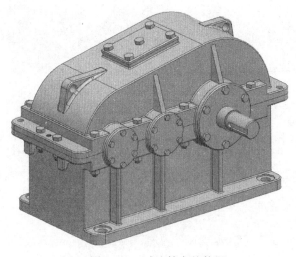

图 6-170　减速箱完整装配

6.6　本 章 小 结

本章首先介绍了装配的定义、装配导航器的应用和装配功能，然后通过综合实例加强用户对装配功能的理解与应用，还有一些需要学习零件装配的设计技巧。在装配模组中主要利用【装配功能】工具条来装配零件，因此，用户必须熟练掌握与应用该工具条。通过对本章内容的学习，用户应对用 UG 8.5 进行装配设计的方法有了比较深入的了解，但在掌握操作方法的同时，还应该重点理解装配的设计思路和技巧，去解决工作中的难题，才是学习的目的。

6.7　思考与练习

1．思考题

（1）UG NX 8.5 装配模块，提供了几种默认的引用集？分别在什么情况下使用？

（2）如何创建爆炸视图？如何创建追踪线？

（3）UG NX 8.5 装配模块中怎么将某一个零件设为工作部件？怎么设为显示部件？两者有什么区别？

2．练习题

根据光盘中第六章的文件，利用【装配】工具条中的功能装配组件，完成装配结果如图 6-171 所示。爆炸图如图 6-172 所示。

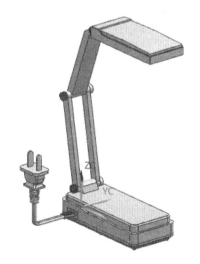

图 6-171　装配结果

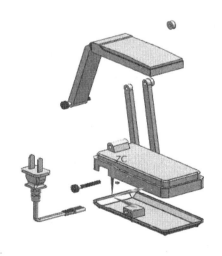

图 6-172　爆炸图效果

第7章 工 程 图

本章主要介绍 UG NX 8.5 的工程图功能。NX 8.5 实体建模功能创建的零件和装配模型，可以直接引用到工程图模块中，快速生成二维工程图。NX 的工程图功能是基于创建三维实体模型的二维投影所得到的二维工程图，因此，工程图与三维实体模型完全关联，实体模型的尺寸、形状和位置的任何改变，都会引起二维工程图的变化。

7.1 制图基本知识

一般在创建工程图之前，用户已经完成了三维模型的建立。在三维模型的基础上就可以利用工程图模块创建二维工程图了。具体步骤如下。

（1）新建图纸文件，进入工程图模块。

（2）制图参数的预先设置。在创建图纸前，建议先设置新图纸的制图标准、制图视图首选项和注释首选项。设置后，所有新创建的视图和注释都将保持一致，并具有适当的视觉特性和符号体系。

（3）创建图纸页。用户可以直接在当前的工作部件中创建图纸页，也可以先创建包含模型几何体（作为组件）的非主模型图纸部件，进而创建图纸页。

（4）在工程图纸上添加视图。NX 使用户能够创建单个视图或同时创建多个视图。所有视图均直接派生自所建的模型，并可用于创建其他视图，例如，剖视图和局部放大图。基本视图将决定所有投影视图的正交空间和视图对齐。

（5）添加尺寸标注、公差标注、文字注释等。对于装配图纸，用户还可以添加零件明细表。

（6）存盘，退出。

根据以上步骤，对进入工程图、制图环境、参数设置、图纸基本操作等做以下介绍。

7.1.1 进入工程图

在 NX8.5 中，进入工程图有两种方式。

（1）在【标准】工具条上，单击【新建】按钮，如图 7-1 所示。单击【图纸】选项卡，并在列表中选择模板。输入要创建的文件名称，选择要储存的文件路径，单击【确定】按钮，进入工程图环境。

（2）单击【开始】图标下拉列表中的【制图】命令，如图 7-2 所示，或者按快捷键【Ctrl】+【Shift】+【D】，进入工程图环境。

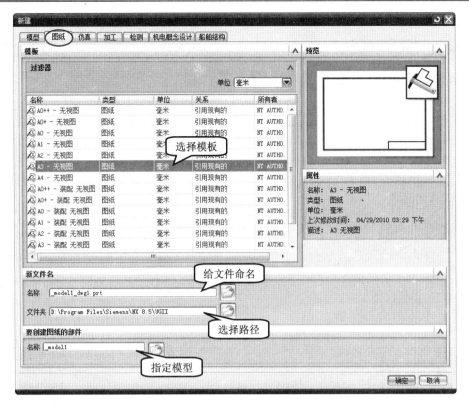

图 7-1 【新建】对话框

7.1.2 制图环境介绍

UG NX 具有一个直观而使用方便的图形用户界面，界面上的各种自动化工具有助于快速而轻松地创建图纸。整个制图过程中的即时屏显反馈有助于减少返工和编辑工作。UG NX 制图模块支持并行工程实施，使制图者的绘图工作和设计者的模型设计工作能够同时进行，可以对模型做多次修改，二维图纸相应更新，极大地提高了工作效率。下面简单介绍 UG NX 8.5 的工程图工作界面，如图 7-3 所示。

菜单栏：从菜单栏可以访问大部分与制图相关的命令及其他命令。

图 7-2 开始下拉菜单

工具栏：与其他环境中的工具栏相同，可以快速打开需要的制图命令。

选项条：从【制图】工具条或菜单栏中执行了相应的命令后，在图形窗口会显示选项条。

图纸工具条：用户可用其中的命令创建视图，并编辑视图。

尺寸工具条：用户可从中选择各种尺寸标注命令，标注尺寸。

注释工具条：用户可用其创建注释、并对其进行编辑，以及提供了中心线绘制的各种工具。

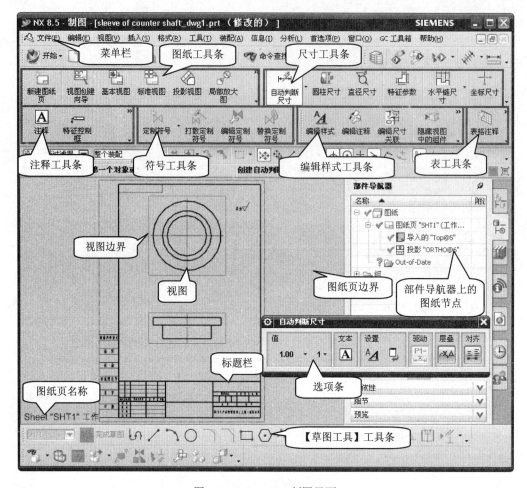

图 7-3　UG NX8.5 制图界面

　　符号工具条：提供了定制符号、打散符号、编辑定制符号等功能的命令。

　　编辑样式工具条：提供了编辑制图对象的选项。

　　表工具条：包含了用于创建零件明细表、表格注释、导入选项、导出选项等功能命令。

　　【草图工具】工具条：可以使用草图工具在图纸视图上创建相关曲线。

　　（3）资源条：部件导航器上的图纸节点以层次树结构形式直观显示部件的图纸页、制图视图、截面线和表格。用户可以通过右键单击选项操控并编辑图纸、图纸上的视图及图纸表格。

　　（4）图形窗口：在图形窗口可以查看当前图纸。虚线显示的是图纸页的边界，图纸名显示在左下角。

7.2　工程图参数设置

　　进入工程图环境以后，在开始操作工程图之前一定要进行工程图参数设置。因为工程图参数设置主要是设置箭头的大小、线条的粗细、隐藏线的显示与否、标注的字体和大小等。NX8.5 默认安装之后，使用的是通用制图标准，其中很多不符合我国的国标，因此，需要用户自己设置符号国标的工程图尺寸，以方便使用。

使用【首选项】菜单栏中的各项命令，如图 7-4 所示，可以指定首选项的各项设置。这些设置可以控制新建对象的创建参数、显示参数、公差等，一旦设置好，其后创建的所有对象都符合这个设置。表 7-1 列出了各具体首选项的内容。

图 7-4　制图【首选项】

表 7-1　制图首选项

项目名称	说　　明
制图	设置制图应用模块的默认工作流、图纸设置和其他特性，包括【视图】、【常规】、【预览】、【图纸页】、【注释】、【断开视图】、【定制符号】选项卡
注释	设置图纸注释首选项，包括【尺寸】、【直线/箭头】、【文字】、【符号】、【单位】、【径向】、【坐标】、【表区域】、【表格注释】、【层叠】、【标题块】、【肋骨线】、【填充/剖面线】、【零件明细表】、【单元格】、【适合方法】选项卡的设置
截面线	设置定义新截面的首选项，包括【标签】、【图例】、【尺寸】、【偏置】、【设置】选项卡的设置
视图	设置控制视图在图纸页上显示的首选项，包括【常规】、【隐藏线】、【可见线】、【光顺边】、【虚拟交线】、【追踪线】、【展平图样】、【截面线】、【着色】、【螺纹】、【基本】、【局部放大图】、【继承 PMI】、【船舶设计线】选项卡的设置
视图标签	设置控制视图标签和视图比例标签显示的首选项，包括【类型】、【位置】、【视图标签】、【视图比例】、【设置】选项卡的设置
可视化	通过【可视化】中【颜色/字体】选项卡中的【图纸部件设置】，可以将图纸设置为单色显示，设置【预选】、【选择】、【前景】、【背景】的颜色，以及是否显示线宽

7.2.1　【制图】首选项

【制图】首选项可用于控制"制图"应用模块的默认工作流、图纸设置和其他特性中特定参数默认行为，包括【视图】、【常规】、【预览】、【图纸页】、【注释】、【断开视图】、【定制符号】选项卡。

执行【首选项】/【制图】命令，打开【制图首选项】对话框，如图 7-5 所示。

（1）【常规】选项卡

通过【常规选】项卡上的选项可以控制：在更高版本的 UG NX 中打开部件时制图对象是否更新；初始图纸创建的自动过程；新图纸从何处获取注释默认设置；制图环境中使用的栅格。

（2）【预览】选项卡

使用【预览选】项卡上的选项可控制有助于放置注释或视图的可视辅助，包括：将制图视图放在图纸上预览时的图像样式；跟踪光标移动的屏显输入框的显示；注释对齐引导线的显示。

（3）【图纸页】选项卡

可以为图纸中单独的图纸页指派一个主要编号或字符和一个次要编号或字符。图纸页编号包含主索引，紧跟分隔符和二级索引，如 1/A。图纸页编号显示在【部件导航器】中的【页号】列下方。

（4）【视图】选项卡

使用【视图】选项卡上的选项可设置视图显示和更新的默认行为，此选项卡可供用户执行以下操作：控制视图何时更新；确定在视图创建或更新期间检测到丢失、不完整或无效的轻量级体时将进行哪些操作；设置原有轻量级视图中组件的加载行为；控制视图边界的显示时间及其颜色；启用关联视图对齐；控制已抽取边的面曲线在视图中的显示方式；设置视图的视觉特性；为用作大型装配，请定义一个部件中所必须包含的最少组件数；定义渲染集。

（5）【注释】选项卡

使用【注释】选项卡上的选项可控制保留注释的行为和外观。

（6）【断开视图】选项卡

使用【断开视图】选项卡上的选项设置断开视图的默认行为和显示，此选项卡可供用户执行以下操作：设置一个选项，允许在投影视图和剖视图中包含父视图中的断开视图；控制是否在视图中显示视图断裂线；控制断裂线的默认外观。

（7）【定制符号】选项卡

使用【定制符号】选项卡中的选项可以执行下列操作：控制"制图"中已解锁定制符号的更新行为；打散定制符号时，生成草图曲线。

7.2.2 【注释】预设置

注释参数设置包括尺寸参数、直线/箭头样式、文字参数、单位和径向参数等的预设值。执行【首选项】/【注释】命令，弹出如图 7-6 所示的【注释首选项】对话框。在对话框中选取相应的参数选项卡，就会出现相应的选项。

图 7-5 【制图首选项】对话框

图 7-6 注释首选项对话框

下面介绍几种常用的注释参数选项卡的参数设置方法。

（1）【尺寸】：用户可利用对话框中的尺寸工具条，对与尺寸相关的参数进行设置。在尺寸设置中主要有以下几个设置选项。

【尺寸线的引出线和箭头的设置】：可以通过 ↑ ◄ ┼x.x┼ ◄ ► ↑ ┼┼x.xx ▼ 及下拉列表设置引出线和箭头符号的样式，如图 7-7 所示。

【尺寸数值放置位置】：在尺寸线上方文本的下拉框内有 5 种形式，如图 7-8 所示。

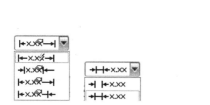

图 7-7　箭头样式下拉列表　　　图 7-8　尺寸线上方的文本下拉框

【精度和公差】：在 UG 中可以通过 1 ▼ 设置 6 位的精度和 15 种类型的公差，如图 7-9 所示为 15 种类型的公差。

【倒斜角的标注方式】：NX8.5 提供了 4 种类型的倒斜角标注方式。设置完成后要单击对话框底端的【继承】和【全部继承】命令来保存设置，以下设置均有相同的操作，不再叙述。

（2）【直线/箭头】：在直线/箭头选项卡中，可以设置尺寸线和箭头的类型、颜色等，如图 7-10 所示。

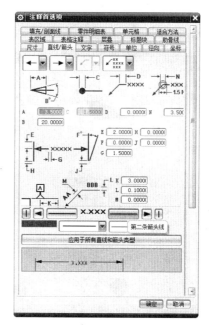

图 7-9　15 种公差形式　　　　　图 7-10　直线/箭头选项卡

（3）【文字】：首先选择【文字】选项卡，在该选项卡中，用户可对 4 种【文字类型】选项参数进行设置，如尺寸、附加文本、公差、常规。然后可设置文字对齐位置和文本对准方式等，然后可通过 chinesef ▼ 设置文字类型，还可以设置文字颜色等参数，用户可在预览窗口中看到设置文字的显示效果。

（4）【符号】：可以设置符号的大小、颜色、线型和线宽等参数。

（5）【单位】：用户可通过 3.050 ▼ 3.050±.005 ▼ 及下拉列表设置尺寸的小数点类型和公差位置，还可设置线性尺寸格式及单位、角度格式、双尺寸格式和单位等，如图 7-11 所示。

（6）【径向】：可通过 ⌀1.0 ▼ 和 ⌀1.0 设置半径和直径的标识符的格式、标识符号的位置和尺寸位置等。按照我国的国标，应将直径和半径的标识符置于尺寸的前方。修改对话框中的【A】选项参数，可以修改标识符与尺寸之间的间距。另外，如果要改变折叠半径的角度，可通过修改【B】选项参数来实现，如图 7-12 所示。

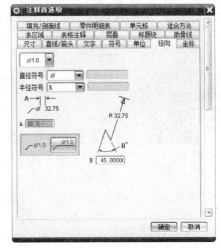

图 7-11　单位选项卡　　　　　　　　图 7-12　径向选项卡

（7）【填充/剖面线】：该选项卡主要用于设置区域内填充的图形、比例和角度等，如图 7-13 所示。

（8）【零件明细表】：用于指定生成明细表时的增长方向、标注符号、主符号文本等，如图 7-14 所示。

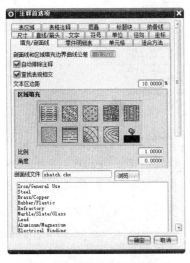

图 7-13　填充/剖面线选项卡　　　　图 7-14　零件明细表选项卡

（9）【单元格】：用来设置表格中每个单元格的格式、大小和边界颜色等。

7.2.3　【截面线】预设置

执行【首选项】/【截面线】命令，打开如图 7-15 所示的【截面线首选项】对话框，在该对话框中可设置标注剖切面的箭头、文字等参数。

【标签】：可在【字母】选项参数中输入自定义的标注字母。

【尺寸】：用户可以通过样式 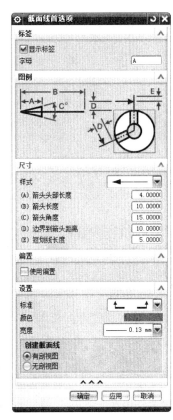 选项选择箭头的样式，还可以根据需要更改箭头的头部长度、箭头长度、箭头角度等。

【设置】：可以通过标准 选项及其下拉列表设置标注箭头的格式，还可以设置箭头的颜色，线条的宽度等。

图 7-15　截面首选项对话框

7.2.4　【视图】预设置

执行【首选项】/【视图】命令或在【图纸】工具栏中单击 图标，打开如图 7-16 所示的【视图首选项】对话框。也可以双击视图边界打开【视图样式】对话框，如图 7-17 所示，这两个对话框均可对视图样式进行设置。

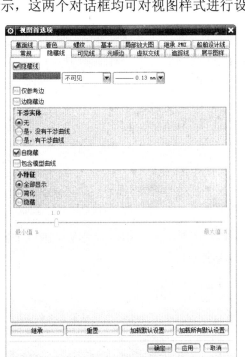

图 7-16　【视图首选项】对话框

图 7-17　【视图样式】对话框

（1）【隐藏线】：用于设置隐藏线在视图中是否显示及显示类别、线型和粗细等。如图
7-18 所示。

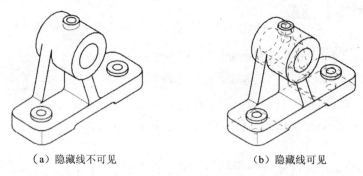

（a）隐藏线不可见　　　　　　　　　　　　（b）隐藏线可见

图 7-18　是否显示隐藏线

（2）【可见线】：用户可通过【可见线】内的复选框设置可见线的颜色、线型、粗细等，
如图 7-19 所示。

图 7-19　可见线选项卡

（3）【顺边】：用于设置光顺边是否显示及光顺边显示的颜色、线型和粗细等，还可设
置端点缝隙和角度公差，如图 7-20 所示。

（4）【虚拟交线】：用于设置虚拟交线是否显示及显示的颜色线型和粗细，如图 7-20（b）
所示的细实线就是虚拟交线。

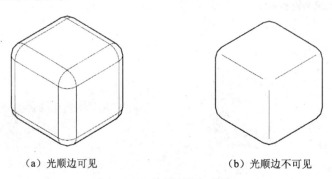

（a）光顺边可见　　　　　　　　　　　　（b）光顺边不可见

图 7-20　是否显示光顺边

（5）【螺纹】：用于设置螺纹表示的标准，如图 7-21 所示，为螺纹选项卡，用户可通过
【螺纹标准】下拉列表选择螺纹标准，并设置最小螺距等。

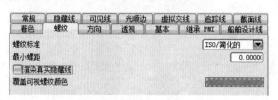

图 7-21　螺纹标准选项卡

（6）【基本】：用于设置视图是否继承剪切边界和传递注释。

（7）【继承 PMI】：用于设置视图是否继承制图平面中的行为公差。

7.2.5　工程图基本操作

NX8.5 提供了一组制图标准默认文件，用户可以根据已定义的国内或国际制图要求配置特定注释和制图视图对象。例如，注释、图纸单位和正投影角设置的格式大小（高度和长度）和比例是受标准控制的默认值。制图标准默认文件可供用户以最简便的方式来设置或重置制图和注释及视图首选项。

1．创建视图

当用户直接从建模环境切换到制图环境时，弹出如图 7-22 所示的【视图创建向导】对话框，可帮助用户快捷方便地创建一组视图，如图 7-23 所示。用户也可根据需要创建自己所需的视图。单击【图纸】工具栏中的【新建图纸页】按钮 ，或执行【插入】/【图纸页】命令，弹出如图 7-24 所示的【图纸页】对话框，用户可以用该对话框新建和编辑图纸。

图 7-22　视图创建向导对话框

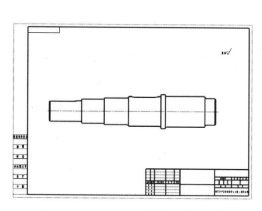

图 7-23　视图创建向导创建的视图

图 7-24　图纸页对话框

2．使用模板

单击【使用模板】，如图 7-25 所示。用户可从选择框内选择自己需要的模板，系统会自动生成一个标准的图纸模板，如图 7-26 所示，是一个 A3 的标准模板。

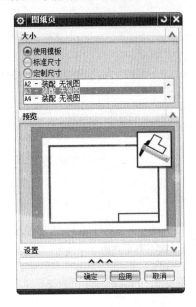

图 7-25　使用模板显示区

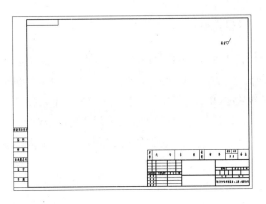

图 7-26　A3 标准模板

3．标准尺寸

如图 7-27 所示，用户在该区域中可以设置标准尺寸的图纸。大小 `A3 - 297 x 420`：用户可通过其下拉列表选择大小合适的图纸。

□　比例：如图 7-28 所示，用户可从中选取合适的制图比例。

□　名称：可显示用户已经打开的图纸，并编辑图纸名称等。

□　设置：用户可通过【单位】选择英寸或毫米，也可选择投影的角度，如图 7-29 所示。

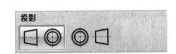

图 7-27　图纸类型下拉列表　　图 7-28　图纸比例下拉列表　　　　图 7-29　投影角度

4．定制尺寸

单击【定制尺寸】，打开如图 7-30 所示【图纸页】对话框。用户可在高度和长度内输入尺寸值，定制自己所需的图纸尺寸。双击图纸边框，单击【制图编辑】工具栏中的 图标，或执行【编辑】/【图纸页】命令均可打开如图 7-31 所示的【图纸页】对话框。与刚才的【图纸页】对话框不同的是这个对话框中没有【使用模板】选项，其余使用方法与刚才新建图纸页方法相同。用户可用该对话框对图纸进行编辑。

图 7-30　定制尺寸　　　　　　　图 7-31　【图纸页】对话框

7.2.6　导出工程图

用户如果要将工程图导出为 DWG 或 DXF 文件，可以执行【文件】/【导出】/【2D Exchange】命令，打开【2D Exchange 选项】对话框，如图 7-32 所示。

用户可在对话框中指定文件导出位置等内容，设置完成后，单击【确定】按钮就可导出文件。

（1）【导出自】：指定要导出的部件，可以从显示部件或现有部件导出数据。

（2）【导出至】：指定要导出的文件的格式和路径。

【输出为】：指定要导出部件文件的格式。可以将部件文件数据导出为 NX 部件文件或 IGES 文件。

（3）【NX 2D PRT 文件】：设置要保存文件的路径。

【加载自】：设置要用于从 NX 导出数据的设置文件的路径。

【保存设置到文件】：设置要用于保存定制设置文件的文件名和路径。

【保存】：用于创建新的设置文件或替换现有的设置文件。

图 7-32　2D Exchange 选项对话框

（4）【模型数据】：用于过滤导出的数据，可以导出部件数据和视图数据。

（5）【将形位公差作为组包含】：控制是将形位公差符号转换为真实对象还是转换成组合在一起的各段几何图形和文本。

（6）【包含面体】：控制从小平面到 2D 部件的转换。

（7）【移除重叠的实体】：控制修剪重叠的点、线、圆弧和椭圆，或是消除重叠对象。

7.3　视图的基本操作

各种投影视图的绘制是工程图模块中重要的功能，生成视图的相关投影视图和各种剖切视图后，能够使图纸完整表达产品零部件的相关信息。本节主要介绍基本视图、剖视图、半剖视图、局部剖视图、局部放大图及爆炸图的操作方法。

【图纸】工具条包括图纸页选项和视图选项，如图 7-33 所示。图纸页选项用于创建、打开和显示图纸页。视图选项用于添加所有视图样式并管理视图位置和边界，还提供一个用于在制图视图和建模视图之间切换的选项。【图纸】工具条的具体说明如表 7-2 所示。

图 7-33　【图纸】工具条

表 7-2　视图工具条

图标	类　　型	说　　　明
	新建图纸页	使用【图纸页】对话框新建一个图纸页
	显示图纸页	用于在【模型视图】和【图纸视图】之间切换
	打开图纸页	用于打开现有的图纸页
	【添加视图下拉菜单】列表	用于从视图命令列表中进行选择
	视图创建向导	启动视图创建向导
	基本视图	用于将基本视图添加到图纸页
	标准视图	用于将多个标准视图添加到图纸页
	投影视图	用于从现有制图视图创建投影视图或辅助视图
	局部放大视图	用于从现有制图视图创建局部放大图
	剖视图	用于从现有制图视图创建简单阶梯剖视图
	半剖视图	用于从现有制图视图创建半剖视图
	旋转视图	用于从现有制图视图创建旋转剖视图
	局部剖视图	打开局部剖对话框，用户可以创建、编辑或删除局部剖视图
	断开视图	启动【断开视图】对话框创建、修改和更新【断开视图】
	图纸视图	添加一个空视图到图纸页中，此视图可以用来创建包含在某个视图中的 2D 几何体，而不是直接放在图纸页上

续表

图标	类　型	说　　明
	【编辑视图下拉菜单】列表	用于从编辑视图命令的列表中进行选择 【移动/复制视图 】：用于移动制图视图 【对齐视图】：用于对齐制图视图 【视图边界】：用于修改现有制图视图的视图边界
	更新视图	用于通过更新视图对话框手动更新选定的制图视图
	视图首选项	打开视图首选项对话框
	视图标签首选项	打开【视图标签首选项】对话框

7.3.1　基本视图

【基本视图】是指部件模型的各种向视图和轴测图，包括俯视图、前视图、右视图、后视图、仰视图、左视图、正等测图和正三轴测图八种视图，对这些视图正交投影可以生成其他视图。在一个工程视图中至少包含一个基本视图。如果包含图纸的部件中含有爆炸图，则只能将爆炸图添加作为基本视图。

单击【图纸】工具栏中的【基本视图】按钮，或者单击【图纸】工具栏中【添加视图下拉菜单】列表中的【基本视图】按钮，也可以执行【插入】/【视图】/【基本】命令，弹出如图 7-34 所示【基本视图】对话框。

📖　可以利用快捷菜单打开【基本视图】命令，右击图纸页边界，执行【添加基本视图】命令；还可以利用部件导航器打开【基本视图】命令，具体操作为：在部件导航器中右击图纸页节点，执行【添加基本视图】命令。

图 7-34　【基本视图】对话框

（1）【部件】

【已加载的部件】：显示所有已加载部件的名称。选择一个部件，以便从该部件添加视图。

【最近访问的部件】：显示由基本视图命令使用的最近加载的部件名称。选择一个部件，以便从该部件加载并添加视图。

【打开】：可用于浏览和打开其他部件，并从这些部件添加视图。

（2）【视图原点】

【指定位置】：可以使用光标来指定一个屏幕位置。

【放置】：指定所选视图的放置。

【关联】：当【放置】下的【方法】设置为除【自动判断】以外的任何方法时可用。在两个视图之间创建永久视图对齐。关联对齐会强制对齐，即使视图更改或移动。

【移动视图】：【指定屏幕位置】单击以指定视图的屏幕位置。

（3）【模型视图】

【要使用的模型视图】：用于设置向图纸中添加何种类型的视图，其下拉列表框中有"俯视图"、"前视图"、"右视图"、"后视图"、"仰视图"、"左视图"、"正等测图"和"正三轴测图"八种类型的视图。

【定向视图工具】：单击该图标，弹出如图 7-35 所示的【定向视图工具】对话框，该对话框用于自由旋转、寻找合适的视角、设置关联方位视图和实时预览。设置完成后，单击鼠标中键就可以放置基本视图。

（4）【布置】：只要在已加载的装配中检测到装配布置，【基本视图】对话框中便会显示【布置】选项。

（5）【比例】：在向图纸页添加制图视图之前，为制图视图指定一个特定的比例。默认的视图比例值等于图纸比例。对于局部放大图，默认比例是大于其父视图比例的一个比例值。

图 7-35 【定向视图工具】对话框

使用比率选项输入一个定制比例。

（6）【设置】

【视图样式】：打开【视图样式】对话框并且可用于设置视图的显示样式。

【隐藏的组件】：只能用于装配图纸。控制一个或多个组件在基本视图中的显示，包括【选择对象】和【移除】两个选项。

【非剖切】：只能用于装配图纸。使用户能够指定一个或多个组件为未切削组件，包括【选择对象】和【移除】两个选项。

7.3.2　投影视图

【投影视图】可以从任何父图纸视图创建投影正交视图或辅助视图。当用户围绕父视图移动光标时，系统会自动判断出正交视图及辅助视图。可以通过执行【首选项】/【制图】对话框的常规选项卡上的【自动启动投影视图】命令控制投影视图命令的自动启动。当放置【基本视图】之后，系统自动打开【投影视图】对话框。

单击【图纸】工具栏中的【投影视图】按钮，或者单击【图纸】工具栏中【添加视图下拉菜单】列表中的【投影视图】按钮，也可以执行【插入】/【视图】/【投影】命令，弹出如图 7-36 所示的【投影视图】对话框。同【基本视图】相同，可以通过快捷菜单及部件导航器打开【投影视图】命令。

（1）【父视图】

【选择视图】：选择一个父视图。

（2）【铰链线】

图 7-36 【投影视图】对话框

【矢量选项】：包括【自动判断】、【已定义】两种选项。【自动判断】为视图自动判断铰链线和投影方向。【已定义】允许用户为视图手工定义铰链线和投影方向。

　　【反转投影方向】：使投影箭头根据铰链线镜像。

　　【关联】：当铰链线与模型中平的面平行时，将铰链线自动关联该面。仅与【自动判断矢量】选项一起可用。

　　（3）【视图原点】

　　【指定位置】⊡：指定视图的屏幕位置。

　　【放置】：指定所选视图的放置。

　　【关联】：当【放置】下的【方法】设置为除【自动判断】之外的任何方法时可用。在两个视图之间创建永久视图对齐。关联对齐会强制对齐，即使视图更改或移动。

　　【移动视图】：指定投影视图的屏幕位置。

　　（4）【设置】

　　同【基本视图】中【设置】用法相同。

　　【例 7-1】　以创建如图 7-37 所示的 7.3.2.prt 零件的基本视图为例，讲述基本视图的创建过程。

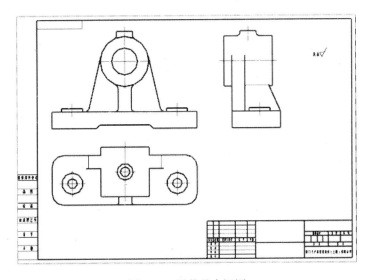

图 7-37　零件基本视图

　　（1）在 UG 界面的菜单中执行【文件】/【打开】命令，或者单击【标准】工具栏中【打开】按钮，打开【打开】对话框，选择 7.3.2.prt 零件的三维模型视图，单击【OK】按钮，进入 UG 主界面。

　　（2）执行【文件】/【新建】命令，或者单击【标准】工具栏中【新建】按钮，打开【新建】对话框，在【模板】列表中选择【A3-无视图】，输入名称"7.3.2_dwg2.prt"，如图 7-38 所示，单击【确定】按钮，进入 UG 主界面。

　　（3）添加基本视图。单击【图纸】工具栏里的【基本视图】按钮，弹出如图 7-39 所示的【基本视图】对话框。在【模型视图】中选择"右视图"，【比例】选择"2:1"。然后在图纸适合位置单击放置基本视图，完成零件前视图的放置，如图 7-40 所示。

　　（4）此时对话框自动切换成【投影视图】，如图 7-41 所示。沿着垂直方向向下移动鼠标，出现如图 7-42 所示的正交对应关系，单击放置俯视图。

图 7-38 【新建】对话框

图 7-39 基本视图

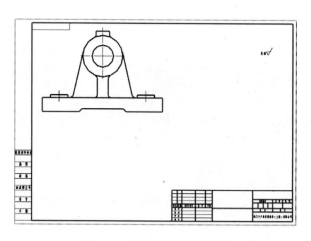

图 7-40 生成的零件前视图

图 7-41 【投影视图】对话框

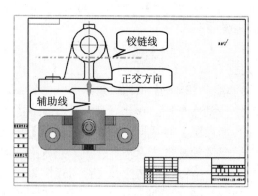

图 7-42 生成的零件俯视图

（5）继续水平向右移动鼠标，出现如图 7-43 所示的对应关系，单击放置左视图。单击中键结束【投影视图】命令。

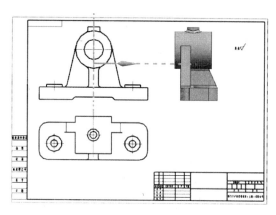

图 7-43　生成的零件左视图

7.3.3　局部放大图

【局部放大图】用于将模型的部分结构用大于父视图所采用的比例画出的图形。主要用于表现模型上的细小结构，或在视图上难以标注尺寸的模型，如退刀槽、键槽等。局部放大图与其父视图具有完全关联性。对模型几何体做出的任何更改将立即反映在局部放大图中。

单击【图纸】工具栏中的【局部放大图】按钮，或者单击【图纸】工具栏中【添加视图下拉菜单】列表中的【局部放大图】按钮，也可以执行【插入】/【视图】/【局部放大图】命令，弹出如图 7-44 所示的【局部放大图】对话框。同【基本视图】用法相同，可以通过快捷菜单及部件导航器打开【局部放大图】命令。执行【局部放大图】命令得到的放大视图如图 7-45 所示。

图 7-44　【局部放大图】对话框

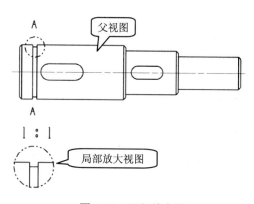

图 7-45　局部放大图

（1）【类型】

【圆形】：创建有圆形边界的局部放大图。

【按拐角绘制矩形】：通过选择对角线上的两个拐角点创建矩形局部放大图边界。

【按中心和拐角绘制矩形】：通过选择一个中心点和一个拐角点创建矩形局部放大图边界。

（2）【边界】

点构造器：打开【点】对话框。

【点选项】列表：过滤用于指定中心或拐角点的选择点。

【指定拐角点 1】：定义矩形边界的第一个拐角点。

【指定拐角点 2】：定义矩形边界的第二个拐角点。

【指定中心点】：定义圆形边界的中心。

【指定边界点】：定义圆形边界的半径。

（3）【父视图】

【选择视图】：选择一个父视图。

（4）【原点】

【指定位置】：指定局部放大图的位置。

【放置】：指定所选视图的放置。

【关联】：当【放置】下的【方法】设置为除【自动判断】之外的任何方法时可用。在两个视图之间创建永久视图对齐。关联对齐会强制对齐，即使视图更改或移动。

【移动视图】：【指定屏幕位置】在操作局部放大图的过程中移动现有视图。

（5）【比例】：默认局部放大图的比例因子大于父视图的比例因子。要更改默认的视图比例，请在"比例"列表中选择一个选项。

（6）【父项上的标签】

【标签】列表：供在父视图上放置标签的选项，包括【无】——无边界；【圆】——圆形边界，无标签；【注释】——有标签但无指引线的边界；【标签】——有标签和半径指引线的边界；【内嵌的】——标签内嵌在带有箭头缝隙内的边界；【边界】——显示实际视图边界，例如，没有标签的局部放大图。

（7）【设置】

同【基本视图】中【设置】用法相同。

7.3.4 剖视图

【剖视图】命令可用于创建已移除模型几何体的视图，以便清楚地显示在原视图中被遮蔽的内部特征。剖视图的创建是通过在现有视图中构建截面线符号开始的，该视图将成为剖视图的父项，这样就可以在两者之间建立起父/子视图关系。一旦完成构建截面线符号，剖视图也将生成完成，其中的关联切面线会与父视图中的切割平面重合。剖视图也可以关联视图标签和比例标签。剖视图的字母与父视图中的截面线符号字母相对应。

单击【图纸】工具栏中的【剖视图】按钮，或者单击【图纸】工具栏中【添加视图下拉菜单】列表中的【剖视图】按钮，也可以执行【插入】/【视图】/【截面】/【简单/阶梯剖】命令，弹出如图 7-46 所示的选项卡。同【基本视图】用法相同，可以通过快捷菜单及部件导航器打开【剖视图】命令。当选择父视图以后，剖视图选项卡转换成含铰链线的选项卡，如图 7-47 所示。

图 7-46　【剖视图】选项卡 1　　　　　　　图 7-47　【剖视图】选项卡 2

（1）【父项】

【基本视图】：选择一个不同的父视图。仅在图纸页中有一个以上可用作父视图的视图时，才可出现此选项。

（2）【铰链线】

【自动判断铰链线】：放置截面线，NX 将假设铰链线与截面线的方向重合。

【定义铰链线】：基于用户从【自动判断的矢量】列表中选择的选项定义关联铰链线。

【自动判断的矢量】：单击【定义铰链线】后可用。用户可以通过选择的几何体自动判断矢量，或者从【矢量构造器】列表中选择一个选项来定义铰链线矢量。

【反向】：反转截面线箭头的方向。

（3）【截面线】

【添加段】：在将截面线放置到父视图中后可用，为阶梯剖视图添加剖切段。

【删除段】：删除截面线上的剖切段。

【移动段】：在父视图中移动截面线符号的单个段，同时保留与相邻段的角度和连接。用户可以移动剖切段、折弯段和箭头段。

【无第二焊脚分段】：仅旋转剖视图可用，省略旋转截面线符号的第二条支脚。

【移动旋转点】：仅旋转剖视图可用，定义新的旋转点。

（4）【放置视图】：放置视图。

（5）【方位】

【剖视图方向】：创建具有不同方位的剖视图。可用选项有：【正交的】——生成正交的剖视图；【继承方向】——生成与所选的另一视图完全相同的方位；【剖切现有视图】——在所选的现有视图中生成剖切；【折叠剖视图】和【展开剖视图】无法使用【剖视图方向】。

（6）【设置】

【隐藏组件】：在视图中隐藏装配组件。

【显示组件】：显示隐藏的组件。

【非剖切组件/实体】：将组件或实体定义为非剖切。

【剖切组件/实体】：将非剖切组件变为剖切组件。当非剖切组件存在于父视图中时，此选项将被动态添加到工具条中。

【截面线型】：打开【截面线型】对话框，用户可以在其中修改截面线符号参数。

【样式】：打开【视图样式】对话框。

（7）【预览】

【剖视图工具】：打开【剖视图】对话框。

【移动视图】 ：在剖视图对话框条打开的情况下移动现有的视图。

【例 7-2】 创建如图 7-48 所示零件的剖视图，并且讲解其过程。

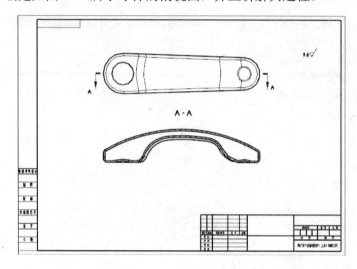

图 7-48 零件的三视图

（1）打开文件 7.3.4.prt，执行【标准】工具栏中【开始】下拉菜单中的【制图】命令，切换到制图模块。单击【图纸】工具条上【新建图纸页】按钮 ，弹出【图纸页】对话框，选择【A3-无视图】模块，如图 7-49 所示，单击【确定】按钮，按【Esc】键退出【视图创建向导】，得到如图 7-50 所示的图纸模板。

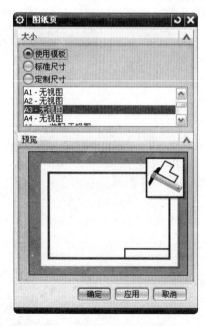

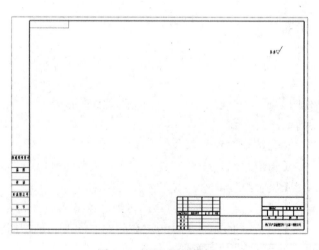

图 7-49 【图纸页】对话框　　　　　　图 7-50 调入图纸模板

（2）放置基本视图。单击【图纸】工具栏中的【基本视图】按钮 ，弹出如图 7-51 所示的【基本视图】对话框，在【要使用的模型视图】下拉菜单中选择【俯视图】命令，首先将零件的俯视图用放置到适当位置，如图 7-52 所示。

图 7-51　【基本视图】对话框

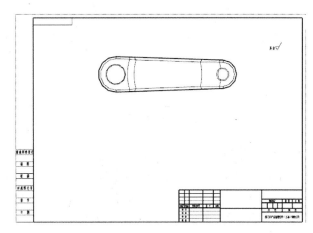

图 7-52　调入【基本视图】

（3）单击【图纸】工具栏中的【剖视图】按钮，弹出【剖视图】选项卡，如图 7-53 所示。在图样中单击选择俯视图作为剖视图的父视图，系统自动激活点捕捉器，根据用户所要定义的剖切位置，选择如图 7-54 所示的圆心位置。以如图 7-54 所示位置和方向作为切割线的位置和方向。

图 7-53　【剖视图】选项卡

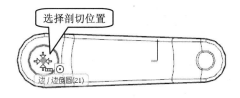

图 7-54　剖切线箭头位置

（4）沿垂直方向移动鼠标拖动剖切视图到理想的位置，如图 7-55 所示。

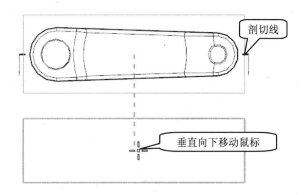

图 7-55　拖动剖切视图

（5）单击鼠标，将剖切视图定位在图样中，如图 7-56、图 7-57 所示，剖切前和剖切后的对比。

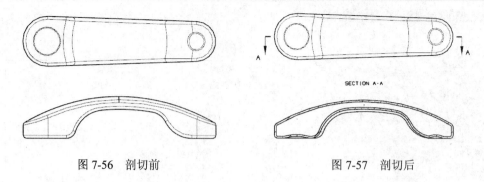

| 图 7-56　剖切前 | 图 7-57　剖切后 |

（6）修改标签。将鼠标放到标签处，单击将其选中，然后再单击鼠标右键，弹出如图 7-58 的命令菜单，选择【编辑视图标签】命令，弹出【视图标签样式】对话框。单击【视图字母】按钮，然后将"前缀"文本中的默认字符删掉，大小因子改为"2"，其他参数保持默认，如图 7-59 所示。单击【确定】按钮，图中的剖视图标签变成"A-A"，如图 7-60 所示。

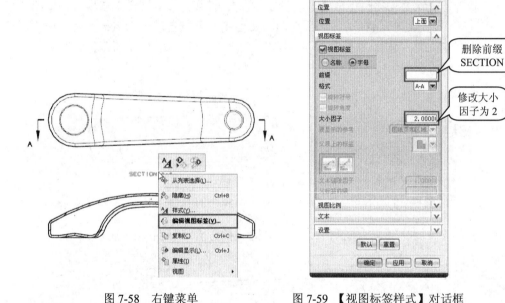

| 图 7-58　右键菜单 | 图 7-59　【视图标签样式】对话框 |

（7）修改剖视图。将光标放置于剖视图附近，待光标改变了状态时，单击将其选中，然后单击鼠标右键，在弹出快捷菜单中选择【样式】命令，弹出【视图样式】对话框，如图 7-61 所示。对一些参数调节从而实现对剖视图的调节。

7.3.5　半剖视图

当机件具有对称性时，其在垂直于对称平面投影面上的投影，可以以对称中心线为界，一半画成剖视图，另一半画成视图，这种组合的图形称为半剖视图。在半剖视图中，由于剖切段与所定义铰链线平行，因此，半剖视图类似于【简单剖】和【阶梯剖】视图。截面线符号只包含一个箭头、一个折弯和一个剖切段。

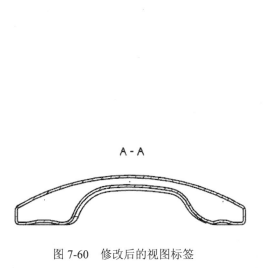

图 7-60　修改后的视图标签

图 7-61　【视图样式】对话框

单击【图纸】工具栏中的【半剖视图】按钮🔄，或者执行【插入】/【视图】/【截面】/【半剖】命令，弹出【半剖视图】选项卡，如图 7-62 所示。同【基本视图】相同可以通过快捷菜单及部件导航器打开命令。当选择父视图后，剖视图选项卡转换成含铰链线的选项卡，如图 7-63 所示。具体使用方法同【剖视图】，只是多了一个指定折弯位置的步骤。

图 7-62　【半剖视图】选项卡 1　　　　　图 7-63　【半剖视图】选项卡 2

【例 7-3】　创建如图 7-64 所示零件的半剖视图，并且讲解其过程。

（1）打开文件 7.3.5.prt，执行【标准】工具栏中【开始】下拉菜单中的【制图】命令，切换到制图模块。单击【图纸】工具条上【新建图纸页】按钮🖼，弹出【图纸页】对话框，选择【A4-无视图】模块，单击【确定】按钮，按【Esc】键退出【视图创建向导】。

（2）放置基本视图。单击【图纸】工具栏中的【基本视图】按钮🖼，弹出【基本视图】对话框，在【要使用的模型视图】下拉菜单中选择【俯视图】，首先将零件的俯视图放置到适当位置。

图 7-64　7.3.5.prt 零件

（3）单击【图纸】工具栏中的【半剖视图】按钮🔄，弹出【剖视图】的选项卡。在图样中单击选择俯视图作为剖视图的父视图，系统自动激活点捕捉器，选择如图 7-65 所示的【圆弧中心】⊙位置。以如图 7-66 所示位置和方向作为切割线的位置和方向，剖切位置不能通过选择轮廓来指定。

（4）单击选择如图 7-67 所示的圆心位置，选择放置折弯点。移动光标以确定截面线符号的方向，如图 7-68 所示。

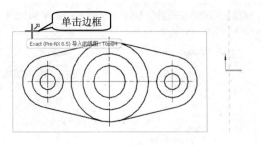

图 7-65　选择剖切的父视图

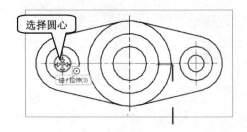

图 7-66　选择第一个剖切位置

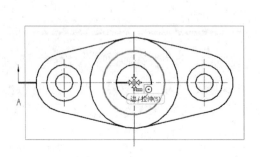

图 7-67　选择折弯位置

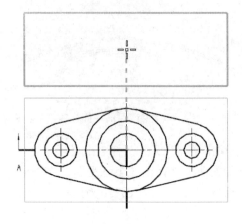

图 7-68　确定截面线符号的方向

（5）单击将剖切视图定位在图样中，如图 7-69 所示。

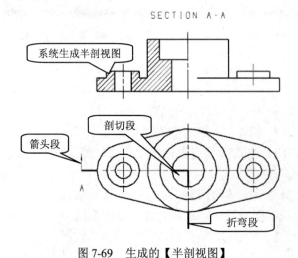

图 7-69　生成的【半剖视图】

7.3.6　旋转剖视图

　　【旋转剖视图】是两个成自定义角度的剖切面剖开特征模型，以表达特征模型内部形状的视图的方法。

在视图模式执行【插入】/【视图】/【旋转剖视图】命令，或者单击【旋转剖视图】按钮 ，进入【旋转剖视图】选项卡，如图 7-70 所示。选定【父视图】后，选项卡如图 7-71 所示。具体含义同【剖视图】。在指定剖切平面的位置时，需要先指定旋转点，然后指定第一剖切面和第二剖切面。

图 7-70　【旋转剖视图】选项卡 1　　　　　　图 7-71　【旋转剖视图】选项卡 2

【例 7-4】　创建如图 7-72 所示零件的旋转剖视图。

（1）在图纸工具条中点击【旋转剖视图】按钮 ，弹出【旋转剖视图】对话框。

（2）根据提示在工作窗口指定父视图，如图 7-73 所示。系统弹出指定铰链线及剖切线的【旋转剖视图】对话框。

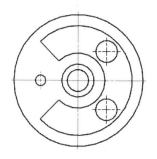

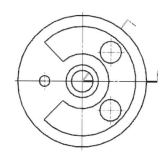

图 7-72　零件图　　　　　　　　　　　图 7-73　选择父视图

（3）指定父视图后，在工作窗口指定圆心为旋转点，完成上步骤操作后，系统提示要求指定段的新位置，在工作窗口单击【确定】按钮。

（4）选取旋转轴命令。点击圆心作为旋转轴，选取第一根剖切线位置，选取最大外圆左象限点，如图 7-74 所示。选取第二根剖切线位置，选择右下角方向的小圆心，如图 7-75 所示。

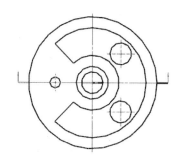

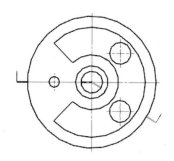

图 7-74　第一剖切线　　　　　　　　　图 7-75　第二剖切线

（5）选取放置区域，移动旋转剖视图到合适位置，如图 7-76 所示。

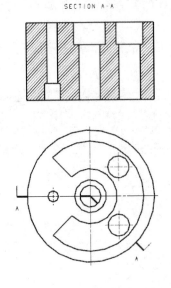

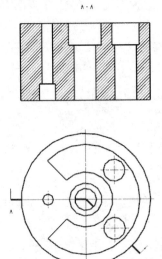

图 7-76　旋转剖视图　　　　　　图 7-77　最终效果图

（6）将名称改成 A-A，如图 7-77 所示。

（7）单击【关闭】按钮或单击【旋转剖视图】对话框右上角的按钮██，关闭【旋转剖视图】对话框。

7.3.7　局部剖视图

【局部剖视图】通过移除部件的某个外部区域来查看其部件内部。局部剖切区域定义为一个边界曲线的闭环。

单击【图纸】工具栏中的【局部剖视图】按钮██，或者单击【图纸】工具栏中【添加视图下拉菜单】列表中的【局部剖视图】按钮██，也可以执行【插入】/【视图】/【局部剖】命令，弹出如图 7-78 所示的【局部剖】对话框。

（1）【创建】：激活【局部剖】视图创建步骤。

创建局部剖视图：创建局部剖视图的步骤一共包括五部分，分别为【选择视图】、【指定基点】、【指出拉伸矢量】、【选择曲线】、【修改边界曲线】。

【选择视图】██：在绘制工作区中选择已建立局部剖剖视边界的视图作为视图。

图 7-78　【局部剖】对话框

【指定基点】██：基点是用于指定剖切位置的点。选择视图后，指定基点图标被激活，对话框的视图列表框会变成点创建功能的选项。在与局部剖视图相关的投影视图中，用点功能选择项选择一点作为基点，来指定局部剖视图的剖视位置。但是，基点不能选择局部剖视图中的点，而要选择其他视图中的点。

【指出拉伸矢量】██：指定了基点位置后，指出拉伸矢量图标被激活，这时绘图工作区中会显示缺省的投影方向，可以接受默认方向，也可以用矢量功能选项指定其他方向作为投影方向，如果要求的方向与默认的方向相反，则可选择【矢量反向】选项使之反向。

【选择曲线】⬚：边界是局部剖视图的剖切范围。可以单击对话框中的【链】按钮选择剖切面，也可以直接在图形中选择。【取消选择上一个】可以从边界上移除上一条选择的曲线。

【修改边界曲线】⬚：为可选步骤。选择了局部剖视边界后，修改边界的图标自动被激活。如果选择的边界不理想，可利用该按钮对其进行修改编辑。【捕捉作图线】：如果选择该选项，且作图线的端点位于系统定义的公差范围内，则系统将该作图线端点捕捉到竖直、水平或 45°方向。

【切穿模型】：选中该选项时，局部剖会切透整个模型。

（2）【编辑】

首先应该选择需要编辑的视图，可以选择各视图中选择已进行的局部剖切的剖视图，完成选择后，对话框中的指定基点、指定投影反向，选择边界和修改边界图标同时被激活。此时，可根据需要修改的内容选择相应图标，按照创建剖视图时的介绍方法进行编辑修改。完成局部剖视图的修改后，则局部剖视图会按照修改后的内容得到更新。

（3）【删除】

在绘图工作区中选择已经建立的局部剖视图，单击【删除】按钮，系统会删除所选的局部剖视图。

【例 7-5】 创建如图 7-79 所示零件的局部剖视图，达到如图 7-80 所示的效果。

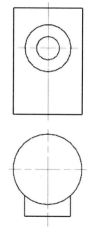

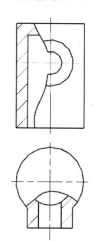

图 7-79 零件图　　　　图 7-80 零件的局部剖视图

（1）打开文件 7.3.7.prt，右击主视图，弹出快捷菜单，选择【展开】成员视图，如图 7-81 所示，即可展开主视图制图视图，如图 7-82 所示。

（2）使用【曲线】工具条可创建与视图相关的曲线以表示局部剖的边界。创建曲线之前必须使曲线工具条显示出来。右击工具条空白区域并选择·【曲线】。执行【曲线】工具条中的【艺术样条】命令绘制如图 7-83 所示的样条曲线。利用这条曲线标识出局部的剖切范围。右击视图选择【展开】菜单，展开制图视图，如图 7-84 所示。

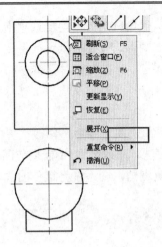

图 7-81　右键快捷菜单

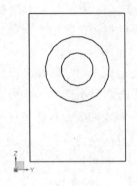

图 7-82　主视图的展开视图

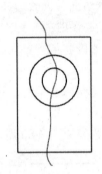

图 7-83　局部剖的剖切线

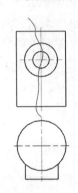

图 7-84　零件的局部剖视图

　　（3）单击【图纸】工具栏中的【局部剖视图】按钮，或者单击【图纸】工具栏中【添加视图下拉菜单】列表中的【局部剖视图】按钮，也可以执行【插入】/【视图】/【局部剖】命令，弹出对话框，选择【创建】。选择主视图作为剖切的父视图，如图 7-85 所示。选择俯视图中的圆心作为剖切基点，如图 7-86 所示。图上出现基点及默认拉伸去除方向，如图 7-87 所示。如果默认的视图法向矢量不要求，使用【矢量反向】或从【矢量构造器】列表中选择一个选项来指定不同的拉伸矢量。

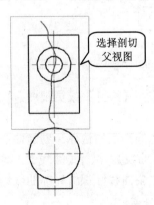

图 7-85　选择父视图

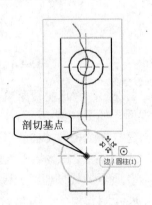

图 7-86　选择剖切基点

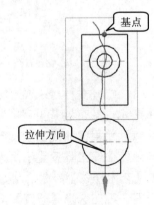

图 7-87　拉伸方向

（4）单击鼠标中键以切换至【选择曲线】⊡命令，选择绘制的样条曲线，如图 7-88 所示。单击鼠标中键切换至【修改边界曲线】⊡命令，选择顶点，如图 7-89 所示，将顶点拖出，如图 7-90 所示，以使视图内要被局部剖切的区域闭合。作图线与顶点以橡皮筋式捆绑在一起。然后选择另一条作图线。将顶点放在该线的选定点上，将顶点拖出，以使视图内要被局部剖切的区域闭合，如图 7-91 所示。

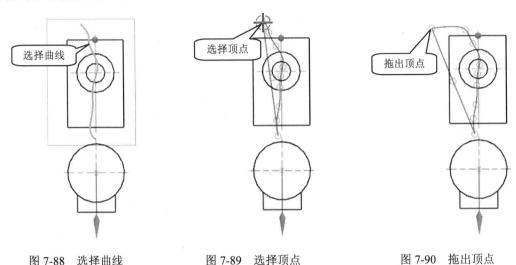

图 7-88　选择曲线　　　　　图 7-89　选择顶点　　　　　图 7-90　拖出顶点

（5）单击【应用】按钮，以创建局部剖视图，如图 7-92 所示。

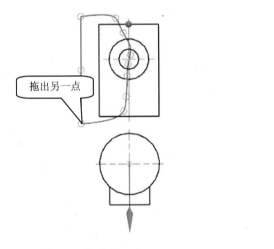
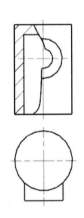

图 7-91　拖出另一点　　　　　　　　　图 7-92　局部剖视图

（6）按同样的方法，在展开的俯视图中绘制样条，如图 7-93 所示。再次执行【展开】命令，得到如图 7-94 所示视图。单击【局部剖视图】按钮▣，弹出对话框，选择【创建】。选择俯视图作为剖切的父视图，如图 7-95 所示。选择俯视图中的圆心作为剖切的基点，如图 7-96 所示。

（7）图上出现基点及默认拉伸去除方向，如图 7-97 所示。按照步骤（4），拖至局部剖切的区域闭合，如图 7-98 所示。单击【应用】按钮，创建局部剖切图形，如图 7-99 所示。

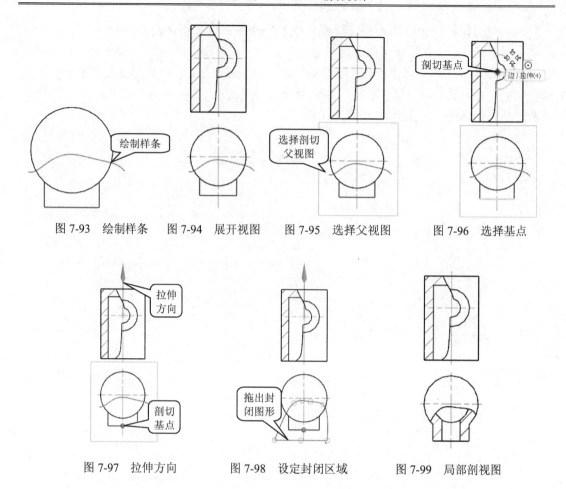

图 7-93　绘制样条　　图 7-94　展开视图　　图 7-95　选择父视图　　图 7-96　选择基点

图 7-97　拉伸方向　　　　图 7-98　设定封闭区域　　　　图 7-99　局部剖视图

7.3.8　断开视图

【断开视图】可以添加多个水平或竖直断开视图，包括具有两条断裂线的常规断开视图和只有一条断裂线单侧断开视图。可以将断裂线添加基本视图、投影视图、2D 图纸视图及包含简单剖或阶梯剖截面线的剖视图和局部剖视图。无法将草图曲线和关联注释添加到包含断开视图的视图中。

单击【图纸】工具栏中的【断开视图】按钮，或者单击【图纸】工具栏中【添加视图下拉菜单】列表中的【断开视图】按钮，也可以执行【插入】/【视图】/【断开视图】命令，弹出如图 7-100 所示的【断开视图】对话框。

（1）【类型】：指定断开视图的类型。

【常规】：创建具有两条表示图纸上概念缝隙的断裂线的断开视图。

【单侧】：创建具有一条断裂线的断开视图。第二条虚拟断裂线位于穿过部件对应端的位置且永不可见。

（2）主模型视图。

【选择视图】：用于在当前图纸页中选择要断开的视图。

（3）【方向】：断开的方向垂直于断裂线。选择要断开的视图后，NX 可预先选择断开的方向，会选择较长的水平或竖直方向。

【方位】：向已包含断开视图的视图中添加断开视图时可用。指定与第一个断开视图相关的其他断开视图的方向，包括【平行】、【垂直】两个选项。

指定矢量 ：添加第一个断开视图时可用，用于为断开的预选方向选择另一个矢量。

反向：反转断开的方向。

（4）【断裂线】、【断裂线 1】、【断裂线 2】：将【类型】设置为【常规】时，将显示【断裂线 1】和【断裂线 2】组。将【类型】设置为【单侧】时，将显示【断裂线】组。

【关联】：将断开位置锚点与图纸的特征点关联。如果移动的特征点同时也是锚点，则断裂线也将移动。

【指定锚点】：用于指定断开位置的锚点。

【偏置】：设置锚点与断裂线之间的距离。可以使用手柄动态移动断裂线。偏置量采用图偏置纸页单位进行测量。

（5）【设置】

【缝隙】：将【类型】设置为【常规】时显示。设置两条断裂线之间的距离，缝隙采用图纸页单位进行测量。

【样式】：指定断裂线的类型。包括【简单】"〜"、【直线】"——"、【锯齿线】"〜〜"、【长断裂线】"〜〜"、【管状线】"〜〜"、【实心管状线】"〜〜"、【实心杆状线】"〜〜"、【拼图线】"〜〜"、【木纹线】"〜〜"。

图 7-100 【断开视图】对话框

【复制曲线】：将当前视图中的现有曲线用作断裂线。系统将复制曲线，但不会对其进行缩放或旋转。

【模板曲线】：将当前部件的任何视图、图纸或图纸页中的现有曲线用作断裂线。NX将根据需要复制、缩放和旋转曲线。

【幅值】：将【样式】设置为除【直线】、【复制曲线】或【模板曲线】之外的其他任何值时显示。设置用作断裂线的曲线的幅值。幅值采用图纸页单位进行测量。

【选择曲线】：将【样式】设置为【复制曲线】或【模板曲线】时显示。用于选择图纸中的现有曲线作为断裂线。

【延伸 1】：将【样式】设置为除【复制曲线】之外的其他任何值时显示。设置穿过模型一侧的断裂线的延伸长度。

【延伸 2】：设置穿过模型另一侧的断裂线的延伸长度。

【显示断裂线】：显示视图中的断裂线。

【颜色】：指定断裂线颜色。

【宽度】：指定断裂线的密度。

【剖面线设置】：将【样式】设置为【实心管状线】或【实心杆状线】时显示。

【剖面线文件】：显示当前剖面线文件的名称。单击【浏览】以选择剖面线.chx 文件。

【图样】：指定剖面线文件中的剖面线图样。

【距离】：设置剖面线之间的距离。

【角度】：设置剖面线的倾斜角度。

【颜色】：指定剖面线颜色。

【宽度】：指定剖面线的密度（细、正常或粗）。

【例 7-6】 断开视图的创建方法，如图 7-101 所示的轴类零件图。

图 7-101 轴类零件

（1）打开 7.3.8.prt，如图 7-101 所示的零件，进入工程图界面。

（2）单击【图纸】工具栏中的【断开视图】按钮，选择基本视图为父视图，然后"断开视图"对话框功能被激活，类型选择【常规】。

（3）选择断裂线 1，指定第一个锚点，可以通过手柄动态移动锚点，如图 7-102 所示。

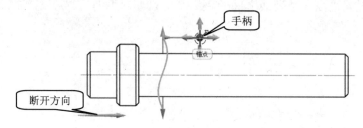

图 7-102 第一条断裂线选择的锚点

（4）选择断裂线 2，指定第二个锚点，如图 7-103 所示。

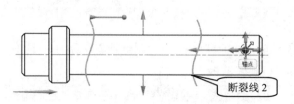

图 7-103 第二条断裂线选择的锚点

（5）可以调节上边缘和下边缘调节延伸线的长度，如图 7-104 所示。

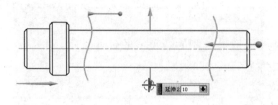

图 7-104 调节伸长线的长度

（6）单击【应用】按钮，完成两侧的断开视图，如图 7-105 所示。要想只保留一边在开始的【类型】中选择【单侧】即可，如图 7-106 所示。

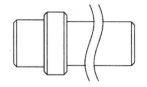
图 7-105　双侧断开视图

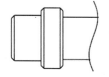
图 7-106　单侧断开视图

7.4　工程图的标注工具

本节主要介绍工程的标注工具，包括尺寸标注、制图注释、表格、符号工具条、图纸格式工具条、制图编辑工具条、跟踪图纸更改工具。用户要着重掌握尺寸的标注方法和制图的相关注释。

7.4.1　尺寸标注

由于 UG NX 8.5 的工程图模块和三维实体建模模块式完全关联的，因此，在工程图中进行尺寸标注就是直接标注的三维模型的真实尺寸，具有实际的含义，因此，无法像二维软件中的尺寸一样能进行改动。如果要修改模型的尺寸参数，必须要回到三维实体建模环境中进行修改。三维模型的尺寸一旦被修改，工程图中的相应尺寸会自动更新，从而保证了工程图与模型的一致性。

进入工程图环境后，在选择条上单击鼠标右键，在【尺寸】上单击，使其出现对勾，系统会显示【尺寸】工具栏，如图 7-107 所示。或在菜单栏中执行【插入】/【尺寸】命令，就可在尺寸菜单中选择所需的尺寸类型，进行尺寸标注。【尺寸】工具条具体说明如表 7-3 所示。

图 7-107　【尺寸】工具条

表 7-3　【尺寸】工具条

图标	类　　型	说　　　　　明
	自动判断尺寸	允许 NX 自动判断尺寸类型，根据光标位置和选中的对象进行尺寸的创建
	水平尺寸	创建平行于 X 轴的尺寸
	竖直尺寸	创建平行于 Y 轴的尺寸
	平行尺寸	创建两个平行点之间的尺寸
	垂直尺寸	创建基线与定义的点之间的垂直尺寸。基线可以是现有的直线、线性中心线、对称线或圆柱中心线
	倒角尺寸	自动创建 45° 倒斜角的倒斜角尺寸。对于非 45° 的倒斜角，必须使用其他尺寸命令为倒斜角标注尺寸

图标	类　　型	说　　明
	角度尺寸	创建以度为单位定义基线和非平行第二条线之间角度的尺寸
	圆柱尺寸	创建两个对象或点位置之间的线性距离的尺寸。要选择一个点，请在选择条上的"捕捉点"部分启用所需的点类型
	孔尺寸	可通过单一指引线为任何圆形特征标注直径尺寸。在创建尺寸时，尺寸文本中包含一个直径符号。可以执行首选项/注释/径向命令将该直径符号更改为另一符号
	直径尺寸	可对圆或圆弧的直径进行尺寸标注。创建的尺寸具有两个箭头，这两个箭头指向圆或圆弧的相对两侧。使用尺寸标注样式对话框可将箭头定向至圆或圆弧的内部或外部
	半径尺寸	创建半径尺寸，该尺寸用一个从尺寸值到圆弧的短箭头表示
	过圆心的半径尺寸	创建半径尺寸，该尺寸从圆弧中心绘制一条延伸线，半径符号会自动附加到尺寸文本上
	带折线的半径尺寸	可为半径极大的圆弧创建半径尺寸，该半径的中心在绘图区之外
	厚度尺寸	可以创建两条曲线（包括样条）之间的厚度尺寸。厚度尺寸测量第一条曲线上的点与第二条曲线上的交点之间的距离。它从第一条曲线上指定的点开始法向测量
	弧长尺寸	可以创建测量弧长的尺寸
	周长尺寸	对所选的多个对象进行周长尺寸约束
	特征参数	将孔和螺纹参数（以标注的形式）或草图尺寸继承到图纸页
	水平链尺寸	创建以端到端方式放置的多个水平尺寸
	竖直链尺寸	创建以端到端方式放置的多个竖直尺寸
	水平基线尺寸	创建一系列根据公共基线测量的关联水平尺寸
	竖直基线尺寸	创建一系列根据公共基线测量的关联竖直尺寸
	坐标尺寸	由文本和一条延伸线（可以是直的，也可以有一段折线）组成。坐标尺寸描述了从被称为坐标原点的公共点到对象上某个位置沿坐标基线的距离

单击每一种尺寸标注类型，系统都打开与如图 7-108 所示基本相同的【标注】工具栏。下面介绍该工具栏的用法。

图 7-108 【标注】工具栏

（1）【值】

【公差类型】 1.00±.05 ： 指定尺寸的公差值，可以从可用公差类型的列表中选择。

【主名义精度】 1 ： 用于设置主名义值的精度（0 到 6 位小数）。如果格式为分数，则选项将以分数精度值显示。

（2）【公差】

【公差值】 ±.xx ： 指定创建尺寸时的上限和下限公差值，可以在屏显输入框中输入值。上限公差和下限公差可以是正数，也可以是负数。

【公差精度】 3 ： 用于设置主公差的精度（0 到 6 位小数）。

（3）【文本】

【文本编辑器】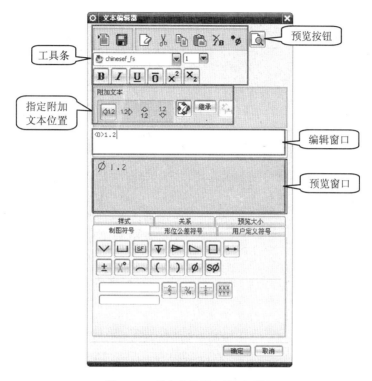：显示【文本编辑器】对话框以输入符号和附加文本，如图 7-109 所示。

图 7-109　【文本编辑器】对话框

【工具栏】：可用于编辑注释，其功能与 Word 等办公类软件类似，具有复制、剪切、加粗、斜体及大小控制等功能。

【编辑窗口】：是一个标准的多行文本输入区，用于输入文本和系统规定的控制符。

【制图符号】：在【文本编辑器】中选择【制图符号】选项时，就可进入如图 7-110 所示的制图符号显示区。当要在视图中标注制图符号时，可以在对话框中单击所需要的制图符号，将其添加到注释编辑区，添加的符号会在预览区显示。如果要改变符号的字体和大小，可以用【注释编辑】工具进行编辑。添加制图符号后，可以选择一种定位制图符号的方法，将其放到视图中的指定位置。

【形位公差符号】：单击【形位公差符号】，就可进入形位公差符号显示区，如图 7-111 所示。其中列出了各种形位公差符号、基准符号、标注格式及公差框高度和公差标准选项。当要进行形位公差标注时，首先要选择公差框架格式，可以根据需要选择单个框架或组合框架，然后选择形位公差项目符号，并输入公差数值和选择公差的标准。如果是位置公差，还应选择隔离线和基准符号。设置后的公差框会在预览窗口中显示，如果不符合要求，可以在编辑窗口中进行修改。完成公差框设置后，选择一种注释放置方式，将其放置到视图中的指定位置。

【用户定义符号】：选择【用户定义符号】，就可进入用户定义符号显示区，如图 7-112 所示。如果已经定义好了自己的符号库，可以通过指定相应的符号库来加载相应的符号，同时可以设置符号的比例和投影。

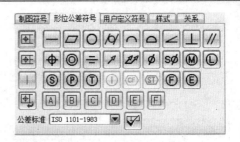

图 7-110　制图符号显示区　　　　　　　图 7-111　形位公差符号显示区

【样式】：单击【样式】就可进入样式显示区，如图 7-113 所示。用户可通过垂直文本选项来输入垂直文本，而且可以指定文本的倾斜度。

【关系】：选择【关系】就可进入关系显示区，如图 7-114 所示。用户可以将对象的表达式、对象属性、和零件属性标注出来，实现关联，并选择插入图纸页区域。

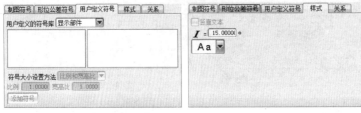

图 7-112　用户定义符号显示区　　　图 7-113　样式显示区　　　图 7-114　关系显示区

（4）【设置】

【尺寸标注样式】：打开【尺寸标注样式】对话框，如图 7-115 所示，仅显示应用于尺寸的属性页面。

【重置】：将局部首选项重设为部件中的当前设置，并清除附加文本。

（5）【驱动】

【驱动尺寸标注】：为图纸中创建的草图添加尺寸时可用。用于指出应将尺寸视为驱动草图尺寸还是文档尺寸。驱动尺寸标注可用于更改草图。

（6）【层叠】

【层叠注释】：用于 2D 制图尺寸，将新尺寸与图纸页上的其他注释堆叠。

（7）【对齐】

【水平或竖直对齐】：用于 2D 制图尺寸，尺寸与图纸页上的其他注释自动水平或竖直对齐。

（8）【方向】

【使用测量方向】：可用于平行尺寸，使用指定矢量设置平行尺寸的测量方向。可再次单击以将测量方向反转为默认平行方向。

定义矢量：单击【使用测量方向】时可用。用于指

图 7-115　【尺寸标注样式】对话框

定平行尺寸的测量方向，可以选择几何体以指定矢量，或者使用【矢量构造器】选项定义矢量。

7.4.2　制图注释

使用【注释】工具条所提供的选项可以添加注释、符号、文本、标签及光栅图像、用户定义符号等操作。【注释】工具条如图 7-116 所示。具体说明如表 7-4 所示。

图 7-116　注释工具条

表 7-4　【注释】工具条

图标	类　型	说　明		
A	注释	可以创建、编辑和管理永久性注释以用于后处理显示		
⊢	特征控制框	创建单行、多行或复合的特征控制框		
Ａ	基准特征符号	创建形位公差基准特征符号（带有或不带指引线），以便在图纸上指明基准特征		
⊖	基准目标	在部件上创建基准目标符号，以指明部件上特定于某个基准的点、线或面积		
🔍	符号标注	在图纸上创建并编辑符号标注符号，可将符号标注符号作为独立符号进行创建		
√	表面粗糙度符号	创建一个表面粗糙度符号来指定曲面参数，如粗糙度、处理或涂层、模式、加工余量和波纹		
🔩	焊接符号	创建一个焊接符号来指定焊接参数，如类型、轮廓形状、大小、长度或间距及精加工方法		
✕	目标点符号	创建用于进行尺寸标注的目标点符号		
ᛉ	相交符号	创建相交符号，该符号代表拐角上的证示线		
▨	剖面线	使用剖面线命令为指定区域填充图样。剖面线对象包括剖面线图样及定义边界实体。 可使用面或支持的曲线类型的闭环中的单个选项定义剖面线边界区域，这些受支持的曲线类型包括实体边、截面边、轮廓线和基本曲线		
🪣	区域填充	使用区域填充命令可创建一个区域填充对象，该对象包括由一组边界曲线封闭的指定图样的复杂线。区域填充还包括实心填充，用彩色或灰度填充边界内的区域		
⊕	【中心标记】 下拉菜单	可创建中心标记		
		⊕	中心标记	可创建通过点或圆弧的中心标记
		⌬	螺栓圆中心线	创建通过点或圆弧的完整或不完整螺栓圆中心线
		○	圆形中心线	可创建通过点或圆弧的完整或不完整圆形中心线
		╫	对称中心线	在图纸上创建对称中心线，以指明几何体中的对称位置
		⌷	2D 中心线	在两条边、两条曲线或两个点之间创建中心线
		⊟	3D 中心线	可根据圆柱面或圆锥面的轮廓创建中心线符号
		⊕	自动中心线	可自动在任何现有的视图(孔或销轴与制图视图的平面垂直或平行)中创建中心线
		⊡	偏置中心点符号	为圆弧创建偏置中心点。偏置中心点用于在任意位置指定圆弧的中心，而不是该圆弧的真实中心

续表

图标	类　型	说　　明
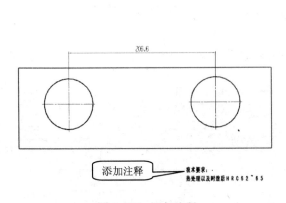 图像		在图纸页上放置光栅图像（.jpg、png 或.tif）
A'	注释首选项	设置所有注释类型的全局首选项
	截面线首选项	设置定义新截面线显示的首选项

1．文本注释

注释标签由文本及一条或多条指引线组成，如图 7-117 所示。 可以通过对表达式、部件属性和对象属性的引用来导入文本，文本可包括由控制字符序列构成的符号或用户定义的符号。

单击【注释】工具条中【注释】按钮，或者执行【插入】/【注释】/【注释】命令，打开【注释】对话框，如图 7-118 所示。

图 7-117　添加注释

图 7-118　【注释】对话框

（1）【原点】：用于设置和调整文字的位置。

（2）【指引线】：用于为文字添加指引线，可以通过类型下拉列表指定指引线的类型。

（3）【文本输入】

1）【编辑文本】：用于编辑注释，其功能与一般软件相同，具有复制、剪切、加粗、斜体及大小控制等功能。

2）【格式化】：编辑窗口是一个标准的多行文本输入区，使用标准的系统位图文字，用于输入文本和系统规定的控制符。可以在【字体】选项下拉列表中选择所需字体。

（4）【继承】：可复制选中的文本也可进行修改。

（5）【设置】：可修改文本的样式，改成竖直文本和修改文本对齐方式。

2．特征控制框

使用【特征控制框】可以创建单行、多行或复合的特征控制框，如图 7-119 所示。

单击【注释】工具条中【特征控制框】按钮Ⓐ，或者执行【插入】/【注释】/【特征控制框】命令，打开【特征控制框】对话框，如图 7-120 所示。

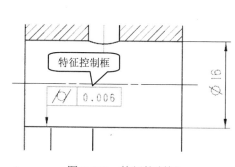

图 7-119 特征控制框

图 7-120 【特征控制框】对话框

（1）【特征】：指定特征类别。在下拉列表中选择各种形位公差符号。

（2）【公差】：输入形位公差数值以及前缀和后缀。

（3）【基准】：用于输入基准代号以及后缀。

（4）其他同【注释】用法。

3．基准特征符号

使用【基准特征符号】命令创建形位公差基准特征符号（带有或不带指引线），以便在图纸上指明基准特征，如图 7-121 所示。

单击【注释】工具条中【基准特征符号】按钮Ⓣ，或者执行【插入】/【注释】/【基准特征符号】命令，打开【基准特征符号】对话框，如图 7-122 所示。

（1）【原点】：放置基准特征符号的位置。

（2）【指引线】：给基准特征符号放置引线。

（3）【基准标识符】：用于指定分配给基准特征符号的字母。

（4）【继承】：选择从中继承内容和样式的现有基准特征符号。

（5）【设置】：打开【样式】对话框，其中，包含用于指定基准显示实例样式的选项。

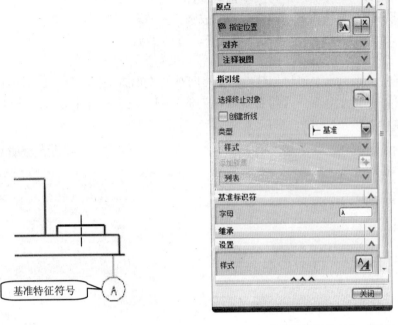

图 7-121　基准特征符号　　　　　　　图 7-122　【基准特征符号】对话框

4．中心标记

使用【中心标记】可以创建通过点或圆弧的中心标记，如图 7-123 所示。

单击【注释】工具条中【中心线】下拉菜单中【中心标记】按钮⊕，或者执行【插入】/【中心线】/【中心标记】命令，打开【中心标记】对话框，如图 7-124 所示。

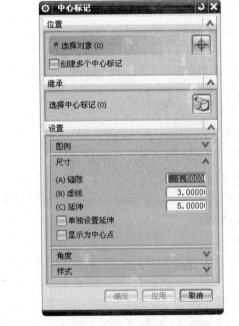

图 7-123　中心标记命令创建中心线　　　图 7-124　【中心标记】对话框

📖 如果安装好 UG 中的中心线不是国家标准中心线，用户可更改为国家标准中心线，从
【文件】/【实用工具】/【用户默认设置】对话框，选择【制图】/【常规】/【标准】/
【定制标准】。在【定制制图标准】对话框中，选择【中心线】/【标准】选项卡，并
将中心线显示标准设为国家标准。

5．螺栓圆中心线

使用【螺栓圆中心线】可创建通过点或圆弧的完整或不完整螺栓圆中心线，如图 7-125
所示。不完整螺栓圆中心线是通过以逆时针方向选择圆弧来定义的。用户可以对任何螺栓
圆中心线几何体标注尺寸。

单击【注释】工具条中【中心线】下拉菜单中【螺栓圆中心线】按钮🔘，或者执行【插
入】/【中心线】/【螺栓圆中心线】命令，打开【螺栓圆中心线】对话框，如图 7-126 所示。

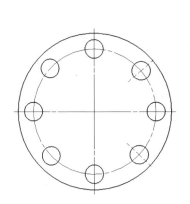

图 7-125　螺栓圆中心线　　　　　图 7-126　【螺栓圆中心线】对话框

6．圆形中心线

使用【圆形中心线】可创建通过点或圆弧的完整或不完整圆形中心线，如图 7-127 所
示。圆形中心线的半径始终等于从圆形中心线中心到选取的第一个点的距离。用户可创建
完整中心线或不完整中心线，创建不完整中心线时要逆时针选取圆弧中心点。

单击【注释】工具条中【中心线】下拉菜单中【圆形中心线】按钮◯，或者执行【插
入】/【中心线】/【圆形中心线】命令，打开【圆形中心线】对话框，如图 7-128 所示。

7．对称中心线

使用【对称中心线】可以在图纸上创建对称中心线，以指明几何体中的对称位置，如
图 7-129 所示，这样便节省了必须绘制对称几何体另一半的时间。

单击【注释】工具条中【中心线】下拉菜单中【对称中心线】按钮▦，或者执行【插
入】/【中心线】/【对称中心线】命令，打开【对称中心线】对话框，如图 7-130 所示。

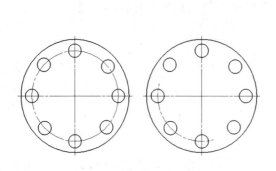

图 7-127　圆形中心线

图 7-128　【圆形中心线】对话框

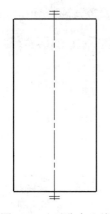

图 7-129　对称中心线

图 7-130　【对称中心线】对话框

8．2D中心线

使用【2D 中心线】可在两条边、两条曲线或两个点之间创建中心线。用户可以使用曲线或控制点来限制中心线的长度，从而创建 2D 中心线。例如，如果使用控制点来定义中心线（从圆弧中心到圆弧中心），则产生线性中心线如图 7-131 所示。

单击【注释】工具条中【中心线】下拉菜单中【2D 中心线】按钮，或者执行【插入】/【中心线】/【2D 中心线】命令，打开【2D 中心线】对话框，如图 7-132 所示。

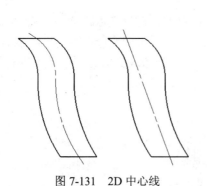

图 7-131　2D 中心线

图 7-132　【2D 中心线】对话框

9. 3D 中心线

使用【3D 中心线】可根据圆柱面或圆锥面的轮廓创建中心线符号，该面可以是任意形式的非球面或扫掠面，其后紧跟线性或非线性路径。例如，圆柱、圆锥、规则曲面、挤压面、非球面、扫掠面、圆环曲面及扫掠类型面，如图 7-133 所示。

单击【注释】工具条中【中心线】下拉菜单中【3D 中心线】按钮，或者执行【插入】/【中心线】/【3D 中心线】命令，打开【3D 中心线】对话框，如图 7-134 所示。

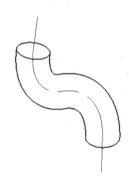

图 7-133　3D 中心线

图 7-134　【3D 中心线】对话框

10. 自动中心线

使用【自动中心线】可自动在任何现有的视图（孔或销轴与制图视图的平面垂直或平行）中创建。如果螺栓圆孔不是圆形实例集，则将为每个孔创建一条线性中心线。自动中心线将在共轴孔之间绘制一条中心线，不保证自动中心线在过时视图上是正确的。自动中心线不支持以下视图：小平面表示、展开剖视图、旋转剖视图。

单击【注释】工具条中【中心线】下拉菜单中【自动中心线】按钮，或者执行中【插入】/【中心线】/【自动中心线】命令，打开【自动中心线】对话框，如图 7-135 所示。

11. 偏置中心点符号

使用【偏置中心点符号】可以为圆弧创建偏置中心点，偏置中心点用于在任意位置指定圆弧的中心，而不是该圆弧的真实中心。当标注真实中心位于图纸页边界之外的大圆弧尺寸时，就特别有用。

单击【注释】工具条中【中心线】下拉菜单中【偏置中心点符号】按钮，或者执行【插入】/【中心线】/【偏置中心点符号】命令，打开【偏置中心点符号】对话框，如图 7-136 所示。

7.4.3 表格

UG 制图环境中为用户提供了创建和编辑表格的【表格】工具条，如图 7-137 所示。【表格】中的命令可将图纸上各种类型的制图注释（如注释、尺寸和属性）组织为类似于图表或表格的格式，以节省空间，同时还能提高可读性。具体命令说明见表 7-5 所示。

图 7-135 【自动中心线】对话框　　　　图 7-136 【偏置中心点符号】对话框

图 7-137 【表格】工具条

图 7-5 【表格】工具条说明

图标	类　　型	说　　　　明
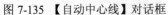	创建表格注释	创建信息表
	零件明细表	创建用于装配的物料清单
	自动符号标注	将关联零件明细表标注添加到图纸的一个或多个视图中
	编辑表格	在屏显输入框中为单元格输入文本。选择该选项时，该输入框显示单元格中现有的任何文本。如果按下【Tab】或【Enter】键，NX 就会将结果文本存储到单元格中，输入框将消失
	编辑文本	使用【文本编辑器】对话框来编辑表单元格中的文本。可以使用【文本编辑器】选项插入制图、形位公差和用户定义符号，以及包括字体和字型在内的格式单元格文本
	插入下拉菜单	可以在表格中插入空行或空列，包括【上方插入行】、【下方插入行】、【插入标题行】、【左侧插入列】、【右侧插入列】
	调整大小	调整所选列的宽度或所选行的高度
	选择下拉菜单	用于选择【行】、【列】或【表格区域】，或者所选对象所属的【单元格】
	合并	合并所选的单元格。合并单元格可使多个单元格显示为一个大单元格。如果合并某一范围的单元格，并且有多个单元格包含文本，则所有其他的单元格都将被擦除
	取消合并	将所选单元格还原成合并前的初始状态。在取消合并单元格后，合并单元格中的文本被还原到该范围中最左上角的单元格中
	锁定/解锁行	该选项可将行的锁定状态切换为打开或关闭。锁定某一行时，不会重新生成已自动生成的标注值。在该行的旁边会出现一个小锁符号，表明它已被锁定。只有在选择了行后才会显示锁符号
	附加/拆离行	将选定的行附加至父行或整个部件列表，或从父行或整个部件列表拆离选定的行
	恢复自动文本	将单元格中手工输入的文本替换为系统生成的自动文本，该选项仅对零件明细表有效

续表

图标	类　　型	说　　明
	转至单元格 URL	启动默认的 Internet 浏览器，并为所选单元格加载 URL，只有在为选定单元格的内容指定了 URL 后，该选项才可用
	更新零件明细表	强制零件明细表更新，该选项仅适用于零件明细表
	另存为模板	零件明细表或表格注释模板代表一个已经预定义了行和列或已经填充了单元格的表格，提供了该表格的初始格式

7.4.4　符号工具条

图 7-138　【符号】工具栏

用户可使用【符号】工具栏中的命令创建符号、定制和编辑符号，如图 7-138 所示。具体说明如表 7-6 所示。

表 7-6　符号工具条

图标	类　　型	说　　明
	【定制符号】	可以从任意定制符号库创建或编辑符号实例
	【定义定制符号】	打开定义定制符号对话框，用户可以创建并保存定制符号和定制符号库
	【从目录定义符号】	从目录模板定义定制符号
	【打散定制符号】	打开打散定制符号对话框，可以将定制符号简化为简单的对象，如直线、圆弧和文本
	【编辑定制符号】	打开编辑定制符号对话框
	【替换定制符号】	打开替换定制符号对话框，可在定制符号实例中将链接创建、修复或更改为其主符号定义

7.4.5　图纸格式工具条

图 7-139　【图纸格式】工具条

用户可从【图纸格式】工具条中选取命令创建片体和边界，或定义标题块模板等，如图 7-139 所示。具体说明如表 7-7 所示。

表 7-7　【图纸格式】工具条说明

图标	类　　型	说　　明
	【边界和区域】	创建关联的图纸页边界和区域
	【定义标题块】	通过组合多个表格注释创建定制标题块
	【填充标题块】	在当前图纸中修改标题块的单元格值
	【标记为模板】	将当前部件标记为图纸模板并捕获 pax 文件更新的输入

7.4.6　制图编辑工具条

用户可从【制图编辑】中选取编辑图纸的所有命令，如图 7-140 所示。具体说明如表 7-8 所示。

图 7-140 【制图编辑】工具条

表 7-8 【制图编辑】工具条说明

图标	类 型	说 明
	【编辑样式】	可以使用与选定制图对象相对应的样式对话框编辑该制图对象的样式
	【编辑注释】	可以使用与制图对象相应的对话框编辑该制图对象的注释
	【编辑尺寸关联】	用于将尺寸重新关联至相同类型（文本、几何体、中心线等）的其他对象上，这些对象可用于创建尺寸
	【编辑文本】	可以使用文本对话框编辑制图对象的文本
	【编辑坐标尺寸】	可以使用【坐标尺寸】对话框合并坐标集或将尺寸标注移至另一个坐标集
	【零件明细表级别】	可以使用【编辑级别】对话框对零件明细表添加或移除成员
	【编辑图纸页】	可以使用【图纸页】对话框编辑活动图纸页的大小和其他参数
	【编辑截面线】	可以使用【截面线】对话框编辑截面线的各组成部分
	【视图中剖切】	可以使用视图中【剖切】对话框将剖视图中组件的显示方式设置为剖切或非剖切
	【视图相关编辑】	可以使用【视图相关编辑】对话框分别控制制图视图中对象的显示
	【抑制制图对象】	可以使用【抑制制图对象】对话框控制制图对象的可见性

7.4.7 跟踪图纸更改工具条

【跟踪图纸更改】工具条中是一组可用来比较图纸当前状态与先前保存状态的（称为"快照"）命令。用户可以使用这些命令分析这两种状态之间的差别，如图 7-141 所示。具体说明如表 7-9 所示。

图 7-141 跟踪图纸更改工具条

表 7-9 【跟踪图纸更改】工具条说明

图标	类 型	说 明
	【创建快照数据】	可以使用与选定制图对象相对应的样式对话框编辑该制图对象的样式
	【跟踪更改】	可以使用与制图对象相应的对话框编辑该制图对象的注释
	【执行比较报告】	用于将尺寸重新关联至相同类型（文本、几何体、中心线等）的其他对象上，这些对象可用于创建尺寸
	【打开比较报告】	可以使用【文本】对话框编辑制图对象的文本
	【叠加 CGM】	可以使用【坐标尺寸】对话框合并坐标集或将尺寸标注移至另一个坐标集
	【设置】	可以使用【编辑级别】对话框对零件明细表添加或移除成员
	【删除比较数据】	可以使用【图纸页】对话框编辑活动图纸页的大小和其他参数
	【删除比较报告】	可以使用【截面线】对话框编辑截面线的各组成部分

7.5　工程图综合范例

为了更好地说明如何创建工程图、如何添加视图、如何进行尺寸标注等工程图常用的操作方法，本节通过阶梯轴工程图、支架工程图这两个实例来系统地对整个过程进一步说明。

7.5.1　阶梯轴工程图的建立

设计要求

本节通过介绍一个阶梯轴工程图的设计过程来巩固前面学习的关于视图的基本操作、工程图标注等一些基本操作。

设计思路

（1）进入工程图环境。
（2）创建视图。
（3）添加尺寸、注释等。
（4）添加标题栏。

进入工程图环境并创建图纸

（1）打开文件 7.5.1.prt，如图 7-142 所示。

（2）单击【标准】工具条上的【开始】按钮 ，在下拉菜单中执行【制图】命令，系统将进入制图环境。

（3）单击【图纸】工具栏中的【新建图纸页】按钮 ，弹出如图 7-143 所示的【图纸页】对话框。【大小】选择"A3-297×420"图纸，【比例】为"1:1"，【投影】为"第一角投影"，取消"自动启动视图创建"的勾选，单击【确定】按钮，创建图纸页。

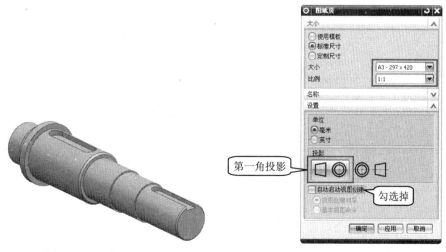

图 7-142　阶梯轴零件图　　　　　　　图 7-143　图纸页对话框

✅ **创建视图**

1. 放置主视图

单击【图纸】工具栏中的【基本视图】按钮，或者单击【图纸】工具栏中【添加视图下拉菜单】列表中的【基本视图】按钮，也可以执行【插入】/【视图】/【基本】命令，弹出如图 7-144 所示的【基本视图】对话框，【要使用的模型视图】选择"俯视图"，【比例】为"1:1"。选择合适的位置摆放视图，如图 7-145 所示。

图 7-144 基本视图对话框

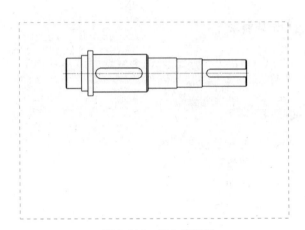

图 7-145 插入俯视图

2. 添加剖面视图

（1）编辑剖面视图。单击【图纸】工具条中的【视图首选项】按钮，弹出如图 7-146 所示的【视图首选项】对话框，取消【背景】和【前景】复选框的勾选。

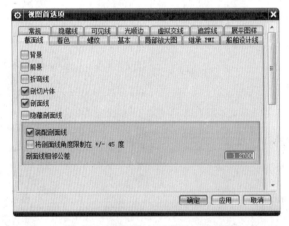

图 7-146 【视图首选项】对话框

（2）单击【图纸】工具栏中【添加视图下拉菜单】列表中的【剖视图】按钮，或者执行【插入】/【视图】/【截面】/【简单/阶梯剖】命令，弹出如图 7-147 所示【剖视图】对话框。单击【设置】按钮，打开如图 7-148 所示的【截面线首选项】对话框，可对剖面

的标记字母、比例、箭头、线宽等进行设置，设置好以后单击【确定】按钮。单击选择父
视图，继续选择键槽侧边线中点，如图 7-149（a）所示，并将光标移到视图右侧，如图
7-149（b）所示，单击以放置视图，然后按【Esc】键退出视图命令。并将视图移动到合适
位置，结果如图 7-149（c）所示。

图 7-147　【剖视图】对话框　　　　　图 7-148　截面线首选项对话框

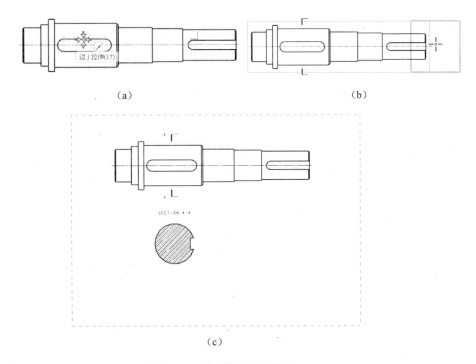

（a）　　　　　　　　　　　　　　　（b）

（c）

图 7-149　有剖切面的视图

（3）双击剖视图上的文字，弹出【视图标签样式】对话框，可对注释文字进行编辑，
取消前缀，如图 7-150 所示。双击剖视图上的剖面线，弹出【剖面线】对话框，修改【距
离】为 5，【颜色】改为"黑色"，如图 7-151 所示，单击【确定】按钮，得到如图 7-152

所示的结果。

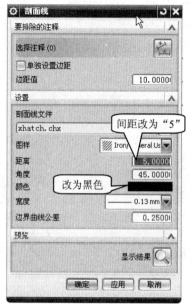

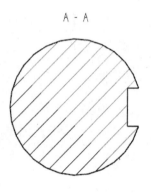

图 7-150　删除前缀　　　　图 7-151　修改剖面线　　　　图 7-152　剖切视图

（4）重复上述操作，得到第二个剖视图。单击【注释】工具条中的【中心标记】按钮 ⊕，单击分别选择两个剖视图中的圆弧，在剖视图上添加中心线，如图 7-153 所示。

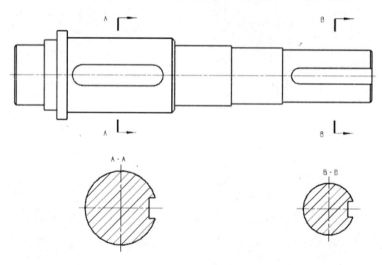

图 7-153　完成剖切图

✓ 标注尺寸及注释

（1）单击【尺寸】工具栏中的相关尺寸命令标注必要的尺寸。

（2）单击【注释】工具条中【注释】按钮 Ⓐ，添加文字"技术要求：未注倒角 C2"，如图 7-154 所示。

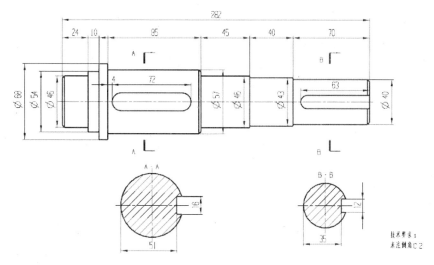

图 7-154　标注尺寸

✔ 添加表格

（1）执行【草图工具】上的【矩形】命令，绘制一个矩形作为图形的边框，如图 7-155 所示。

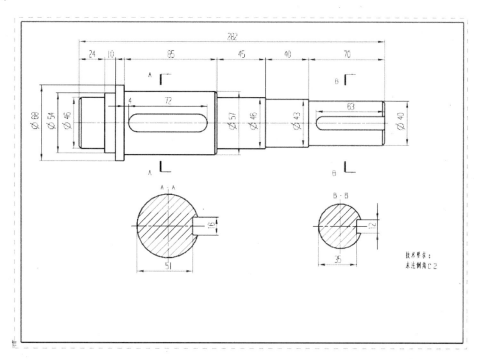

图 7-155　绘制图纸边框

（2）单击【表格】工具栏中的【表格注释】按钮 🖼，弹出如图 7-156 所示的【表格注释】对话框，【锚点】改为"右下角"，【表大小】中【列】为 5、【行】为 5、【列宽】为 30，移动鼠标至矩形右下角，如图 7-157 所示，选择矩形顶点，单击【确定】按钮，就生成了一个表格，单击【关闭】按钮。

图 7-156 【表格】注释对话框

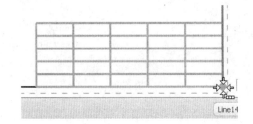

图 7-157 绘制表格

（3）将光标移至表格左上角，当整个表格高亮显示时单击，就可以选择整个表格。然后单击鼠标右键并在弹出的快捷菜单中执行【单元格样式】命令，弹出如图 7-158 所示的【注释样式】对话框，用户可以设置文字的大小、颜色、字体及对齐方式等。

（4）单击【注释】工具条中的【合并单元格】按钮，合并部分单元格，双击单元格，就可以输入文字并按【Enter】键确定，结果如图 7-159 所示。

图 7-158 【注释样式】对话框

图 7-159 标题栏

✅ 完成工程图

单击【标准】工具条上的【保存】按钮，退出，最终完成工程图如图 7-160 所示。

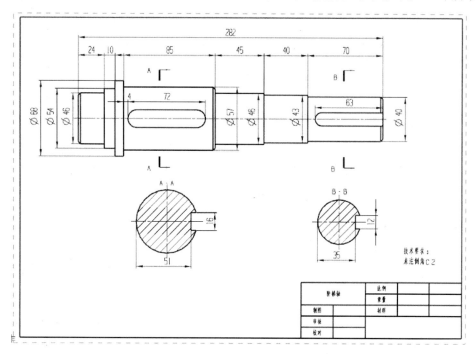

图 7-160　阶梯轴零件图

7.5.2　支架工程图的建立

❓ 设计要求

本节通过一个支架工程图的设计过程来巩固前面学习的关于视图的基本操作、工程图标注等一些基本操作。

ℹ️ 设计思路

（1）进入工程图环境。
（2）创建视图。
（3）添加尺寸、注释等。
（4）添加标题栏。

✅ 进入工程图环境并创建图纸

（1）打开文件 7.5.2.prt，如图 7-161 所示。
（2）进入工程图环境并创建图纸单击【标准】
工具条上的【开始】按钮🔘，在其下拉菜单中选

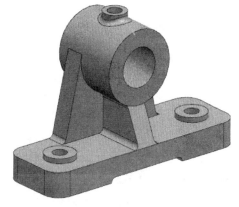

图 7-161　支座零件图

择【制图】命令，系统将进入制图环境。单击【图纸】工具栏中的【新建图纸页】按钮，弹出如图 7-162 所示的【图纸页】对话框。选择【使用模板】，并在选择框内选择【A3-装配-无视图】，打开如图 7-163 所示的标准模板。

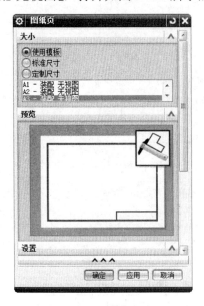

图 7-162　图纸页对话框

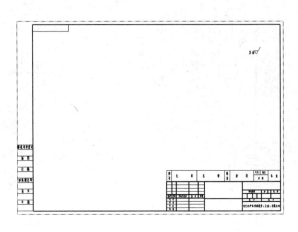

图 7-163　A3 图纸模板

✅ 创建视图

（1）打开模板以后，弹出一个【视图创建导向】对话框，单击【关闭】按钮。单击【图纸】工具栏中的【基本视图】按钮，弹出如图 7-164 所示的【基本视图】对话框，在【要使用的模型视图】中选择"右视图"，【比例】为"2:1"，在合适位置单击以创建主视图，对话框自动切换成【投影视图】，继续单击以创建左视图及父视图，如图 7-165 所示。

图 7-164　【基本视图】对话框

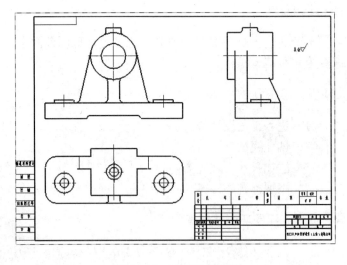

图 7-165　创建基本视图

（2）创建半剖视图。根据需要创建半剖视图以更好地表达出零件的内部结构。单击【图纸】工具条中的【半剖视图】按钮，打开【半剖视图】对话框，如图 7-166 所示，首先选择基本视图，然后选择基点，拖动鼠标，就可得到半剖视图，用同样方法再创建一个剖视图，结果如图 7-167 所示。

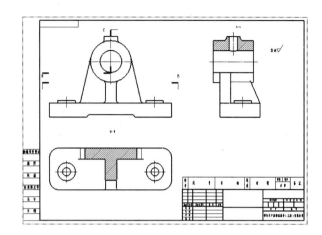

图 7-166　【半剖视图】选项卡　　　　　　　图 7-167　　基本视图

（3）添加局部剖视图。单击【图纸】工具栏中的【局部剖视图】按钮，打开【局部剖】对话框，如图 7-168 所示。然后按照 7.3.7 中所讲的内容在主视图中设置一个局部剖视图，如图 7-169 所示。双击剖面线，弹出【剖面线】对话框，可对剖面线进行设置。

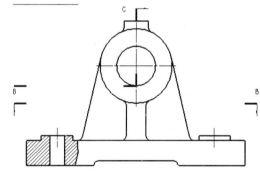

图 7-168　【局部剖】对话框　　　　　　　图 7-169　　局部剖视图

标注尺寸及粗糙度等

（1）标注尺寸。单击【尺寸】工具栏中的命令标注必要的尺寸，结果如图 7-170 所示。

（2）标注粗糙度符号和行为公差符号。单击【注释】工具栏中的【表面粗糙度符号】按钮，弹出【表面粗糙度】对话框，如图 7-171 所示。在【移除材料】选择框内选择"修饰符，需要移除材料"选项，并在【切除】中输入 0.8，将光标移到合适位置放置粗糙度符号。

（3）在【注释】工具栏中单击【特征控制框】按钮，弹出【特征控制框】对话框，如图 7-172 所示，【特性】选择"圆柱度"，输入公差值为 0.008，移动光标，放置箭头和指引线，结果如图 7-173 所示。

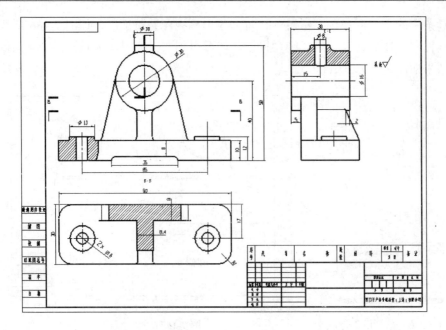

图 7-170   标注尺寸

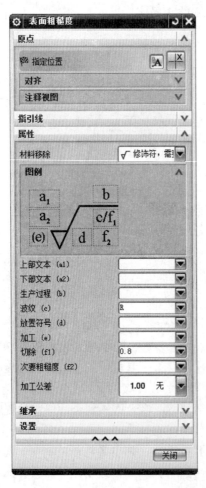

图 7-171 【表面粗糙度】对话框　　　　图 7-172 【特征控制框】对话框

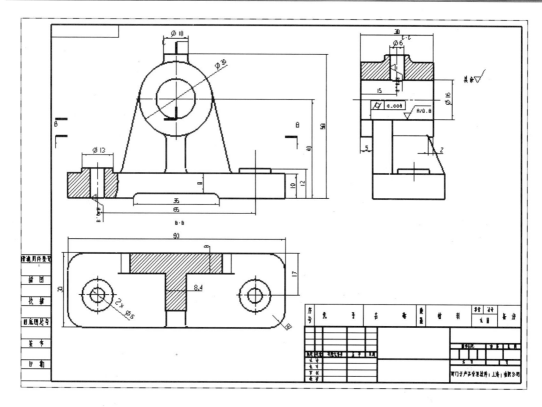

图 7-173　支座零件图

7.6　本 章 小 结

本章主要介绍了 UG NX8.5 中制作工程图的相关知识，包括生成图纸，视图的生成，放置和编辑文字、注释等内容。用户通过练习，可在掌握基本命令的基础上，结合工作或学习中的实际情况，制作出符合我国国家标准的工程图。

7.7　思考与练习

1．思考题

（1）UG NX8.5 系统提供了几种创建图纸页的方法？

（2）通过 UG 系统可创建的视图类型有哪些？

（3）如何修改尺寸和文本格式？

2．练习题

（1）练习创建各种视图的方法。

（2）练习生成图 7-174 所示的工程图。

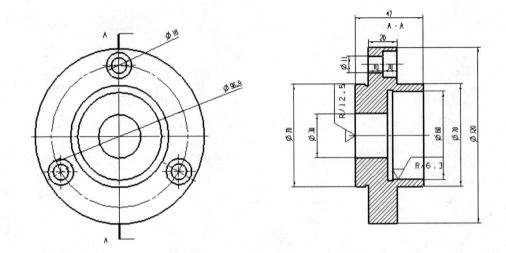

图 7-174　工程图

第8章 综合实例——液体电蚊香建模

液体电蚊香是日常生活中的驱蚊仪器，通过加热芯棒使药液在毛隙作用下到达芯棒顶部，受热以后平均挥发出来达到驱蚊作用。液体电蚊香主要由上盖、下壳、瓶体、加热芯棒、电插头组成。本章通过讲解主要部件的建模过程及装配过程，引导用户熟悉工业产品模型的创建过程，从而在实际练习中快速提高应用水平。

8.1 电蚊香上盖设计

电蚊香上盖设计是典型的曲面造型，基本思路先搭建出曲线框架，再根据已经搭建出曲线的框架运用曲面工具创建出电蚊香上盖主体部分，接着在主体部分添加用于和下壳体连接的定位部件，最后运用圆角等命令对细节进一步修饰，下面就来完成电蚊香上盖的设计。

8.1.1 搭建曲线框架

（1）新建文件

打开 UG NX8.5，单击【标准】工具栏中的【新建】按钮，在弹出的【新建】对话框中选择【模型】，输入文件名称"8.1.1.prt"选择文件保存位置，单击中键或【确定】按钮。

（2）创建草图轮廓 1

① 单击【特征】工具条上的【任务环境中的草图】按钮，系统弹出【创建草图】对话框，选择 YOZ 平面为基准面，单击鼠标中键或【确定】按钮进入草图绘制界面。

② 单击关闭【连续自动标注尺寸】开关。

③ 单击打开【草图工具】工具条中【显示草图约束】开关。

④ 在【草图工具】工具条中单击【艺术样条】按钮或者执行【插入】/【曲线】/【艺术样条】命令（快捷键 S），弹出【艺术样条】对话框，如图 8-1 所示。绘制如图 8-2 所示的艺术样条。

⑤ 选中图 8-2 所示的艺术样条曲线，在【形状分析】工具条中单击【显示梳状线】按钮或执行【分析】/【曲线】/【显示梳状线】命令，显示如图 8-3 所示的曲率梳，调节样条曲线上的点，使曲率梳大致如图 8-4 所示，样条不会产生突变，用此样条做出的曲面质量更高。

图 8-1 【艺术样条】对话框

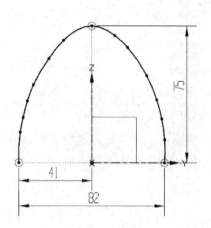

图 8-2 绘制艺术样条

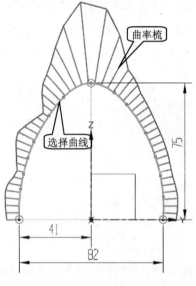

图 8-3 调节曲率梳前

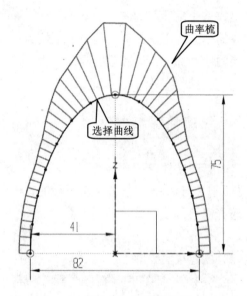

图 8-4 调节曲率梳后

⑥ 再次选中样条曲线，在【形状分析】工具条中单击【显示梳状线】按钮或执行【分析】/【曲线】/【显示梳状线】命令，关闭曲率梳，调节后艺术样条效果图如图 8-5 所示。

⑦ 单击【完成草图】按钮 完成草图 （快捷键【Ctrl】+【Q】），完成曲线如图 8-6 所示。

（3）创建草图轮廓 2

① 单击【特征】工具条上的【任务环境中的草图】 按钮，弹出【创建草图】对话框，选择 XOZ 平面为基准面，单击鼠标中键或【确定】按钮进入草图绘制界面。单击关闭【连续自动标注尺寸】开关。单击打开【草图工具】工具条中【显示草图约束】开关。

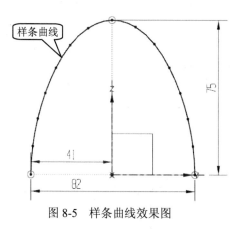

图 8-5　样条曲线效果图

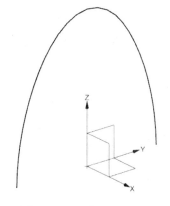

图 8-6　退出草图绘制环境

② 在【草图工具】工具条中单击【艺术样条】
按钮 或者执行【插入】/【曲线】/【艺术样条】命
令（快捷键【S】），弹出【艺术样条】对话框。绘
制如图 8-7 所示的艺术样条。约束"点 1"与"点 2"
关于 Z 轴对称，"点 3"与"草图轮廓 1 与 XOZ 平
面的交点"相重合。

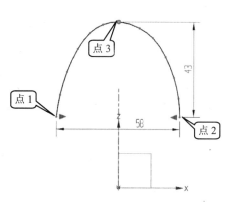

图 8-7　绘制艺术样条 2

③ 同步骤 2 中的⑤，打开【显示梳状线】，如
图 8-8 所示，利用曲率梳调节样条曲线上的点，使曲
率梳大致如图 8-9 所示，样条不会产生突变。

④ 再次选中样条曲线，在【形状分析】工具条
中单击【显示梳状线】按钮 或执行【分析】/【曲
线】/【显示梳状线】命令，关闭曲率梳，调节后艺术样条效果图如图 8-10 所示。

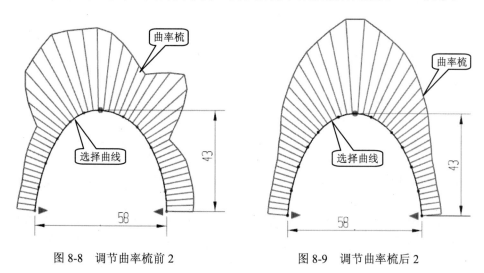

图 8-8　调节曲率梳前 2　　　　　　　图 8-9　调节曲率梳后 2

⑤ 单击【完成草图】按钮 （快捷键 Ctrl+Q），完成曲线如图 8-11 所示。

（4）创建草图轮廓 3

① 单击【特征】工具条上的【任务环境中的草图】 按钮，弹出【创建草图】对话

框，如图 8-12 所示，选择【基于路径】，如图 8-13 所示，单击鼠标中键或【确定】按钮进入草图绘制界面。

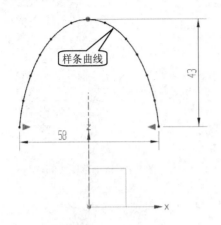

图 8-10　样条曲线效果图 2

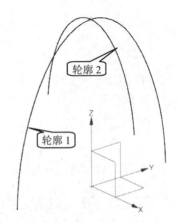

图 8-11　退出草图绘制环境

图 8-12　【创建草图】对话框

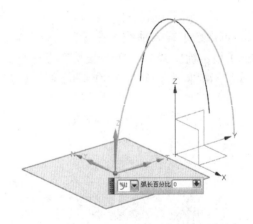

图 8-13　选择路径

② 单击关闭【连续自动标注尺寸】开关🔒。

③ 单击打开【草图工具】工具条中【显示草图约束】开关🗾。

④ 在【草图工具】工具条中单击【圆弧】按钮◻或者执行【插入】/【草图曲线】/【圆弧】命令（快捷键 A），弹出【圆弧】复选框，创建圆弧并添加约束，如图 8-14 所示。

⑤ 单击【完成草图】按钮 🎀 完成草图（快捷键【Ctrl】+【Q】），完成曲线如图 8-15 所示。

⑥ 在【特征】工具条中单击【关联复制下拉菜单】按钮🔲或者执行【插入】/【关联复制】/【镜像特征】命令，弹出【镜像特征】对话框，如图 8-16 所示。单击选择"草图轮廓 3"作为要镜像的特征，单击选择 XOZ 平面为【镜像平面】，如图 8-17 所示，得到镜像曲线，如图 8-18 所示。

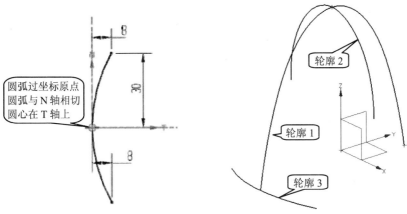

图 8-14 绘制圆弧   图 8-15 退出草图绘制环境

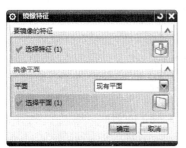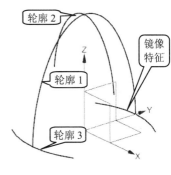

图 8-16 【镜像特征】对话框   图 8-17 选择特征   图 8-18 镜像特征效果图

（5）创建艺术样条

在【曲线】工具条中单击【样条曲线】按钮 或者执行【插入】/【曲线】/【艺术样条】命令，弹出【艺术样条】对话框，如图 8-19 所示。分别单击选择"点 1、2、3"绘制第一条样条曲线，单击选择"点 4、5、6"绘制第二条样条曲线，如图 8-20 所示。

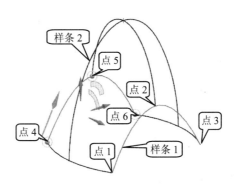

图 8-19 【艺术样条】对话框   图 8-20 艺术样条

8.1.2 创建电蚊香上盖主体

（1）创建曲面 1

在【曲面】工具条中单击【通过曲线网格】按钮或者执行【插入】/【网格曲面】/【通过曲线网格】命令，弹出【通过曲线网格】对话框，如图 8-21 所示。依次单击选择"草图轮廓 3"、"草图轮廓 2"、"镜像特征"作为【主曲线】，单击选择"样条 1"、"草图轮廓 1"、"样条 2"作为【交叉曲线】，如图 8-22 所示，单击【确定】按钮完成"曲面 1"的创建。

图 8-21 【通过曲线网格】对话框

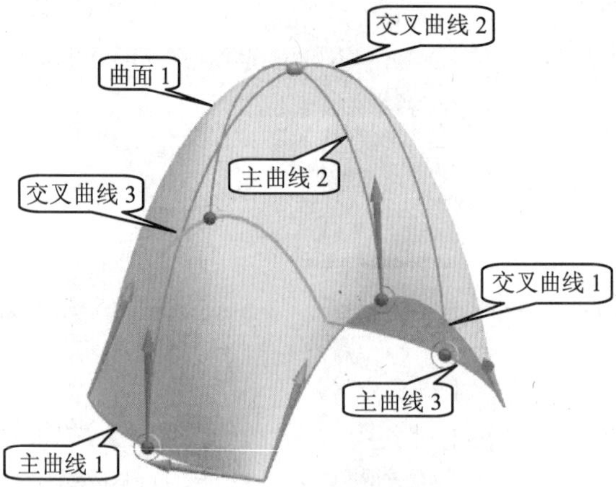

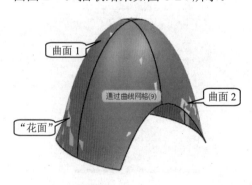

图 8-22 创建曲面

（2）抽取几何体 1

在【特征】工具条中单击【抽取几何体】按钮或者执行【插入】/【关联复制】/【抽取几何体】命令，弹出【抽取几何体】对话框，如图 8-23 所示。【类型】选择【面】，单击选择上一步创建的曲面作为【面】，得到"曲面 2"。抽取结果如图 8-24 所示。

图 8-23 【抽取几何体】对话框

图 8-24 抽取特征

📖 当绘图区有两个对象叠加在一起的时候，鼠标移动到对象上会出去“花面”，如图 8-24 所示，此时选择不同对象，可以把鼠标悬停在待选对象上直到出现【快速拾取光标】按钮 ，单击鼠标出现【快速拾取】对话框，根据用户需求选择备选对象。

（3）绘制草图轮廓 4

① 单击【特征】工具条上的【任务环境中的草图】 按钮，系统弹出【创建草图】对话框，选择 YOZ 平面为基准面，单击鼠标中键或【确定】按钮进入草图绘制界面。单击关闭【连续自动标注尺寸】开关。单击打开【草图工具】工具条中【显示草图约束】开关。

② 在【草图工具】工具条中单击【艺术样条】按钮或者执行【插入】/【曲线】/【艺术样条】命令（快捷键 S），系统会弹出【艺术样条】对话框，绘制样条线。单击【草图工具】工具条中单击【轮廓】按钮或者执行【插入】/【曲线】/【轮廓】命令（快捷键 Z），绘制直线 1，添加几何约束及尺寸约束，如图 8-25 所示（注：左右的控制点分别对称）。

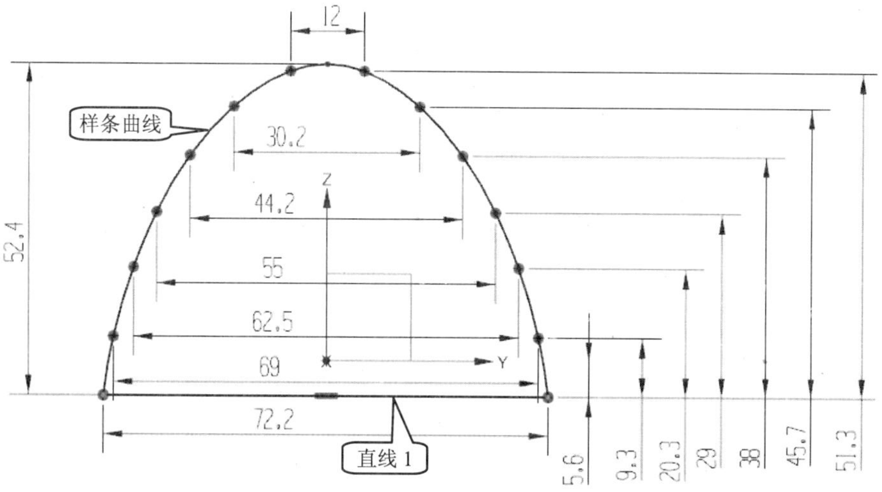

图 8-25　绘制草图轮廓 4

（4）绘制草图轮廓 5

① 单击【特征】工具条上的【任务环境中的草图】 按钮，弹出【创建草图】对话框，选择 YOZ 平面为基准面，单击鼠标中键或【确定】按钮进入草图绘制界面。单击关闭【连续自动标注尺寸】开关。单击打开【草图工具】工具条中【显示草图约束】开关。

② 在【草图工具】工具条中单击【艺术样条】按钮或者执行【插入】/【曲线】/【艺术样条】命令（快捷键 S），绘制样条线，单击【草图工具】工具条中单击【轮廓】按钮或者执行【插入】/【曲线】/【轮廓】命令（快捷键 Z），绘制直线 1、2、3，添加几何约束及尺寸约束，如图 8-26 所示（注：样条曲线左右的控制点分别对称）。

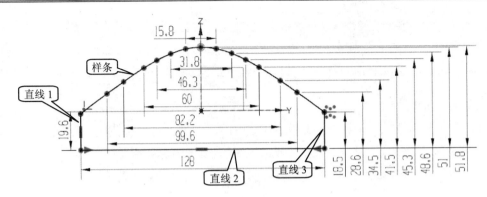

图 8-26 绘制样条曲线 2

（5）拉伸 1

在【特征】工具条中单击【拉伸】按钮▥或者执行【插入】/【设计特征】/【拉伸】命令（快捷键 X），弹出【拉伸】对话框，如图 8-27 所示。单击选择"草图轮廓 4"作为【截面】，【结束】选择【对称值】，【距离】输入"40"，【布尔】选择【求差】，选择"曲面 1"作为【选择体】的对象，如图 8-28 所示。拉伸结果如图 8-29 所示。

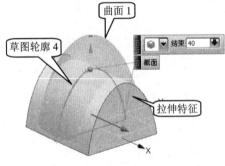

图 8-27 【拉伸】对话框　　图 8-28 拉伸特征 1　　图 8-29 拉伸 1 结果

（6）拉伸 2

重复上一步【拉伸】操作，弹出【拉伸】对话框，如图 8-30 所示。单击选择"草图轮廓 5"作为【截面】，【结束】选择【对称值】，【距离】输入"40"，【布尔】选择【求差】，选择使用【抽取几何体】得到的"曲面 2"作为【选择体】的对象，如图 8-31 所示。拉伸结果如图 8-32 所示。

（7）加厚

① 在【特征】工具条中单击【加厚】按钮▧或者执行【插入】/【偏置/缩放】/【加厚】命令，弹出【加厚】对话框，如图 8-33 所示，选择"拉伸 1"做为【面】，在【厚度】中【偏置 1】输入"0"、【偏置 2】输入"1"，单击【应用】，"加厚 1"结果如图 8-34

所示。

图 8-30　【拉伸】对话框

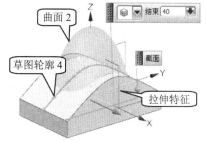

图 8-31　拉伸特征 2

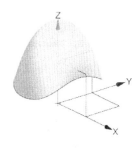

图 8-32　拉伸 2 结果

　　② 继续使用【加厚】命令，选择"拉伸 2"作为【面】，【厚度】同上一步，方向反向。"加厚 2"结果如图 8-35 所示。

图 8-33　【加厚】对话框

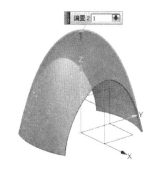

图 8-34　加厚特征 1

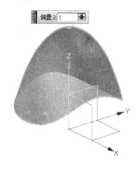

图 8-35　加厚特征 2

（8）边倒圆

　　在【特征】工具条中单击【边倒圆】按钮 或者执行【插入】/【细节特征】/【边倒圆】命令，弹出【边倒圆】对话框，如图 8-36 所示。选择"加厚 1"特征中的四个边作为【要倒圆的边】，"边倒圆 1"如图 8-37 所示，【半径 1】输入数值"8"。单击【应用】按钮，继续执行【边倒圆】命令，选择"加厚 2"的所有边、"加厚 1"的所有边作为【要倒圆的边】，【半径 1】输入数值"0.3"，"边倒圆 2"结果如图 8-38 所示。

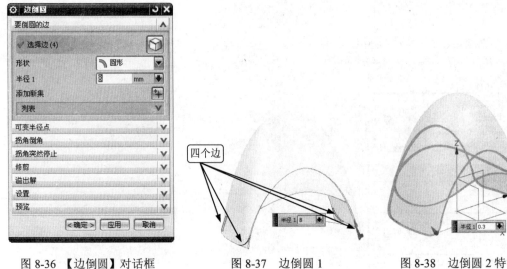

图 8-36 【边倒圆】对话框   图 8-37 边倒圆 1   图 8-38 边倒圆 2 特征

（9）绘制草图轮廓 6

单击【特征】工具条上的【任务环境中的草图】 按钮，弹出【创建草图】对话框，选择 XOZ 平面为基准面，绘制如图 8-39 所示的草图轮廓 6，添加几何约束和尺寸约束。

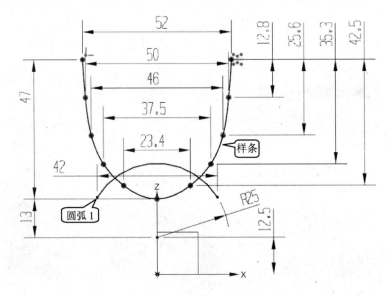

图 8-39 绘制样条曲线

（10）拉伸 3

在【特征】工具条中单击【拉伸】按钮 或者执行【插入】/【设计特征】/【拉伸】命令（快捷键 X），弹出【拉伸】对话框，如图 8-40 所示。选择"草图轮廓 6"中的"样条"曲线作为【截面】，【结束】选择【对称值】，【距离】输入数值"50"，完成的"拉伸 3"如图 8-41 所示。

（11）拆分体 1

在【特征】工具条中单击【拆分体】按钮 或者执行【插入】/【修剪】/【拆分体】命令，弹出【拆分体】对话框，如图 8-42 所示。单击选择"加厚特征 1"作为【目标】，单击选择"拉伸 3"作为【工具】，如图 8-43 所示。拆分成"体 1"及"体 2"，结果如图 8-44 所示。

图 8-40　【拉伸】对话框

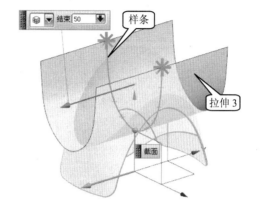

图 8-41　拉伸特征 3

图 8-42　【拆分体】对话框

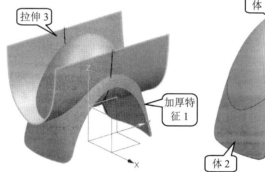

图 8-43　拆分特征

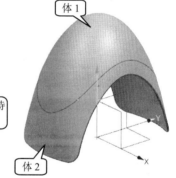

图 8-44　拆分结果

（12）拉伸 4

在【特征】工具条中单击【拉伸】按钮□或者执行【插入】/【设计特征】/【拉伸】命令（快捷键 X），弹出【拉伸】对话框，如图 8-45 所示。选择"草图轮廓 6"中的"圆弧"曲线作为【截面】，【开始】及【结束】选择【值】，【距离】分别输入数值"0"和"50"，完成的"拉伸 4"如图 8-46 所示。

（13）创建拆分体 2

在【特征】工具条中单击【拆分体】按钮□或者执行【插入】/【修剪】/【拆分体】命令，弹出【拆分体】对话框，单击选择"体 1"作为【目标】，单击选择"拉伸 4"作为【工具】，如图 8-47 所示。拆分成"体 3"及"体 4"，结果如图 8-48 所示。

（14）绘制草图轮廓 7

单击【特征】工具条上的【任务环境中的草图】 按钮，弹出【创建草图】对话框，选择 XOY 平面为基准面，单击鼠标中键或【确定】按钮进入草图绘制界面。单击关闭【连续自动标注尺寸】开关。单击打开【草图工具】工具条中【显示草图约束】开关。绘制草图，添加几何约束及尺寸约束，如图 8-49 所示。

图 8-45 【拉伸】对话框

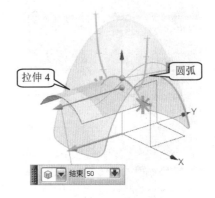

图 8-46 拉伸特征 4

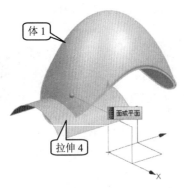

图 8-47 拆分特征

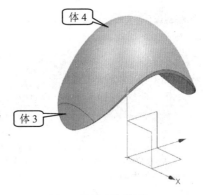

图 8-48 拆分结果

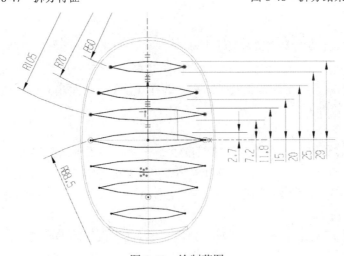

图 8-49 绘制草图

（15）偏置曲面

在【特征】工具条中单击【偏置曲面】按钮 🖐 或者执行【插入】/【偏置/缩放】/【偏置曲面】命令，弹出【偏置曲面】对话框，如图 8-50 所示。选择"体 4"的上表面作为【要偏置的面】，偏置方向向下，【偏置 1】中输入数值"0.5"，如图 8-51 所示。

图 8-50　【偏置曲面】对话框

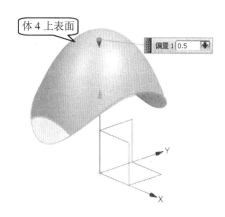

图 8-51　选取曲面

（16）拉伸 5

在【特征】工具条中单击【拉伸】按钮 🔲 或者执行【插入】/【设计特征】/【拉伸】命令（快捷键 X），弹出【拉伸】对话框，如图 8-52 所示。单击选择"草图轮廓 7"作为【截面】，【方向】沿 Z 轴，【开始】选择【直至选定】，选择上一步中的"偏置曲面"作为【选择对象】，【结束】为【值】，【距离】输入数值"80"，【布尔】选择【求差】，选择"体 4"作为【选择体】，拉伸结果如图 8-53 所示。

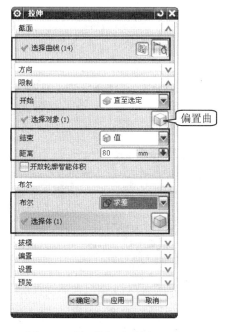

图 8-52　【拉伸】对话框

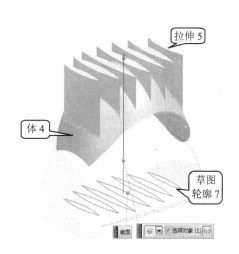

图 8-53　拉伸特征 5

（17）求和 1

在【特征】工具条中单击【组合下拉菜单】中的【求和】按钮 或者执行【插入】/【组合】/【求和】命令，弹出【求和】对话框，如图 8-54 所示。

选择"拉伸特征 5"作为【目标】，选择步骤 7 中的"加厚 2"作为【工具】，结果如图 8-55 所示。

图 8-54 【求和】对话框

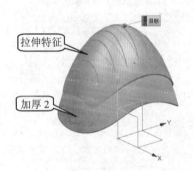

图 8-55 选择求和特征

（18）绘制草图轮廓 8

单击【特征】工具条上的【任务环境中的草图】 按钮，弹出【创建草图】对话框，选择 XOY 平面为基准面，单击鼠标中键或【确定】按钮进入草图绘制界面。单击关闭【连续自动标注尺寸】开关 。单击打开【草图工具】工具条中【显示草图约束】开关 。绘制"圆 1"，直径为"8"，如图 8-56 所示。

（19）拉伸 6

在【特征】工具条中单击【拉伸】按钮 或者执行【插入】/【设计特征】/【拉伸】命令（快捷键 X），弹出【拉伸】对话框，如图 8-57 所示。选择"圆 1"作为【截面】，【方向】沿 Z 轴，【开始】及【结束】都为【值】，【距离】分别输入为"0"、"80"，【布尔】为【求差】，选择步骤 17 中的"求和"后的体作为目标体，如图 8-58 所示。拉伸后的结果如图 8-59 所示。

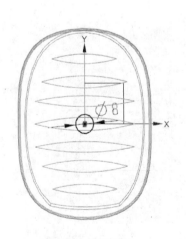

图 8-56 绘制圆 1

图 8-57 【拉伸】对话框

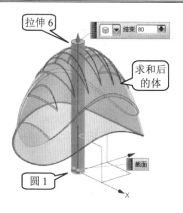

图 8-58　拉伸特征　　　　　　　　图 8-59　拉伸结果

（20）绘制草图轮廓 9

单击【特征】工具条上的【任务环境中的草图】 按钮，弹出【创建草图】对话框，选择 XOZ 平面为基准面，单击鼠标中键或【确定】按钮进入草图绘制界面。单击关闭【连续自动标注尺寸】开关。单击打开【草图工具】工具条中【显示草图约束】开关。绘制样条曲线，如图 8-60 所示。

（21）拉伸 7

在【特征】工具条中单击【拉伸】按钮或者执行【插入】/【设计特征】/【拉伸】命令（快捷键 X），弹出【拉伸】对话框，如图 8-61 所示。选择"草图轮廓 9"作为【截面】，【方向】为默认，【结束】为【对称值】，【距离】输入为"55"，【布尔】为【无】，如图 8-62 所示。

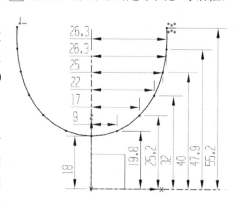

图 8-60　绘制样条曲线

图 8-61　【拉伸】对话框

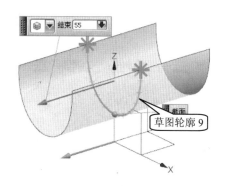

图 8-62　拉伸特征

（22）拆分体 3

在【特征】工具条中单击【拆分体】按钮🔲或者执行【插入】/【修剪】/【拆分体】命令，弹出【拆分体】对话框。单击选择步骤（11）中的"体 2"作为【目标】，单击选择"拉伸 7"作为【工具】，如图 8-63 所示。拆分成"体 5"及"体 6"，结果如图 8-64 所示。

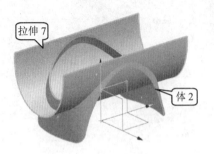

图 8-63　拆分特征

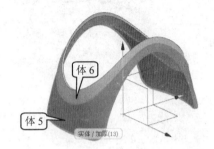

图 8-64　拆分结果

（23）偏置

在【同步建模】工具条中选择【修改面下拉菜单】单击【偏置区域】按钮🔳或者执行【插入】/【同步建模】/【偏置区域】命令，弹出【偏置区域】对话框，如图 8-65 所示。选择"体 5"上表面作为【面】，偏置【距离】输入数值"0.5"，结果如图 8-66 所示。

图 8-65　【偏置区域】对话框

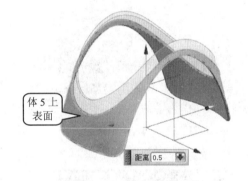

图 8-66　偏执区域特征

（24）求和 2

在【特征】工具条中选择【组合下拉菜单下拉菜单】单击【求和】按钮🔳或者执行【插入】/【组合】/【求和】命令，弹出【求和】对话框，如图 8-67 所示。选择步骤 22 中的"体 5"作为【目标】，"体 6"作为【工具】，求和结果如图 8-68 所示。

图 8-67　【求和】对话框

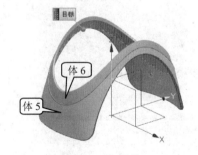

图 8-68　选择体

（25）绘制草图轮廓 10

单击【特征】工具条上的【任务环境中的草图】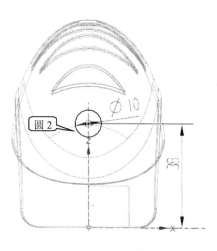
按钮，弹出【创建草图】对话框，选择 XOZ 面为基准
面，单击鼠标中键或【确定】按钮进入草图绘制界面。
单击关闭【连续自动标注尺寸】开关。单击打开【草
图工具】工具条中【显示草图约束】开关。绘制"圆
2"，如图 8-69 所示。

（26）拉伸 8

在【特征】工具条中单击【拉伸】按钮或者执
行【插入】/【设计特征】/【拉伸】命令（快捷键 X），
弹出【拉伸】对话框，如图 8-70 所示。选择"圆 2"
作为【截面】，【方向】为 Y 轴正向，【开始】为【直
至选定】，【选择对象】选择"拉伸 6"的上表面，【结

图 8-69　绘制草图

束】都为【值】，【距离】输入数值"38"，【布尔】为【求和】，对象选择"拉伸 6"，
如图 8-71 所示。

图 8-70　【拉伸】对话框

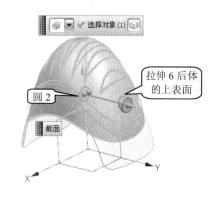

图 8-71　拉伸特征

（27）边倒圆

在【特征】工具条中单击【边倒圆】按钮或者执行【插入】/【细节特征】/【边倒
圆】命令，弹出【边倒圆】对话框，如图 8-72 所示。单击选择"拉伸 8"的圆边，【半径
1】输入数值"2"，结果如图 8-73 所示。

（28）孔

在【特征】工具条中单击【孔】按钮或者执行【插入】/【设计特征】/【孔】命令，
弹出【孔】对话框，如图 8-74 所示，【类型】选择【常规孔】，【位置】捕捉"圆 1"的

圆心，【直径】输入数值"4"，【深度限制】选择【直至下一个】，结果如图 8-75 所示。

图 8-72 【边倒圆】对话框

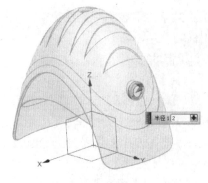

图 8-73 边倒圆

图 8-74 【孔】对话框

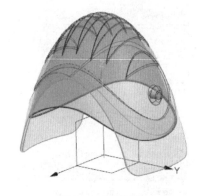

图 8-75 孔特征

8.1.3 创建定位部件

（1）绘制轮廓草图 1

单击【特征】工具条上的【任务环境中的草图】 按钮，弹出【创建草图】对话框，选择 YOZ 平面为基准面，单击鼠标中键或【确定】按钮进入草图绘制界面。单击关闭【连续自动标注尺寸】开关 。单击打开【草图工具】工具条中【显示草图约束】开关 ，绘制草图如图 8-76 所示。

（2）拉伸 1

在【特征】工具条中单击【拉伸】按钮■或者执
行【插入】/【设计特征】/【拉伸】命令（快捷键 X），
弹出【拉伸】对话框，如图 8-77 所示。选择"轮廓草
图 1"中绘制的六个圆作为【截面】，【方向】为 Z
轴正向，【开始】为【值】，【距离】输入数值"50"，
【结束】都为【直至下一个】，【选择对象】选择"拉
伸 6"的下表面，【布尔】为【求和】，对象选择"拉
伸 6"，如图 8-78 所示。

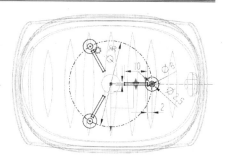

图 8-76　绘制轮廓草图

图 8-77　【拉伸】对话框

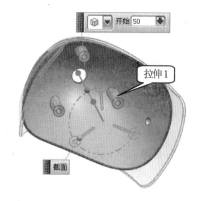

图 8-78　拉伸特征 1

（3）拉伸 2

在【特征】工具条中单击【拉伸】按钮■或者执行【插入】/【设计特征】/【拉伸】
命令（快捷键 X），弹出【拉伸】对话框，如图 8-79 所示。选择"轮廓草图 1"中绘制的
三个长方形作为【截面】，【方向】为 Z 轴正向，【开始】为【值】，【距离】输入数值
"55"，【结束】都为【直至下一个】，【选择对象】选择"拉伸 6"的下表面，【布尔】
为【求和】，对象选择"拉伸 6"，如图 8-80 所示。

8.1.4　细节修饰

（1）边倒圆

在【特征】工具条中单击【边倒圆】按钮■或者执行【插入】/【细节特征】/【边倒
圆】命令，弹出【边倒圆】对话框，如图 8-81 所示。单击选择"边 1"，【半径 1】输入
数值"1"，单击【添加新集】按钮，选择"边 2、3、4、5、6"，【半径 2】输入数值"0.5"，

结果如图 8-82 所示。

图 8-79 【拉伸】对话框

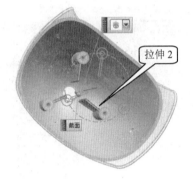

图 8-80 拉伸特征 2

图 8-81 【边倒圆】对话框

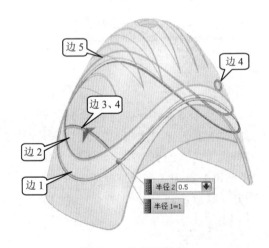

图 8-82 边倒圆特征

（2）保存并退出

完成的电蚊香上盖，如图 8-83、图 8-84 所示。执行【文件】/【保存】命令，或者单击【保存】按钮 （快捷键 Ctrl+S），保存文件。

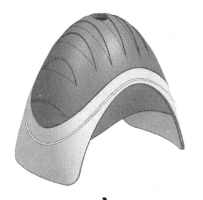

图 8-83　上盖正面

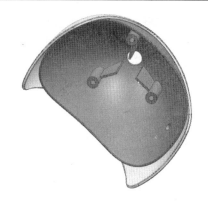

图 8-84　上盖底面

8.2　电蚊香下壳设计

电蚊香上盖设计基本思路先运用特征等命令创建出电蚊香下壳主体，再使用抽壳等命令完成壳体设计，并创建下壳与上盖的定位连接部件，最后添加用于和液体瓶进行旋合的螺纹。下面完成电蚊香下壳的设计。

8.2.1　创建电蚊香下壳主体

（1）新建文件

打开 UG NX 8.5，单击【标准】工具栏中的【新建】按钮，在弹出的【新建】对话框中选择【模型】，输入文件名称 "8.2.1.prt" 选择文件保存位置，单击鼠标中键或【确定】按钮。

（2）创建草图 1

单击【特征】工具条上的【任务环境中的草图】按钮，弹出【创建草图】对话框，选择 YOZ 平面为基准面，单击鼠标中键或【确定】按钮进入草图绘制界面。单击关闭【连续自动标注尺寸】开关。单击打开【草图工具】工具条中【显示草图约束】开关。绘制如图 8-85 所示的草图，添加几何约束及尺寸约束。

（3）拉伸 1

在【特征】工具条中单击【拉伸】按钮或者执行【插入】/【设计特征】/【拉伸】命令（快捷键 X），弹出【拉伸】对话框，如图 8-86 所示。选择 "草图" 作为【截面】，【方向】为默认，【结束】为【对称值】，【距离】输入 "35"，【布尔】为【无】，如图 8-87 所示。

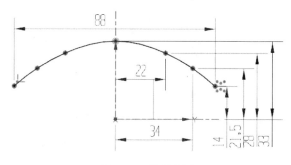

图 8-85　绘制草图

图 8-86 【拉伸】对话框

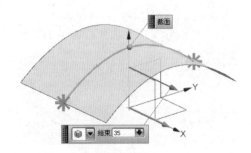

图 8-87 拉伸特征

（4）绘制圆

在【曲线】工具条中单击【圆弧/圆】按钮 或者执行【插入】/【曲线】/【圆弧/圆】，打开【圆弧/圆】对话框，如图 8-88 所示。【类型】选择【从中心开始的圆弧/圆】，【中心点】选择坐标原点，【半径】输入数值"24"，【支持平面】选择 XOY 平面，【限制】勾选【整圆】复选框，结果如图 8-89 所示。

图 8-88 【抽取几何体】对话框

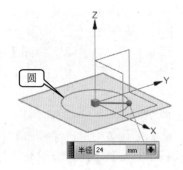

图 8-89 抽取特征

（5）拉伸 2

在【特征】工具条中单击【拉伸】按钮 或者执行【插入】/【设计特征】/【拉伸】命令（快捷键 X），弹出【拉伸】对话框，如图 8-90 所示。选择"圆"作为【截面】，【方向】为 Z 轴正向，【开始】和【结束】都选择为【值】，【距离】输入数值"0"、"45"，【布尔】为【求交】，选择"拉伸 1"作为【选择体】，如图 8-91 所示。结果如图 8-92 所示。

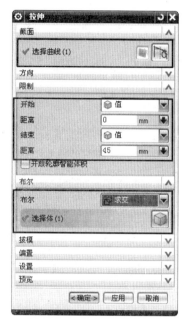

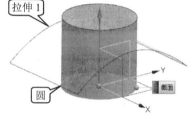

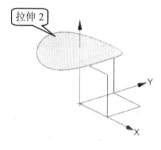

图 8-90　【拉伸】对话框 2　　　　图 8-91　拉伸特征 2　　　　图 8-92　拉伸结果

（6）加厚

在【特征】工具条中单击【加厚】按钮 或者执行【插入】/【偏置/缩放】/【加厚】命令，弹出【加厚】对话框，如图 8-93 所示，选择"拉伸 1"作为【面】，在【厚度】中【偏置 1】输入"0"、【偏置 2】输入"1"，单击【应用】按钮，"加厚 1"结果如图 8-94 所示。

图 8-93　【加厚】对话框　　　　　图 8-94　加厚特征

（7）创建草图 2

单击【特征】工具条上的【任务环境中的草图】 按钮，弹出【创建草图】对话框，

选择系统 XOY 平面为基准面，单击鼠标中键或【确定】按钮进入草图绘制界面。单击关闭【连续自动标注尺寸】开关![图标]。单击打开【草图工具】工具条中【显示草图约束】开关![图标]。绘制草图，如图 8-95 所示。

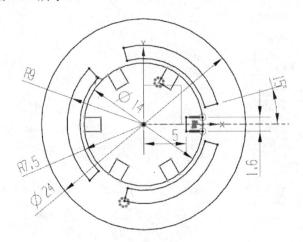

图 8-95　绘制草图 2

（8）拉伸 3

在【特征】工具条中单击【拉伸】按钮![图标]或者执行【插入】/【设计特征】/【拉伸】命令（快捷键 X），弹出【拉伸】对话框，如图 8-96 所示。选择"草图 2 中直径Φ24 的圆"作为【截面】，【方向】为 Z 轴正向，【开始】选择加厚特征的下底面，【结束】选择为【值】，【距离】输入数值"50"，【布尔】为【求和】，选择"加厚"作为【选择体】，如图 8-97 所示。

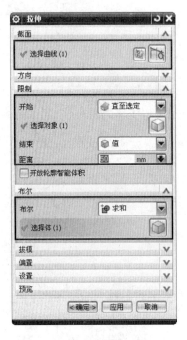

图 8-96　【拉伸】对话框 3

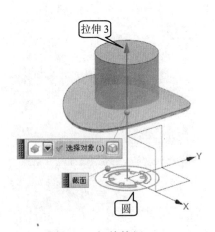

图 8-97　拉伸特征 3

8.2.2　创建电蚊香下壳壳体

（1）抽壳

在【特征】工具条中单击【抽壳】按钮⊡或者执行【插入】/【偏置/缩放】/【抽壳】命令，弹出【抽壳】对话框，如图 8-98 所示。选择"拉伸 3"的底面作为【要穿透的面】，【厚度】输入数值"1"，如图 8-99 所示。

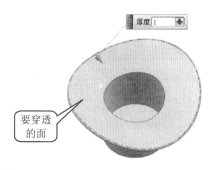

图 8-98　【抽壳】对话框　　　　　　　　　图 8-99　抽壳特征

（2）拉伸 4

在【特征】工具条中单击【拉伸】按钮⊡或者执行【插入】/【设计特征】/【拉伸】命令（快捷键 X），弹出【拉伸】对话框，如图 8-100 所示。选择"草图 2 部分轮廓"作为【截面】，【方向】为 Z 轴正向，【开始】和【结束】选择为【值】，【距离】输入数值"0"、"60"，【布尔】为【求差】，选择"抽壳"后的体作为【选择体】，如图 8-101所示。结果如图 8-102 所示。

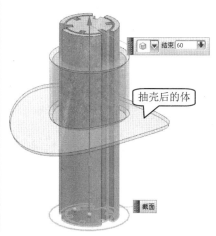

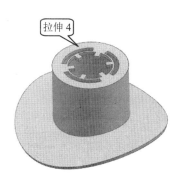

图 8-100　【拉伸】对话框 4　　　　图 8-101　拉伸特征 4　　　　图 8-102　拉伸结果

（3）拉伸 5

在【特征】工具条中单击【拉伸】按钮 🔲 或者执行【插入】/【设计特征】/【拉伸】命令（快捷键 X），弹出【拉伸】对话框，如图 8-103 所示。选择 8.1.3 中草图轮廓 1 中三个圆作为【截面】，【方向】为 Z 轴正向，【开始】选择【直至选定】，对象选择上一步拉伸的下底面，【结束】选择为【值】，【距离】输入数值"50"，【布尔】为【求和】，选择"拉伸 4"后的体作为【选择体】，如图 8-104 所示。

图 8-103 【拉伸】对话框 5

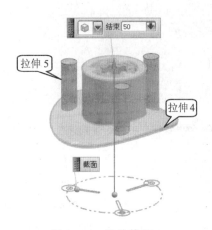

图 8-104 拉伸特征 5

（4）孔

在【特征】工具条中单击【孔】按钮 🔲 或者执行【插入】/【设计特征】/【孔】命令，弹出【孔】对话框，如图 8-105 所示，【类型】选择【常规孔】，【位置】捕捉"拉伸 5"的圆心，【直径】输入数值"2.5"，【深度限制】选择【贯通体】，结果如图 8-106 所示。

图 8-105 【孔】对话框

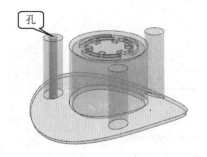

图 8-106 孔特征

（5）阵列特征

在【特征】工具条中单击【阵列特征】按钮![icon]或者执行【插入】/【关联复制】/【阵列特征】命令，弹出【阵列特征】对话框，如图 8-107 所示。选择上一步的"孔"作为【要形成阵列的特征】，【布局】选择【圆形】![icon]，【指定矢量】为"Z 轴"，【数量】输入数值"3"，【节距角】输入数值"120"，阵列的结果如图 8-108 所示。

图 8-107　【阵列特征】对话框

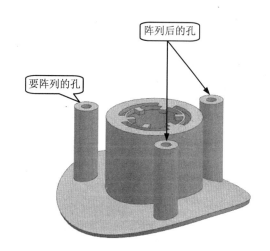

图 8-108　阵列特征

8.2.3　创建连接螺纹

（1）创建螺旋线

在【曲线】工具条中单击【螺旋线】按钮![icon]或者执行【插入】/【曲线】/【螺旋线】命令，弹出【螺旋线】对话框，如图 8-109 所示。【类型】选择【沿矢量】，【方位】选择 Z 轴，【直径】输入"22"，【螺距】输入"3"，【起始限制】为"37"，【终止限制】为"40"，如图 8-110 所示。

（2）绘制圆

单击【特征】工具条上的【任务环境中的草图】![icon] 按钮，弹出【创建草图】对话框，如图 8-111 所示，【类型】选择【基于路径】，选择上一步绘制的螺旋线作为【轨迹】，【弧长百分比】为"0"，如图 8-112 所示，单击鼠标中键或【确定】按钮进入草图绘制界面。单击关闭【连续自动标注尺寸】开关![icon]。单击打开【草图工具】工具条中【显示草图约束】开关![icon]。绘制直径为 1mm 的圆，完成曲线如图 8-113 所示。

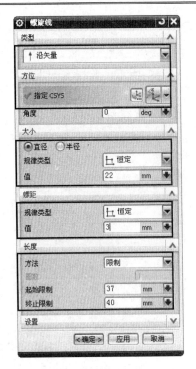

图 8-109 【螺旋线】对话框

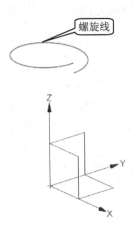

图 8-110 螺旋线

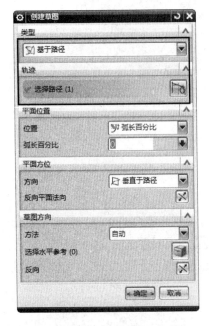

图 8-111 【创建草图】对话框

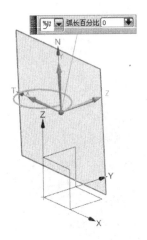

图 8-112 基于路径

图 8-113 圆

（3）扫掠

在【曲面】工具条中单击【扫掠】按钮 或者执行【插入】/【扫掠】/【扫掠】命令，弹出【扫掠】对话框，如图 8-114 所示。单击选择上一步所建的"圆"作为【截面】，单击选择"螺旋线"作为【引导线】，结果如图 8-115 所示。

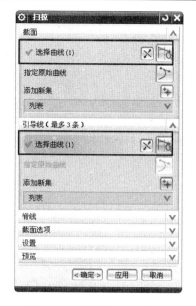

图 8-114 【扫掠】对话框

图 8-115 扫掠特征

（4）绘制草图

单击【特征】工具条上的【任务环境中的草图】 按钮，弹出【创建草图】对话框，选择 XOY 平面作为草图平面，单击鼠标中键或【确定】按钮进入草图绘制界面。单击关闭【连续自动标注尺寸】开关 。单击打开【草图工具】工具条中【显示草图约束】开关 ，绘制如图 8-116 所示的草图。

（5）拉伸

在【特征】工具条中单击【拉伸】按钮 或者执行【插入】/【设计特征】/【拉伸】命令（快捷键 X），弹出【拉伸】对话框，如图 8-117 所示。依次选择草图中的直线作为【截面】，【方向】为 Z 轴正向，【开始】和【结束】选择为【值】，【距离】输入数值 "0"、"50"，【布尔】为【无】，如图 8-118 所示。

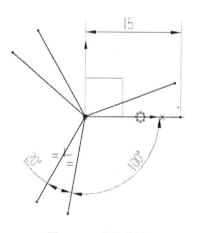

图 8-116 草绘草图

（6）拆分体

在【特征】工具条中单击【拆分体】按钮 或者执行【插入】/【修剪】/【拆分体】命令。单击选择 "扫掠" 作为【目标】，依次单击选择上一步拉伸的三个片体作为【工具】，如图 8-119 所示。将 "扫掠" 拆分成六段，单击选择较短的三段并隐藏，结果如图 8-120 所示。

（7）求和

在【特征】工具条中选择【组合下拉菜单下拉菜单】，单击【求和】按钮 或者执行【插入】/【组合】/【求和】命令，弹出【求和】对话框，如图 8-121 所示。单击选择 "下壳壳体" 作为【目标】，上一步拆分后的三段较长的体作为【工具】，求和结果如图 8-122 所示。

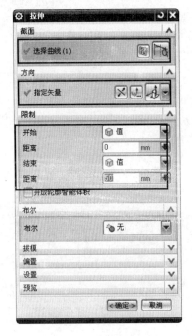

图 8-117 【拉伸】对话框 6

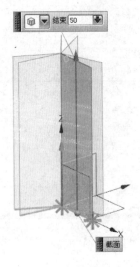

图 8-118 拉伸特征 1

图 8-119 拆分特征

图 8-120 拆分后三段较长的体

图 8-121 【求和】对话框

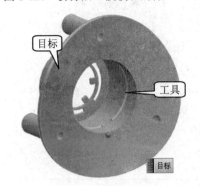

图 8-122 求和特征

（8）保存并退出

完成的电蚊香下壳，如图 8-123、图 8-124 所示。执行【文件】/【保存】命令，或者单击【保存】按钮■（快捷键【Ctrl】+【S】），保存文件。

图 8-123　下壳正面

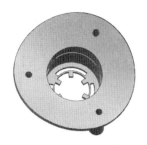

图 8-124　下壳背面

8.3　电蚊香液体瓶设计

电蚊香液体瓶由三部分组成，分别为液体瓶、瓶塞及芯棒。它们都属于比较规则的体，使用圆柱等基本命令就可以完成。创建时要注意三者之间的连接关系，保证最后可以完成装配。另外，瓶身属于壳体类零件，要先完成细节修饰再做抽壳，并且完成和电蚊香下壳旋合的螺纹设计，参数要一致。下面是完成电蚊香液体瓶部分的设计。

8.3.1　瓶身设计

（1）新建文件

打开 UG NX 8.5，单击【标准】工具栏中的【新建】按钮，在弹出的【新建】对话框选择【模型】，输入文件名称"8.3.1.prt"选择文件保存位置，单击鼠标中键或【确定】按钮。

（2）圆柱 1

单击【特征】工具条上【设计特征】下拉菜单中【圆柱】按钮，或者执行【插入】/【设计特征】/【圆柱】命令，弹出【圆柱】对话框，如图 8-125 所示。在【类型】下拉菜单中选择【轴、直径和高度】，【指定矢量】为 Z 轴正向，【直径】输入"40"，【高度】输入"5"，创建圆柱如图 8-126 所示。

图 8-125　【圆柱】对话框 1

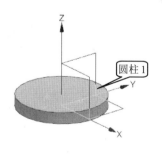

图 8-126　创建圆柱 1

（3）圆柱 2

同步骤（2），激活【圆柱】命令，弹出【圆柱】对话框，如图 8-127 所示。在【类型】下拉菜单中选择【轴、直径和高度】，【指定矢量】为 Z 轴正向，【指定点】为"圆柱 1"上表面的圆心，如图 8-128 所示，【直径】输入"40"，【高度】输入"25"。创建圆柱如图 8-129 所示。

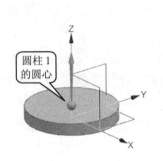
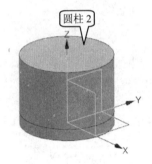

图 8-127 【圆柱】对话框 2　　　　图 8-128 捕捉圆心　　　　图 8-129 创建圆柱 2

（4）创建圆锥 1

单击【特征】工具条上【设计特征】下拉菜单中【圆锥】按钮，或者执行【插入】/【设计特征】/【圆锥】命令，弹出【圆锥】对话框，如图 8-130 所示。在【类型】下拉菜单中选择【底部直径，高度和半角】，【指定矢量】为 Z 轴正向，【指定点】为"圆柱 2"上表面的圆心，如图 8-131 所示，【直径】输入"40"，【高度】输入"5"，【半角】输入"40"。创建圆锥如图 8-132 所示。

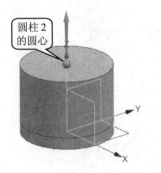
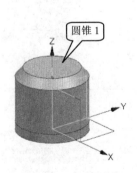

图 8-130 【圆锥】对话框　　　　图 8-131 捕捉圆心　　　　图 8-132 圆锥特征

（5）拉伸 1

在【特征】工具条中单击【拉伸】按钮▥或者执行【插入】/【设计特征】/【拉伸】命令（快捷键 X），弹出【拉伸】对话框，如图 8-133 所示。选择"圆锥 1"上表面圆作为【截面】，【方向】为 Z 轴正向，【开始】与【结束】均为【值】，【距离】输入"0"与"4"，如图 8-134 所示。

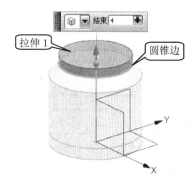

图 8-133　【拉伸】对话框 7　　　　　　　　图 8-134　拉伸特征 2

（6）拔模

在【特征】工具条中单击【拔模】按钮▣或者执行【插入】/【细节特征】/【拔模】命令，弹出【拔模】对话框，如图 8-135 所示。【类型】选择【从平面或曲面】，【脱模方向】为 Z 轴正向，【固定面】选择"拉伸 1 上表面"，【要拔模的面】选择"拉伸 1 圆柱表面"，【角度 1】输入"30"，如图 8-136 所示。

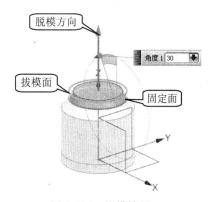

图 8-135　【拔模】对话框　　　　　　　　图 8-136　拔模特征

（7）创建草图 1

单击【特征】工具条上的【任务环境中的草图】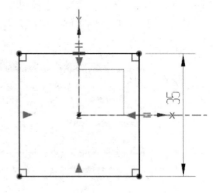 按钮，弹出【创建草图】对话框，选择 XOY 平面为基准面，单击鼠标中键或【确定】按钮进入草图绘制界面。单击关闭【连续自动标注尺寸】开关。单击打开【草图工具】工具条中【显示草图约束】开关。绘制草图，如图 8-137 所示。

（8）拉伸 2

在【特征】工具条中单击【拉伸】按钮或者执行【插入】/【设计特征】/【拉伸】命令（快捷键 X），弹出【拉伸】对话框，如图 8-138 所示。【截面】选择"草图 1"，【方向】为 Z 轴正向，【开始】与【结束】均为【值】，【距离】输入"0"与"5"，【布尔】为【求交】，选择"圆柱 1"作为求交的体。如图 8-139 所示。

图 8-137 【抽取几何体】对话框

图 8-138 【拉伸】对话框 8

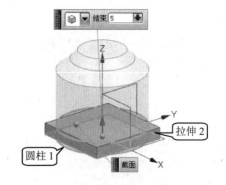

图 8-139 拉伸特征 3

（9）求和

在【特征】工具条中选择【组合下拉菜单下拉菜单】单击【求和】按钮或者执行【插入】/【组合】/【求和】命令，弹出【求和】对话框，如图 8-140 所示。单击选择"拉伸 2"作为【目标】，"圆柱 2"、"圆锥 1"和"拔模后的体"作为【工具】，求和结果如图 8-141 所示。

（10）圆柱 3

同步骤（2），激活【圆柱】命令，弹出【圆柱】对话框，如图 8-142 所示。在【类型】下拉菜单中选择【轴、直径和高度】，【指定矢量】为 Z 轴正向，【指定点】为"拔模后的体"上表面的圆心，如图 8-143 所示，【直径】输入"20"，【高度】输入"1"，【布尔】为【求和】，选择上一步"求和后的体"为运算对象。创建圆柱如图 8-144 所示。

图 8-140　【求和】对话框

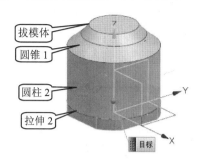

图 8-141　求和

图 8-142　【圆柱】对话框

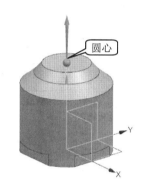

图 8-143　指定点

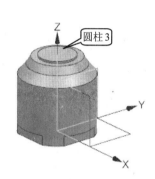

图 8-144　圆柱 3

（11）圆柱 4 和圆柱 5

同步骤（2），激活【圆柱】命令，在"圆柱 3"的基础上，创建【直径】为"24"、【高度】为"1"的圆柱，创建"圆柱 4"，如图 8-145 所示。在"圆柱 4"的基础上，创建【直径】为"20"、【高度】为"12"的圆柱，创建"圆柱 5"，如图 8-146 所示。

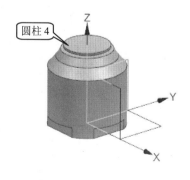

图 8-145　圆柱 4

图 8-146　圆柱 5

（12）细节修饰

① 边倒圆 1

在【特征】工具条中单击【边倒圆】按钮◙或者执行【插入】/【细节特征】/【边倒圆】命令，弹出【边倒圆】对话框，如图 8-147 所示。选择图 8-148 所示两条边作为【要倒圆的边】，【半径 1】为"3"，倒圆结果如图 8-149 所示。

图 8-147 【边倒圆】对话框

图 8-148 选择两条边

图 8-149 边倒圆

② 边倒圆 2

重复执行【边倒圆】命令，选择图 8-150 所示的 16 条边作为【要倒圆的边】，【半径 1】为"0.7"，继续选择如图 8-151 所示的底边作为【要倒圆的边】，【半径 1】为"2"，倒圆结果如图 8-152 所示。

图 8-150 选择倒圆边 1

图 8-151 选择倒圆边 2

图 8-152 倒圆结果

（13）抽壳。在【特征】工具条中单击【抽壳】按钮◙或者执行【插入】/【偏置/缩放】/【抽壳】命令，弹出【抽壳】对话框，如图 8-153 所示。【类型】选择【移除面，然后抽壳】，【要穿透的面】选择上表面，【厚度】输入"1.5"，如图 8-154 所示。

图 8-153 【抽壳】对话框　　　　　　　图 8-154 抽壳特征

（14）添加螺纹。在【特征】工具条中单击【螺纹】按钮 或者执行【插入】/【设计特征】/【螺纹】命令，弹出【螺纹】对话框，如图 8-155 所示，选择"圆柱 5 的外圆柱表面"，如图 8-156 所示。更改【螺距】为"3"，其他默认设置，创建螺纹如图 8-157 所示。

图 8-155 【螺纹】对话框　　图 8-156 选择圆柱 5 表面　　图 8-157 创建螺纹

（15）保存并退出

执行【文件】/【保存】命令，或者单击【保存】按钮 （快捷键 Ctrl+S），保存文件。

8.3.2 瓶塞设计

（1）创建草图

单击【特征】工具条上的【任务环境中的草图】 按钮，弹出【创建草图】对话框，选择 XOZ 平面为基准面，单击鼠标中键或【确定】按钮进入草图绘制界面。单击关闭【连续自动标注尺寸】开关 。单击打开【草图工具】工具条中【显示草图约束】开关 ，绘制草图如图 8-158 所示。

（2）回转

在【特征】工具条中单击【回转】按钮 或者执行【插入】/【设计特征】/【回转】命令，弹出【回转】对话框，如图 8-159 所示。【截面】选择"草图"，【指定矢量】为 Z 轴正向，【指定点】为"坐标原点"，【开始】与【结束】均为【值】，【距离】输入

"0"与"360",如图 8-160 所示。回转结果如图 8-161 所示。

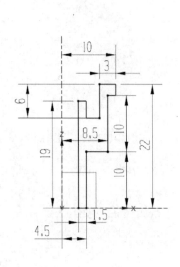

图 8-158　创建草图

图 8-159【回转】对话框

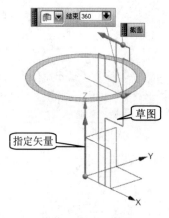

图 8-160　选择草图

图 8-161　回转

（3）保存并退出

执行【文件】/【保存】命令，或者单击【保存】按钮 （快捷键 Ctrl+S），保存文件。

8.3.3　芯棒设计

（1）新建文件

打开 UG NX8.5，单击【标准】工具栏中的【新建】按钮，在弹出的【新建】对话框选择【模型】，输入文件名称"8.3.3.prt"选择文件保存位置，单击鼠标中键或【确定】按钮。

（2）创建圆柱

单击【特征】工具条上【设计特征】下拉菜单中【圆柱】按钮，或者执行【插入】

/【设计特征】/【圆柱】命令，弹出【圆柱】对话框，如图 8-162 所示。在【类型】下拉菜单中选择【轴、直径和高度】，【指定矢量】为 Z 轴正向，【直径】输入"6"，【高度】输入"60"，创建圆柱如图 8-163 所示。

图 8-162 【圆柱】对话框

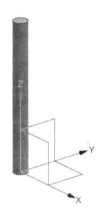

图 8-163 圆柱特征

（3）倒圆角

在【特征】工具条中单击【边倒圆】按钮 或者执行【插入】/【细节特征】/【边倒圆】命令，弹出【边倒圆】对话框，如图 8-164 所示。选择圆柱上下两个圆边作为【要倒圆的边】，【半径 1】为"0.2"，如图 8-165 所示。

图 8-164 【边倒圆】对话框

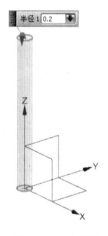

图 8-165 边倒圆

（4）保存并退出

执行【文件】/【保存】命令，或者单击【保存】按钮 （快捷键 Ctrl+S），保存文件。

8.4 电蚊香插头设计

电蚊香插头属于比较简单的建模，按照创建插座体、导电插头及细节修饰的思路创建模型。在创建过程中时要注意阵列特征命令的使用，它可以使设计变得简单。下面是完成电蚊香插头部分的设计。

8.4.1 插座体创建

（1）新建文件

打开 UG NX 8.5，单击【标准】工具栏中的【新建】按钮，在弹出的【新建】对话框选择【模型】，输入文件名称"8.4.1.prt"选择文件保存位置，单击鼠标中键或【确定】按钮。

（2）创建草图轮廓 1

单击【特征】工具条上的【任务环境中的草图】按钮，弹出【创建草图】对话框，选择 XOY 平面为基准面，单击【确定】进入草图绘制界面。单击关闭【连续自动标注尺寸】开关。单击打开【草图工具】工具条中【显示草图约束】开关。绘制草图，如图 8-166 所示。单击【完成草图】按钮，如图 8-167 所示。

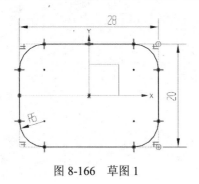

图 8-166 草图 1 　　　　　　　　　图 8-167 退出草图环境后的草图

（3）拉伸 1

在【特征】工具条中单击【拉伸】按钮或者执行【插入】/【设计特征】/【拉伸】命令（快捷键 X），弹出【拉伸】对话框，如图 8-168 所示。选择所做"草图 1"作为【截面】，【方向】为 Z 轴正向，【开始】与【结束】均为【值】，【距离】输入"0"与"3"，如图 8-169 所示。

图 8-168 【拉伸】对话框 9

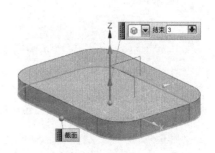

图 8-169 拉伸特征 1

（4）草图轮廓 2

单击【特征】工具条上的【任务环境中的草图】 按钮，弹出【创建草图】对话框，选择 YOZ 平面为基准面，单击鼠标中键或【确定】按钮进入草图绘制界面。单击关闭【连续自动标注尺寸】开关 。单击打开【草图工具】工具条中【显示草图约束】开关 。绘制草图，如图 8-170 所示。

（5）拉伸 2

在【特征】工具条中单击【拉伸】按钮 或者执行【插入】/【设计特征】/【拉伸】命令（快捷键 X），弹出【拉伸】对话框，如图 8-171 所示。选择所做"草图 2"作为【截面】，【方向】为系统默认，【结束】为【对称值】，【距离】输入"10.5"，【布尔】选择【求和】，选择"拉伸 1"作为【选择体】，如图 8-172 所示。拉伸结果如图 8-173 所示。

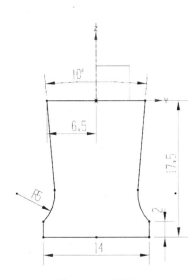

图 8-170　草图 2

图 8-171　【拉伸】对话框 10

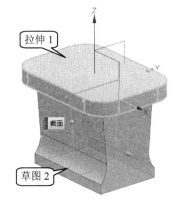

图 8-172　拉伸特征

图 8-173　拉伸 2

（6）轮廓草图 3

单击【特征】工具条上的【任务环境中的草图】 按钮，弹出【创建草图】对话框，

选择 XOZ 平面为基准面，单击鼠标中键或【确定】按钮进入草图绘制界面。单击关闭【连续自动标注尺寸】开关⬚。单击打开【草图工具】工具条中【显示草图约束】开关⬚。绘制草图，如图 8-174 所示。

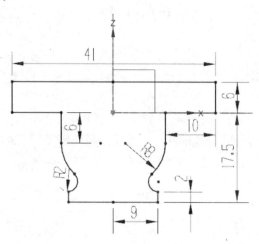

图 8-174　草图 3

（7）拉伸 3

在【特征】工具条中单击【拉伸】按钮⬚或者执行【插入】/【设计特征】/【拉伸】命令（快捷键 X），系统会弹出【拉伸】对话框，如图 8-175 所示。选择所作"草图 3"作为【截面】，【方向】为系统默认，【结束】为【对称值】，【距离】输入"10.5"，【布尔】选择【求交】，选择"拉伸 2"作为【选择体】，如图 8-176 所示，拉伸结果如图8-177 所示。

图 8-175　【拉伸】对话框 11

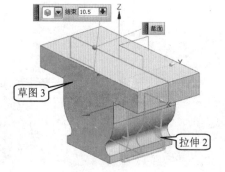

图 8-176　拉伸特征

图 8-177　拉伸 2

（8）椭圆

单击【曲线】工具条上的【椭圆】◯ 按钮，或者执行【插入】/【曲线】/【椭圆】命令，弹出【点】对话框，【输出坐标】值分别为"0，0，-17.5"，如图 8-178 所示。单击【确定】按钮，弹出【椭圆】对话框，如图 8-179 所示，【长半轴】输入"6"，【短半轴】

输入"5"，其他采用系统默认，绘制椭圆如图 8-180 所示。

图 8-178　【点】对话框　　　　图 8-179　【椭圆】对话框　　　　图 8-180　椭圆

（9）拉伸 4

在【特征】工具条中单击【拉伸】按钮 或者执行【插入】/【设计特征】/【拉伸】命令（快捷键 X），弹出【拉伸】对话框，如图 8-181 所示。选择所作"椭圆"为【截面】，【方向】为 Z 轴负向，【开始】和【结束】为【值】，【距离】输入"0"、"17"，【布尔】选择【求和】，选择"拉伸 3"作为【选择体】，【拔模】选择【从起始限制】，【角度】输入 3，如图 8-182 所示，拉伸结果如图 8-183 所示。

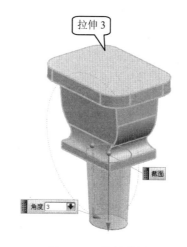

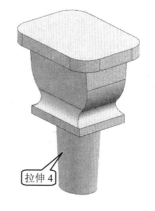

图 8-181　【拉伸】对话框 12　　　　图 8-182　拉伸特征　　　　图 8-183　拉伸 4

（10）草图轮廓 4

单击【特征】工具条上的【任务环境中的草图】 按钮，弹出【创建草图】对话框，

选择 XOZ 平面为基准面，单击鼠标中键或【确定】按钮进入草图绘制界面。单击关闭【连续自动标注尺寸】开关 ⦿ 。单击打开【草图工具】工具条中【显示草图约束】开关 ⦿ 。绘制草图，如图 8-184 所示。

（11）拉伸 5 和拉伸 6

在【特征】工具条中单击【拉伸】按钮⊞或者执行【插入】/【设计特征】/【拉伸】命令（快捷键 X），弹出【拉伸】对话框，如图 8-185 所示。选择所作 "草图 4" 第一封闭轮廓作为【截面】，【方向】为 Y 轴负向，【开始】和【结束】为【值】，【距离】输入 "0"、"10"，【布尔】选择【求差】，选择 "拉伸 4" 作为【选择体】，如图 8-186 所示。继续选择 "草图 4" 第二封闭轮廓作为【截面】，【方向】为 Y 轴正向，其他设置相同，如图 8-187 所示。

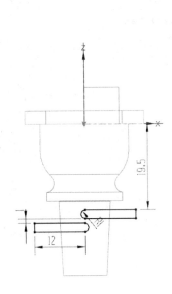

图 8-184　草图轮廓 4

图 8-185　【拉伸】对话框 13

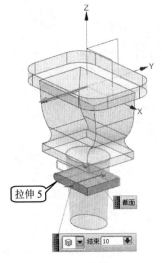

图 8-186　拉伸 5

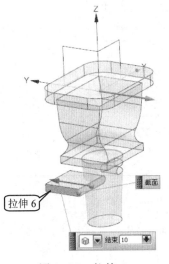

图 8-187　拉伸 6

（12）阵列特征

在【特征】工具条中单击【阵列特征】按钮 或者执行【插入】/【关联复制】/【阵列特征】命令，弹出【阵列特征】对话框，如图 8-188 所示。选择上一步的"拉伸 5"作为【要形成阵列的特征】，【布局】选择【线性】，【指定矢量】为 Z 轴负向，【数量】输入数值 4，【节距】输入数值 3，如图 8-189 所示。阵列的结果如图 8-190 所示。

图 8-188　【阵列特征】对话框

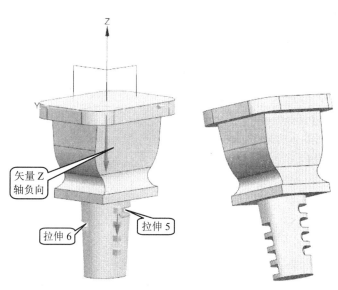

图 8-189　实例阵列　　　　　图 8-190　实例阵列结果

（13）创建圆柱

单击【特征】工具条上【设计特征】下拉菜单中【圆柱】按钮 ，或者执行【插入】/【设计特征】/【圆柱】命令，弹出【圆柱】对话框，如图 8-191 所示。在【类型】下拉菜单中选择【轴、直径和高度】，【指定矢量】为 Z 轴负向，【指定点】为"0，0，–17.5"，如图 8-192 所示，【直径】输入"6"，【高度】输入"20"，【布尔】为【求和】，【选择体】选择"上一步的体"，创建圆柱如图 8-193 所示。

8.4.2　导电插头

（1）创建草图轮廓

单击【特征】工具条上的【任务环境中的草图】 按钮，弹出【创建草图】对话框，选择 YOZ 平面为基准面，单击鼠标中键或【确定】按钮进入草图绘制界面。单击关闭【连续自动标注尺寸】开关 。单击打开【草图工具】工具条中【显示草图约束】开关 。绘制草图，如图 8-194 所示。

（2）拉伸 1 和拉伸 2

在【特征】工具条中单击【拉伸】按钮 或者执行【插入】/【设计特征】/【拉伸】命令（快捷键 X），弹出【拉伸】对话框，如图 8-195 所示。选择所作"草图"【截面】，【方向】为 X 轴正向，【开始】和【结束】为【值】，【距离】输入"6.5"、"7"，【布尔】选择【求合】，选择"插座体"作为【选择体】，如图 8-196 所示。重复步骤，【方向】为 X 轴负向，其他设置相同，如图 8-197 所示。

图 8-191 【圆柱】对话框

点坐标"0、0、-17.5"

图 8-192 指定点

圆柱

图 8-193 创建圆柱

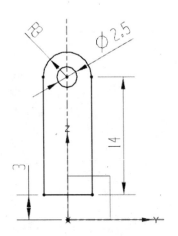

图 8-194 草图轮廓

图 8-195 【拉伸】对话框 13

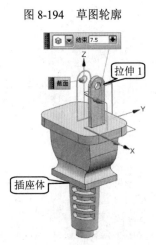

拉伸 1

截面

插座体

图 8-196 拉伸 1

拉伸 2

截面

图 8-197 拉伸 2

8.4.3　细节修饰

（1）边倒圆 1

在【特征】工具条中单击【边倒圆】按钮或者执行【插入】/【细节特征】/【边倒圆】命令，弹出【边倒圆】对话框，分别对五处进行【边倒圆】操作，如图 8-198 所示，【半径 1】分别输入"2、1、1、0.5、1"。

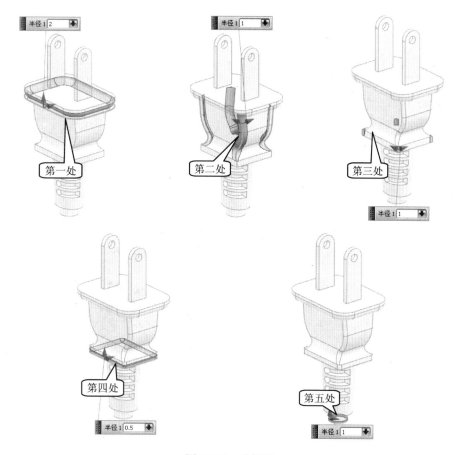

图 8-198　边倒圆

（2）保存并退出

执行【文件】/【保存】命令，或者单击【保存】按钮（快捷键 Ctrl+S），保存文件。

8.5　装 配 建 模

电蚊香主要由上盖、下壳、瓶体、加热芯棒、电插头组成。首先用电蚊香瓶身、瓶塞和芯棒装配成液体瓶，接下来把上盖与下壳装配起来，再把装配好的液体瓶装配到总体上，然后创建插头与电蚊香连接电线。完成装配的过程中注意选择装配约束的关系及【WAVE 几何链接器】命令的使用。接下来完成电蚊香的总体装配。

8.5.1 电蚊香液体瓶的装配

（1）新建装配文件

启动 UG NX8.5，单击【标准】工具栏中的【新建】按钮，在弹出的【新建】对话框选择【装配】，输入文件名称"8.5.1.prt"选择文件保存位置，单击鼠标中键或【确定】按钮。

（2）导入瓶身模型

① 单击【装配】工具条中【添加组件】按钮，或者执行【装配】/【组件】/【添加组件】命令，弹出【添加组件】对话框，单击【打开】按钮，弹出【部件名】对话框，在目录中选取已创建的瓶身模型 8.3.1.prt 文件，【定位】选择【绝对原点】。在【图层选项】下拉菜单选择【原始的】，系统保持组件原有图层位置。完成设置，如图 8-199 所示。生成【组件预览】窗口，如图 8-200 所示。单击【确定】按钮，零件被加载至装配体中，作为该装配体的基础件。

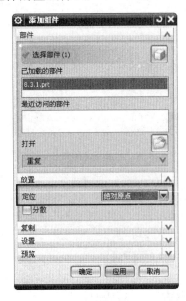

图 8-199 【添加组件】对话框　　　　　　图 8-200　瓶身预览窗口

② 添加装配约束

单击【装配】工具条中【装配约束】按钮，打开【装配约束】对话框，如图 8-201 所示，在【类型】下拉菜单中选择【固定】，选择"瓶身"作为【要约束的几何体】。约束后如图 8-202 所示。

（3）装配瓶塞模型

① 添加瓶塞文件。单击【装配】工具条中【添加组件】按钮，或者执行【装配】/【组件】/【添加组件】命令，弹出【添加组件】对话框，单击【打开】按钮，弹出【部件名】对话框，在目录中选取已创建的瓶塞模型 8.3.2.prt 文件，【定位】选择【通过约束】，如图 8-203 所示。生成【组件预览】窗口，如图 8-204 所示。

图 8-201 【装配约束】对话框

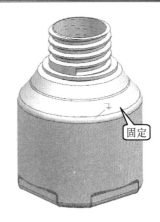

图 8-202 添加【固定】约束

图 8-203 【添加组件】对话框

图 8-204 瓶塞预览窗口

② 装配约束瓶塞。单击【确定】按钮，弹出【装配约束】对话框，如图 8-205 所示，在【类型】下拉菜单中选择【接触对齐】，【方位】为【首选接触】，选择"瓶塞凸缘下表面"，如图 8-206 所示，以及"瓶口上表面"，如图 8-207 所示，作为【要约束的几何体】。更改【方位】为【自动判断中心】，如图 8-208 所示。选择"瓶塞外圆柱表面"，如图 8-209 所示，以及"瓶口内圆柱表面"，如图 8-210 所示，完成装配，如图 8-211 所示。

图 8-205 【装配约束】对话框

图 8-206 选择瓶塞凸缘下表面

图 8-207 瓶口上表面

图 8-208　【装配约束】对话框

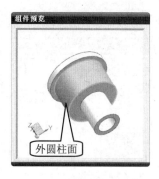

图 8-209　选择瓶塞外圆柱面

图 8-210　选择瓶口内圆柱面

图 8-211　完成瓶塞装配

（4）装配芯棒模型

① 添加芯棒文件。单击【装配】工具条中【添加组件】按钮，或者执行【装配】/【组件】/【添加组件】命令，弹出【添加组件】对话框，单击【打开】按钮，弹出【部件名】对话框，在目录中选取已创建的芯棒模型 8.3.3.prt 文件，【定位】选择【通过约束】，如图 8-212 所示。生成【组件预览】窗口，如图 8-213 所示。

图 8-212　【添加组件】对话框

图 8-213　芯棒预览窗口

② 装配约束芯棒。单击【确定】，弹出【装配约束】对话框，如图 8-214 所示，在【类型】下拉菜单中选择【接触对齐】，【方位】为【自动判断中心】，选择"芯棒外圆柱表

面"，如图 8-215 所示，以及"瓶塞内圆柱表面"，如图 8-216 所示，作为【要约束的几何体】。更改【方位】为【首选接触】，如图 8-217 所示，选择"芯棒端面"，如图 8-218 所示，以及选择"瓶身内底面"，如图 8-219 所示，完成装配，如图 8-220 所示。

图 8-214　【装配约束】对话框

图 8-215　选择芯棒外圆柱面

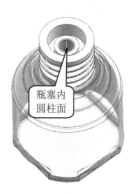

图 8-216　选择瓶塞内圆柱面

图 8-217　【装配约束】对话框

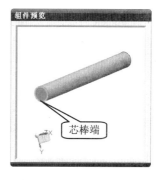

图 8-218　选择芯棒端面

图 8-219　选择瓶内底面

图 8-220　完成芯棒装配

8.5.2　上盖与下壳装配

（1）新建装配文件

启动 UG NX8.5，单击【标准】工具栏中的【新建】按钮，在弹出的【新建】对话框中选择【装配】，输入文件名称"8.5.2.prt"，选择文件保存位置，单击鼠标中键或【确定】按钮。

（2）导入下壳模型

单击【装配】工具条中【添加组件】按钮，或者执行【装配】/【组件】/【添加组件】命令，弹出【添加组件】对话框，单击【打开】按钮，弹出【部件名】对话框，在目录中选取已创建的下壳模型 8.2.1.prt 文件，【定位】选择【绝对原点】。引用集选择"1"，如图 8-221 所示。生成【组件预览】窗口，如图 8-222 所示。单击【确定】按钮，零件被加载至装配体中，作为该装配体的基础件。

图 8-221 【添加组件】对话框　　　　图 8-222 下壳体预览窗口

　　在装配之前先设置引用集，选择显示的下壳体作为引用集，名称为"1"。

（3）装配上盖模型

① 导入上盖模型。单击【装配】工具条中【添加组件】按钮，或者执行【装配】/【组件】/【添加组件】命令，弹出【添加组件】对话框，单击【打开】按钮，弹出【部件名】对话框，在目录中选取已创建的上盖模型 8.1.1.prt 文件，【定位】选择【通过约束】，引用集选择"1"，如图 8-223 所示。生成【组件预览】窗口，如图 8-224 所示。

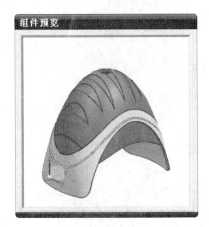

图 8-223 【添加组件】对话框　　　　图 8-224 上盖预览窗口

② 装配约束上盖。单击【确定】按钮，弹出【装配约束】对话框，如图 8-225 所示，在【类型】下拉菜单中选择【接触对齐】，【方位】为【首选接触】，选择"上盖凸台端面"，如图 8-226 所示，以及"下壳凸台端面"，如图 8-227 所示，作为【要约束的几何体】。更改【方位】为【自动判断中心】，如图 8-228 所示。选择"上盖内孔圆柱面"，如图 8-229 所示，以及"下壳外圆柱面"，如图 8-230 所示，继续选择"下壳凸台外圆柱面"，如图 8-231 所示，选择"上盖凸台外圆柱面"，如图 8-232 所示，完成装配，如图 8-233 所示。

图 8-225 【装配约束】对话框　　图 8-226 选择上盖凸台端面　　图 8-227 选择下壳凸台端面

图 8-228 【装配约束】对话框　　　　　　图 8-229 选择上盖内孔圆柱面

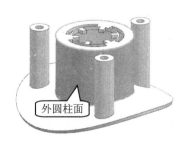

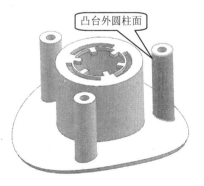

图 8-230 选择下壳外圆柱面　　　　　　图 8-231 选择下壳凸台外圆柱面

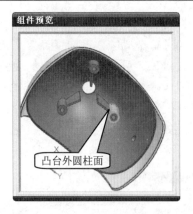

图 8-232　选择上盖凸台外圆柱面

图 8-233　完成上盖装配

8.5.3　整体装配

（1）新建装配文件

启动 UG NX8.5，单击【标准】工具栏中的【新建】按钮，在弹出的【新建】对话框选择【装配】，输入文件名称"8.5.prt"，选择文件保存位置，单击鼠标中键或【确定】按钮。

（2）装配电蚊香液体瓶模型

单击【装配】工具条中【添加组件】按钮，或者执行【装配】/【组件】/【添加组件】命令，弹出【添加组件】对话框，单击【打开】按钮，弹出【部件名】对话框，在目录中选取已创建的瓶身装配模型 8.5.1.prt 文件，【定位】选择【绝对原点】，如图 8-234所示，并添加【固定】的【装配约束】，如图 8-235 所示。

图 8-234　【添加组件】对话框

图 8-235　添加【固定】约束

（3）装配电蚊香上部模型

① 导入上部模型。单击【装配】工具条中【添加组件】按钮，或者执行【装配】/

【组件】/【添加组件】命令，弹出【添加组件】对话框，单击【打开】按钮，弹出【部件
名】对话框，在目录中选取已创建的蚊香上部装配模型 8.5.2.prt 文件，【定位】选择【通
过约束】。

② 装配约束上盖。单击【确定】按钮，弹出【装配约束】对话框，在【类型】下拉
菜单中选择【接触对齐】，【方位】为【首选接触】，选择"瓶身台阶端面"，如图 8-236
所示，以及"下壳下表面"，如图 8-237 所示，作为【要约束的几何体】。更改【方位】
为【自动判断中心】。选择"芯棒外圆柱面"，如图 8-238 所示，以及"下壳内孔圆柱面"，
如图 8-239 所示，完成装配，如图 8-240 所示。

图 8-236　选择瓶身台阶端面　　　　　　　　图 8-237　选择下壳底面

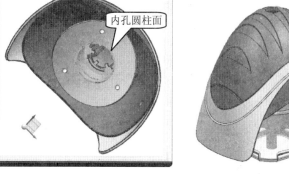

图 8-238　选择芯棒外圆柱表面　　图 8-239　选择下壳内孔表　　图 8-240　完成蚊香上部装配

（4）修改下壳壳体文件

① 激活下壳体作为工作部件。下壳壳体需要和上盖贴合，打开【装配导航器】对话
框，如图 8-241 所示。双击下壳文件"8.2.1.prt"作为工作部件，并右击，在快捷菜单中选
择【替换引用集】命令，选择引用集"1"，如图 8-242 所示。

② WAVE 链接面。单击【装配】工具条中【WAVE 几何链接器】按钮，打开【WAVE
几何链接器】对话框，如图 8-243 所示。【类型】选择【面】，选择"上盖下底面"作为
【面】，如图 8-244 所示，提取所作面为下壳的链接面。

图 8-241 【装配导航器】　　　　　　图 8-242 快捷菜单

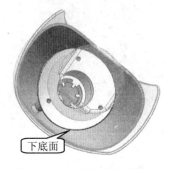

图 8-243 【装配导航器】　　　　　图 8-244 选择上盖下底面

③ 替换面。单击【同步建模】工具条中【替换面】按钮，或者执行【插入】/【同步建模】/【替换面】命令，弹出【替换面】对话框，如图 8-245 所示。【要替换的面】选择"下壳外圆面"，如图 8-246 所示，【替换面】选择"WAVE 链接的面"，如图 8-247 所示，结果如图 8-248 所示。

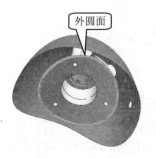

图 8-245 【替换面】对话框　　　　图 8-246 选择下壳外圆面

图 8-247 选择 WAVE 链接面　　　　图 8-248 【替换面】的结果

（5）装配插头模型

① 导入插头模型。单击【装配】工具条中【添加组件】按钮 ，或者执行【装配】/【组件】/【添加组件】命令，弹出【添加组件】对话框，单击【打开】按钮，弹出【部件名】对话框，在目录中选取已创建的插头模型 8.4.1.prt 文件，【定位】选择【移动】。如图 8-249 所示。弹出【组件预览】窗口，如图 8-250 所示。

图 8-249 【添加组件】对话框

图 8-250 插头【组件预览】窗口

② 装配约束上盖。单击【确定】按钮，出现【移动组件】对话框，如图 8-251 所示，【运动】选择【动态】，通过调节动态控制手柄移动到如图 8-252 所示。

图 8-251 【移动组件】对话框

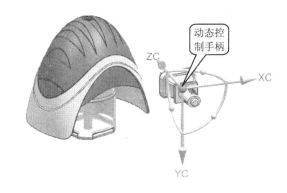

图 8-252 移动插头到合适位置

③ 艺术样条。单击【曲线】工具条中【艺术样条】按钮 ，或者执行【插入】/【曲线】/【艺术样条】命令，打开【艺术样条】对话框，如图 8-253 所示。捕捉插头尾部圆心作为第一点，再在空间中指定其余点，捕捉上盖孔圆心作为最后一点，创建一条连接插头与上盖的艺术样条，如图 8-254 所示。

④ 创建连接电线。单击【特征】工具条中【管道】按钮 ，或者执行【插入】/【扫

掉】/【管理】命令，打开【管道】对话框，如图 8-255 所示。选择"艺术样条"作为【路径】，【外径】输入 4，【内径】输入 2。创建连接电线如图 8-256 所示。

图 8-253 【艺术样条】对话框

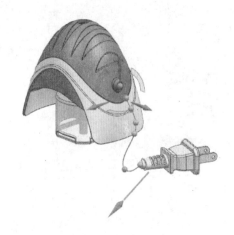

图 8-254 创建连接插头和上盖的艺术样条

图 8-255 【管道】对话框

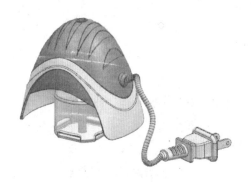

图 8-256 创建连接电线

（6）保存并退出

完成电蚊香模型如图 8-257 所示，执行【文件】/【保存】命令，或者单击【保存】按钮🖫（快捷键 Ctrl+S），保存文件。

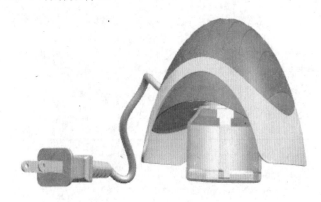

图 8-257 完成电蚊香模型

8.6　本章小结

电蚊香建模属于有一定难度的综合实例。通过本实例的学习，用户对一些基本的特征、曲面命令，如草图、拉伸、圆柱、抽壳、实例特征、通过曲线网格等命令进行了练习，灵活使用这些命令可以极大地提高绘图速度。在建模过程中要注意细节特征的添加。最后对电蚊香进行了总体装配，回顾了装配的相关工具，难点是利用 WAVE 几何链接进行相关性设计。

8.7　思考与练习

1. 思考题

（1）实例中的插头电线是如何绘制的？

（2）装配图的设计有几种方式？

2. 练习题

根据部分零件图和文件绘制路灯各零件，并装配。

（1）灯盖，如图 8-258 所示。

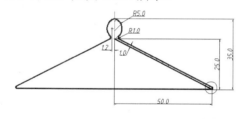

图 8-258　灯盖

（2）灯罩，如图 8-259 所示。

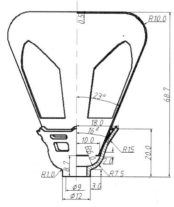

图 8-259　灯罩

（3）底座，如图 8-260 所示。

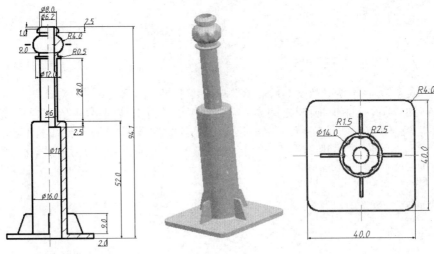

图 8-260　底座

（4）灯杆头参照文件，如图 8-261 所示。

（5）灯托立体图，如图 8-262 所示。

图 8-261　灯杆头

图 8-262　灯托立体图

（6）路灯立体图，如图 8-263 所示。

图 8-263　路灯立体图

第9章 齿 轮 泵

齿轮泵是由主动齿轮、从动齿轮、泵体、前泵盖、后泵盖和螺塞组成。它在机械工业中被广泛应用，主要作用是从入口把工作介质吸入，并对其增压后从出油口打出。本章分别介绍齿轮泵各部件的创建过程，通过这一实例过程的学习，以帮助用户尽快熟悉和掌握UG NX 8.5 实体建模的方法和技巧。

9.1 部件建模

部件建模是指利用 UG 系统提供的建模工具来创建产品的单个部件模型。本节将主要介绍齿轮泵主要部件的建模方法，包括主动齿轮轴、从动齿轮轴、泵体、前泵盖、后泵盖及螺塞的设计。下面逐一介绍其创建方法。

9.1.1 主动齿轮轴设计

齿轮轴主要是传递外界输入的扭矩，带动从动齿轮轴旋转，从而对来油（工作介质）增压。它是齿轮泵的重要部件，由齿轮和轴组成，工程图如图 9-1 所示。

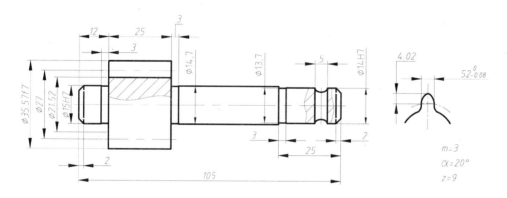

图 9-1 主轮齿轮轴

建模思路：打开 GC 工具箱下的齿轮建模圆柱齿轮，然后输入齿轮参数，生成齿轮，最后利用凸台等功能创建轴。具体操作步骤如下。

（1）新建文件

执行【文件】/【新建】命令，或单击标准工具条中【新建】按钮 ，弹出【新建】对话框，在模型选项卡中选择【建模】模板，设置文件名为 9.1.1，单击【确定】按钮进入建模环境。

（2）创建齿轮模型

① 单击【齿轮建模-GC 工具箱】工具条中的【圆柱齿轮建模】按钮 ，如图 9-2 所示，或执行【GC 工具箱】/【齿轮建模】/【圆柱齿轮】命令，如图 9-3 所示，弹出【渐开线圆柱齿轮建模】对话框，选择【创建齿轮】，如图 9-4 所示。

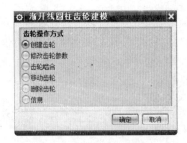

图 9-2 【齿轮建模-GC 工具箱】　图 9-3 【GC 工具箱】菜单栏　　图 9-4 工具条圆柱齿轮建模对话框

② 单击【确定】按钮，继续选择【直齿轮】、【外啮合齿轮】及【滚齿】，如图 9-5 所示。

③ 单击【确定】按钮，在【标准齿轮】选项组中输入相应参数【名称】为 yu、【模数】为 3、【牙数】为 9、【齿宽】为 25、【压力角】为 20、【齿轮建模精度】为中部，如图 9-6 所示。

图 9-5 圆柱齿轮参数对话框　　　　　　図 9-6 圆柱齿轮参数对话框

④ 单击【确定】按钮，弹出【矢量】对话框，选择 X 轴作为【要定义矢量的对象】，如图 9-7 所示，弹出【点】对话框，默认坐标原点，单击【确定】按钮。生成齿轮，如图 9-8 所示。

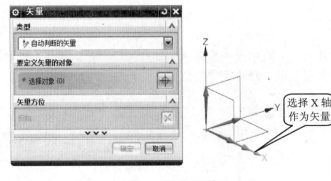

图 9-7 矢量对话框

（3）创建凸台

① 单击【特征】工具条中的【凸台】按钮，或者执行【插入】/【设计特征】/【凸台】命令，打开【凸台】对话框。选取齿轮表面作为【凸台】放置面，如图 9-9 所示，在【直径】和【高度】对话框中分别输入 14.7 和 3，如图 9-10 所示。

图 9-8 齿轮

图 9-9 选择【凸台】放置表面

图 9-10 【凸台】对话框

② 单击【确定】按钮，打开【定位】对话框，如图 9-11 所示，选取【点落在点上】方式，打开【点落在点上】对话框，如图 9-12 所示。

图 9-11 【定位】对话框

图 9-12 【点落在点上】对话框

③ 选取齿轮的圆弧曲线，如图 9-13 所示，弹出【设置圆弧的位置】对话框，如图 9-14 所示，单击【圆弧中心】选项完成凸台 1，如图 9-15 所示。

图 9-13 选取圆弧曲线

图 9-14 【设置圆弧的位置】对话框

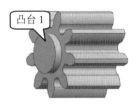

图 9-15 生成凸台 1

④ 创建凸台 2。方法同步骤①～③，在齿轮的另一端面创建直径为 14.7、高度为 3 的凸台，如图 9-16 所示。

⑤ 创建凸台 3。方法同步骤①～③，在步骤④生成的凸台端面创建直径为 15、高度为 40 的凸台 3，如图 9-17 所示。

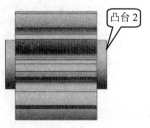
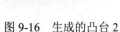

图 9-16　生成的凸台 2

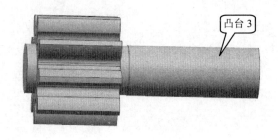

图 9-17　生成凸台 3

⑥ 创建凸台 4。方法同步骤①～③，在步骤⑤生成的凸台端面创建直径为 13.7、高度为 3 的凸台，如图 9-18 所示。

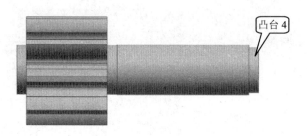

图 9-18　生成凸台 4

⑦ 创建凸台 5。方法同步骤①～③，在步骤⑥生成的凸台端面创建直径为 14、高度为 22 的凸台，如图 9-19 所示。

图 9-19　生成凸台 5

⑧ 创建凸台 6。方法同步骤①～③，在步骤④生成的凸台端面创建直径为 15、高度为 9 的凸台，如图 9-20 所示。

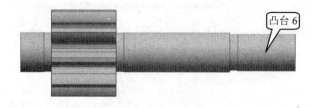

图 9-20　生成凸台 6

（4）创建孔特征

① 单击【特征】工具栏上的【在任务环境中绘制】按钮，或者执行【插入】/【草图】命令，弹出【创建草图】对话框，如图 9-21 所示。【类型】选项组中选择【在平面上】，【草图平面】选项组中选择【创建平面】，单击【平面】对话框中的按钮，在【平面】对话框中【类型】选项组中选择【相切】，【参考对象】选择 φ14 圆柱表面，创建如图 9-22 所示草图平面，单击【确定】按钮，或者单击鼠标中键，进入草图环境。

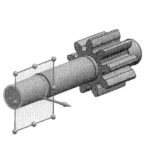

图 9-21　【创建草图】对话框　　　　　　图 9-22　创建草图平面

② 绘制一个圆，进行几何约束及标注尺寸使圆完全约束，如图 9-23 所示，单击【草图】栏中【完成草图】按钮，或者使用快捷键【Ctrl】+【Q】，退出草图并返回建模环境。

③ 单击工具栏中的【拉伸】按钮，弹出【拉伸】对话框，在【截面】选项组中选择上一步的草绘圆，在【结束】选项组中选择【贯通】，【布尔】选项组中选择【求差】运算，如图 9-24所示。

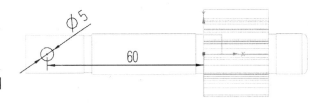

图 9-23　圆的草图

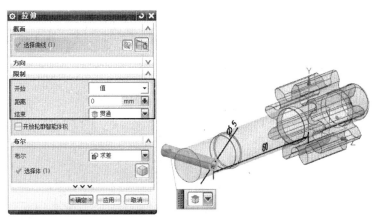

图 9-24　拉伸命令

④ 单击【确定】按钮，生成孔，如图 9-25 所示。

（5）倒斜角

① 单击【特征】工具条中的【倒斜角】按钮 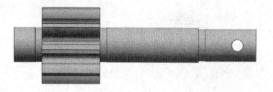，打开【倒斜角】对话框，选择需要倒角的两边，并在【偏置】选项组设置【横截面】为【对称】、【距离】为 2，其余参数选择默认值，如图 9-26 所示。

图 9-25　生成孔

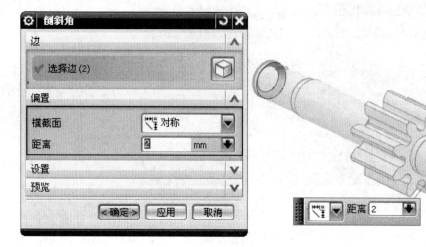

图 9-26　倒斜角

② 单击【确定】按钮，生成倒斜角，如图 9-27 所示。

（6）完成主动齿轮轴建模后，执行【文件】/【保存】命令，或者单击【保存】按钮 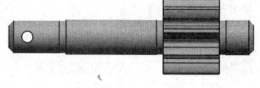，保存文件。

图 9-27　完成的齿轮轴

9.1.2　从动齿轮轴的设计

从动齿轮轴和主动齿轮轴配合完成对来油的增压，它是由齿轮和从动轴组成。工程图如图 9-28 所示。

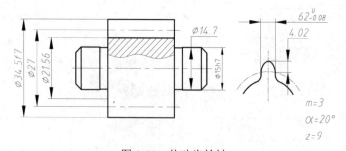

图 9-28　从动齿轮轴

其建模思路与主动齿轮轴基本相似，先打开 GC 工具箱下的齿轮建模圆柱齿轮，然后输入齿轮参数，生成齿轮，最后利用凸台等功能创建轴。具体操作步骤如下。

（1）【新建】文件

执行【文件】/【新建】命令，或单击标准工具条中【新建】按钮，弹出【新建】对话框，在模型选项卡中选择【建模】模板，设置文件名为 9.1.2，单击【确定】按钮进入建模环境。

（2）创建齿轮模型

重复 9.1.1 中的步骤（2）中①～④，生成齿轮模型，如图 9-8 所示。

（3）创建凸台

① 重复 9.1.1 中的步骤（3）中①～④，生成如图 9-29 所示齿轮上的凸台。

② 按照 9.1.1 中的步骤（3）中①～④，继续在左右两端面分别创建直径为 15、高度为 9 的凸台，如图 9-30 所示。

图 9-29　齿轮轴

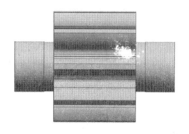

图 9-30　生成凸台

（4）倒斜角

单击【特征】工具条中的【倒斜角】按钮，打开【倒斜角】对话框，选择需要倒角的两边，并在【偏置】选项组设置【横截面】为【对称】、【距离】为 2，其余参数选择默认值，如图 9-31 所示。单击【确定】按钮，生成倒斜角，如图 9-32 所示。

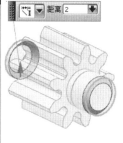

图 9-31　倒斜角图

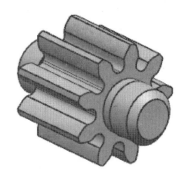

图 9-32　从动齿轮轴

（5）完成从动齿轮轴建模后，执行【文件】/【保存】命令，或者单击【保存】按钮，保存文件。

9.1.3　泵体的设计

泵壳体主要用于安装齿轮和轴承，主要功能是起支撑作用，工程图如图 9-33 所示。

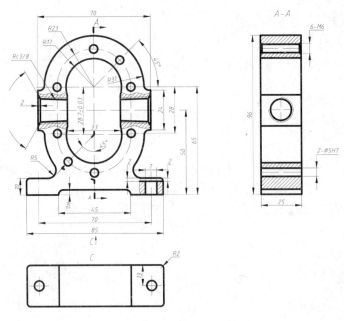

图 9-33 泵壳体

设计基本思路：创建草图曲线，然后通过拉伸生成实体，在实体上利用孔命令，生成齿轮泵腔和安装螺纹孔等，具体操作步骤如下。

（1）执行【文件】→【新建】命令或单击标准工具栏中的【新建】按钮，（快捷键 Ctrl+N），弹出【新建】对话框，在模型选项卡中选择建模模板，设置文件名为 9.1.3，单击【确定】按钮，进入建模环境。

（2）单击直接草图中的【草图】按钮创建草图，草图平面默认 X-Y 面，单击【确定】按钮进入草图工作界面。根据图 9-33 所示泵壳体工程图创建草图曲线并进行尺寸和形状约束，如图 9-34 所示。

（3）单击【拉伸】按钮，选择草图曲线，采用对称值拉伸，距离为 12.5，如图 9-35 所示。单击【确定】按钮，生成实体，如图 9-36 所示。

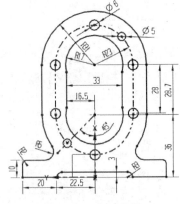

图 9-34 草图曲线

图 9-35 拉伸对话框

图 9-36 拉伸实体

（4）单击【草图】按钮创建草图，草图平面选择拉伸体一个侧面，如图 9-37 所示。单击确定创建草图，作一个直径为 24 的圆，如图 9-38 所示。

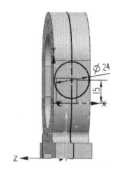

图 9-37　草图平面选择　　　　　　　　　　图 9-38　草图曲线

（5）单击【拉伸】按钮，弹出【拉伸】对话框，【限制】均为值，开始距离为 0，结束距离为 4，布尔方式为求和，目标体选择上一步操作拉伸的实体（若图中仅有一个实体，系统则自动判断其为求和的目标体；若存在两个及两个以上实体，则需手动选择其中一个作为求和目标体），如图 9-39 所示。

（6）再次单击【拉伸】按钮，弹出【拉伸】对话框，开始距离为 62，结束距离为 66，布尔方式为求和，如图 9-40 所示。注意拉伸方向，若方向错误，可单击方向选项卡中反向命令，单击【确定】按钮，生成实体，如图 9-41 所示。

（7）执行【孔】命令生成孔。单击【孔】按钮，弹出【孔】对话框，指定点为拉伸圆柱体外侧端面圆心，输入直径值为 12，深度限制选择贯通体，布尔系统自动判定为求差，如图 9-42 所示。单击【确定】按钮生成孔，如图 9-43 所示。

图 9-39　【拉伸】对话框 1

图 9-40　【拉伸】对话框 2

图 9-41　生成实体

图 9-42 【孔】对话框 1

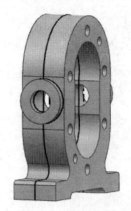

图 9-43 生成孔后实体

（8）对生成的孔进行【倒斜角】，单击【倒斜角】按钮，进出油口倒角为 C1.5，六个螺纹孔倒角为 C1，对进出油口外壁倒圆角，半径为 2，如图 9-44 所示。

（9）以底面为基准平面创建草图，绘制草图曲线，如图 9-45 所示。

（10）对生成的草图曲线执行【拉伸】求差命令。单击【拉伸】按钮，弹出【拉伸】对话框，选择Ø7 小圆，开始值 0，结束值 8，布尔为求差，如图 9-46 所示，单击【应用】按钮。

图 9-44 倒角后实体

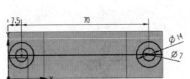

图 9-45 草图曲线

图 9-46 【拉伸】对话框 3

（11）选择Ø14 大圆，开始值为 8，结束值为 10，布尔为求差，如图 9-47 所示。单击【确定】按钮生成实体，如图 9-48 所示。单击【保存】按钮，保存文件。

图 9-47 【拉伸】对话框 4

图 9-48 生成实体

9.1.4　前泵盖的设计

创建前泵盖，工程图如图 9-49 所示。

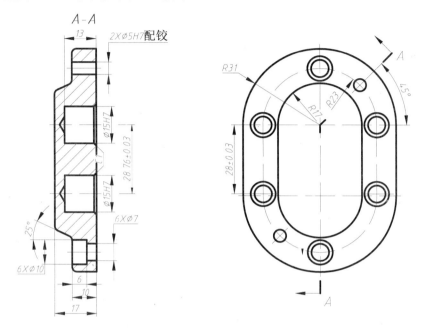

图 9-49　前泵盖

建模思路：先绘制齿轮泵盖曲线，然后利用拉伸功能生成实体，最后在盖面上创建基准面，在基准面上画两个圆，拉伸求差。具体操作步骤如下。

（1）【新建】文件。执行【文件】→【新建】命令或点击标准工具栏中的新建按钮，弹出【新建】对话框，在模型选项卡中选择建模模块，设置文件名为 9.1.3，单击【确定】按钮，进入建模环境。

（2）创建草图曲线。单击直接草图，选择 X-Y 面，进入草图工作界面。创建草图曲线并进行尺寸和形状约束，如图 9-50 所示。

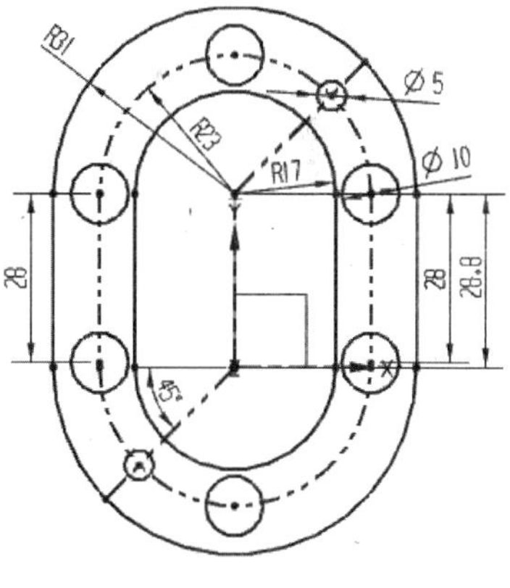

（3）拉伸体。点击【特征】工具栏中的【拉伸】按钮，弹出【拉伸】对话框，选取步骤（2）绘制曲线的内

图 9-50　草图曲线

轮廓线，限制均为值并输入开始距离为 0，终止距离为 7，其余采用系统默认值，如图 9-51 所示。单击【确定】按钮，生成实体，如图 9-52 所示。

（4）拔模。单击【拔模】命令按钮，弹出【拔模】对话框，指定矢量为 Z 轴，拔模方法为固定面，选择固定面为 X-Y 面，要拔模的面选择已拉伸实体的侧面，角度为 25°，如图 9-53 所示。单击【确定】按钮，生成实体，如图 9-54 所示。

图 9-51 【拉伸】对话框 5

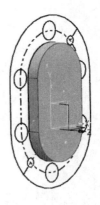

图 9-52 生成实体

图 9-53 【拔模】对话框

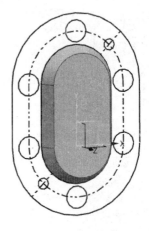

图 9-54 拔模实体

（5）拉伸体。单击【特征】工具栏中的【拉伸】按钮■，弹出【拉伸】对话框，选取步骤（2）绘制曲线的外轮廓线，限制均为值并输入开始距离为 0，终止距离为–10，布尔为求和，其余采用系统默认值，如图 9-55 所示。单击【确定】按钮，生成实体，如图 9-56所示。

图 9-55 【拉伸】对话框 6

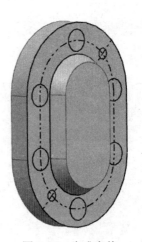

图 9-56 生成实体

（6）拉伸体。单击【特征】工具栏中的【拉伸】按钮，弹出【拉伸】对话框，选取步骤（2）绘制的Ø5 小圆，并输入开始距离为 0，终止离为-10，布尔运算选择求差，如图 9-57 所示。单击【确定】按钮，生成实体，如图 9-58 所示。

图 9-57　【拉伸】对话框 7

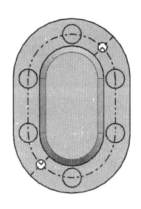

图 9-58　生成实体

（7）创建孔。单击【孔】按钮，打开【孔】对话框，选择【常规孔】类型，指定步骤（2）绘制的Ø10 圆的圆心，在【成形】下拉列表中选择"沉头孔"，在【尺寸】文本框中分别输入沉头直径为 10、沉头深度为 6、直径为 7、深度限制选择贯通体，如图 9-59 所示。单击【确定】按钮，生成六个安装孔，如图 9-60 所示。

图 9-59　【孔】对话框 2

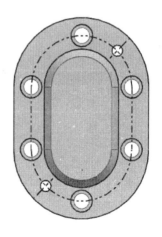

图 9-60　生成安装孔

（8）创建孔。单击【孔】按钮，打开【孔】对话框选择【常规孔】，指定步骤（4）拉伸体的另一个表面，进入草图工作界面。弹出【草图点】对话框，如图 9-61 所示。在体表面任意指定两点，如图 9-62 所示。

（9）单击【关闭】按钮，将点的尺寸修改成需要的尺寸，如图 9-63 所示。

（10）单击【完成草图】按钮，退出草图工作界面，返回【孔】对话框，在【成形】下拉菜单中选择"简单"。在尺寸文本框中分别输入直径 15、深度 13、顶锥角 0，如图 9-64 所示。单击【确定】按钮，生成如图 9-65 所示。

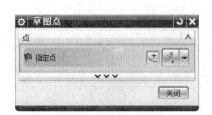

图 9-61 【草图点】对话框

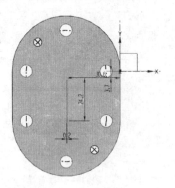

图 9-62 点的草图

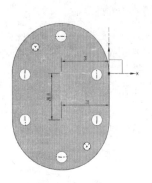

图 9-63 草图

图 9-64 【孔】对话框 3

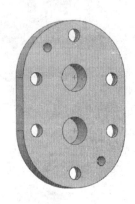

图 9-65 生成孔

（11）单击设计特征中【圆锥】按钮，打开【圆锥】对话框。【指定矢量】为 Z 轴正方向，指定点为上一步所作其中一孔的底圆圆心，在尺寸下拉菜单中输入底部直径 7、顶部直径 0、高度 2，布尔为求差，如图 9-66 所示。单击【确定】按钮，并对另一孔重复操作。如图 9-67 所示。

图 9-66 【圆锥】对话框

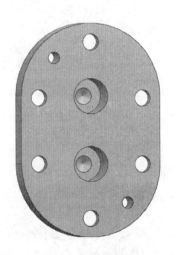

图 9-67 生成锥孔

（12）倒圆角。单击【边倒圆】命令按钮 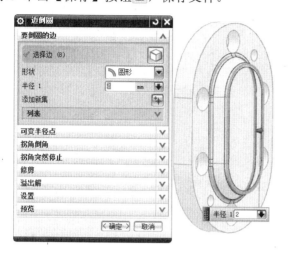，弹出【边倒圆】对话框，选择需倒圆角的边，形状为圆形，半径值为 2，如图 9-68 所示。单击【确定】按钮完成前泵盖，如图 9-69 所示。单击【保存】按钮 ，保存文件。

图 9-68　【边倒圆】对话框

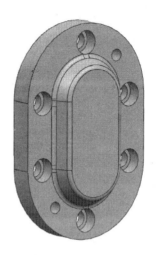

图 9-69　完成实体

9.1.5　后泵盖的设计

创建后泵盖，工程图如图 9-70 所示。

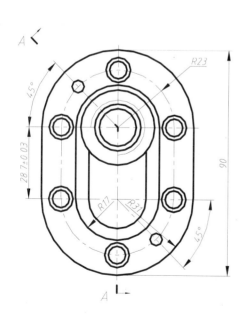

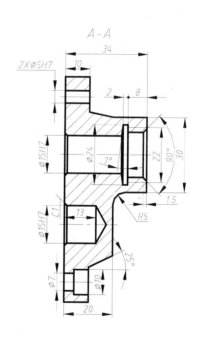

图 9-70　后泵盖

创建后泵盖与前面介绍的前泵盖创建思路相同，先生成草图曲线，然后通过拉伸生成实体，再对实体进行特征编辑，形成泵盖模型。具体操作步骤如下。

（1）执行【文件】/【新建】命令或单击标准工具栏中的【新建】按钮，弹出【新建】对话框，在模型选项卡中选择建模模板，设置文件名为 9.1.5，单击【确定】按钮，进入建模环境。

（2）创建草图曲线。单击【草图】按钮，进入草图工作界面。创建草图曲线并进行尺寸和形状约束，如图 9-71 所示。

（3）执行【拉伸】命令对草图曲线进行拉伸，距离分别为 10（正向）、10（反向）和 24（反向），生成实体，如图 9-72 所示。

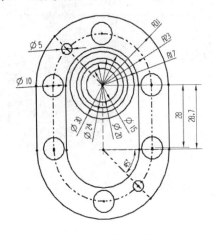

图 9-71　草图曲线

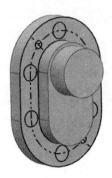

图 9-72　生成实体

（4）执行【孔】命令生成孔。单击【孔】按钮，弹出【孔】对话框，指定点为第（2）步草图所作的 6 个 Ø10 圆的圆心，孔方向垂直于面，成形为沉头，沉头直径、沉头深度、直径尺寸分别为 10、6、7，深度限制为贯通体，布尔为求差，如图 9-73 所示。单击【确定】按钮，完成生成孔的操作，如图 9-74 所示。

图 9-73　【孔】对话框 4

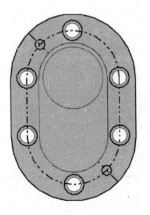

图 9-74　生成孔实体

（5）再次单击【孔】按钮，弹出【孔】对话框，指定点为底部圆弧的圆心，孔方向垂直于面,【成形】为【简单】,直径、深度、顶锥角分别为 15、13、120,布尔为求差,如图 9-75 所示。单击【确定】按钮,完成孔的操作,如图 9-76 所示。

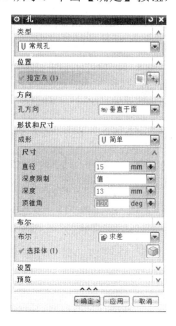

图 9-75　【孔】对话框 5

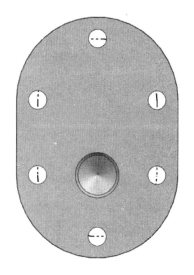

图 9-76　生成孔的实体

(6)单击【孔】命令按钮,选择螺纹孔,指定点为Ø30 圆柱 Z 向最高面圆心,形状和尺寸下拉菜单中选择大小"M22x2.5",输入螺纹深度 8,深度限制选为值,输入深度 8、顶锥角 0,如图 9-77 所示。单击【确定】按钮,完成螺纹孔的操作,如图 9-78 所示。

图 9-77　【孔】对话框 6

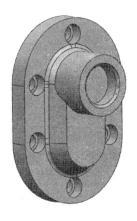

图 9-78　生成孔的实体

(7)对生成的草图曲线执行【拉伸】求差命令。对 2- Ø5 和Ø15 的三个圆贯通,对Ø24 的圆开始值与结束值分别为 14 与 16,完成【拉伸求差】的操作,如图 9-79 所示。

(8)单击【倒斜角】按钮,弹出【倒斜角】对话框,对背面两个孔边进行倒斜角,横截面为对称,距离为 1,如图 9-80 所示,单击【确定】按钮,完成倒斜角的操作,如图 9-81 所示。

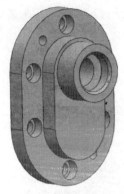

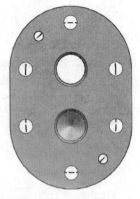

图 9-79　拉伸求差后实体　　　　图 9-80　【倒斜角】对话框　　　　图 9-81　倒斜角后实体

（9）单击【圆锥】命令按钮，弹出【圆锥】对话框，选择类型为直径和半角，指定矢量为 Z 轴，指定点为对草图曲线中 24 的的圆作拉伸切除厚形成的内槽的底面圆心，在尺寸下拉菜单中输入底部直径 24、顶部直径 0、半角 83，布尔选择求差，如图 9-82 所示。单击【确定】按钮，完成操作，生成 7°的锥面，如图 9-83 所示。

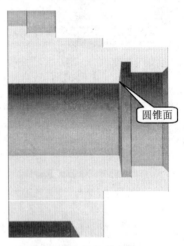

图 9-82　圆锥命令对话框　　　　　　图 9-83　求差后实体

（10）拔模。单击【拔模】命令按钮，弹出【拔模】对话框，指定矢量为 Z 轴，拔模方法为固定面，选择固定面为 X-Y 面，要拔模的面选择草图曲线中内轮廓线拉伸实体的侧面，角度为 25°，如图 9-84 所示。单击【确定】按钮，生成实体，如图 9-85 所示。

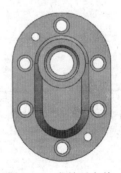

图 9-84　【拔模】对话框　　　　　　图 9-85　求差后实体

（11）倒圆角。单击【边倒圆】命令按钮，弹出【边倒圆】对话框，选择需要倒圆角的边，形状为圆形，半径值为2，如图9-86所示。单击【确定】按钮完成后泵盖，如图9-87所示。单击【保存】按钮，保存文件。

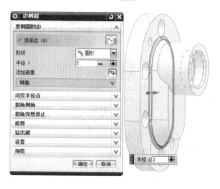 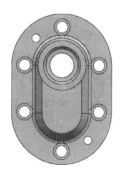

图 9-86　【边倒圆】对话框　　　　　　图 9-87　后泵盖

9.1.6　螺塞设计

创建螺塞，工程图如图9-88所示。

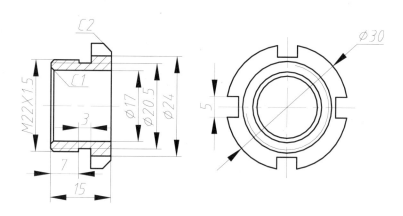

图 9-88　螺塞

建模思路：根据工程图创建草图，拉伸求和，然后用孔命令打一个贯通孔，用螺纹命令在外圆柱面作螺纹，最后倒斜角。据图操作步骤如下。

（1）【新建】文件。执行【文件】→【新建】或点击标准工具栏中的新建按钮，弹出【新建】对话框，在模型选项卡中选择建模模块，设置文件名为9.1.4，单击【确定】按钮，进入建模环境。

（2）创建草图曲线。单击【草图】按钮，选择X-Y面作为草图平面，进入草图工作界面。创建草图曲线并进行尺寸和形状约束，如图9-89所示。

（3）拉伸体。单击【特征】工具栏中的【拉伸】按钮，弹出【拉伸】对话框，选择布尔为求和，选择步骤（2）绘制外轮廓，开始值为0，结束值为–5。选择Ø20.5的圆，输入开始距离为0，结束值为3。选择Ø22的圆，输入开始距离为3，结束值为10。单击【确定】按钮，生成实体，如图 9-90 所示。

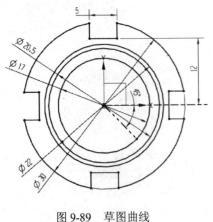

图 9-89　草图曲线

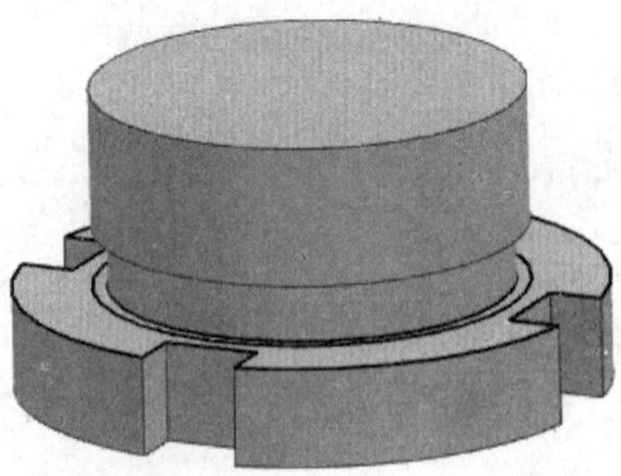

图 9-90　拉伸实体

（4）再次单击【特征】工具栏中的【拉伸】按钮，弹出【拉伸】对话框，选择Ø17 的圆，限制均改为贯通，布尔方式为求差，如图 9-91 所示。单击【确定】按钮，生成通孔，如图 9-92 所示。

图 9-91　指定点

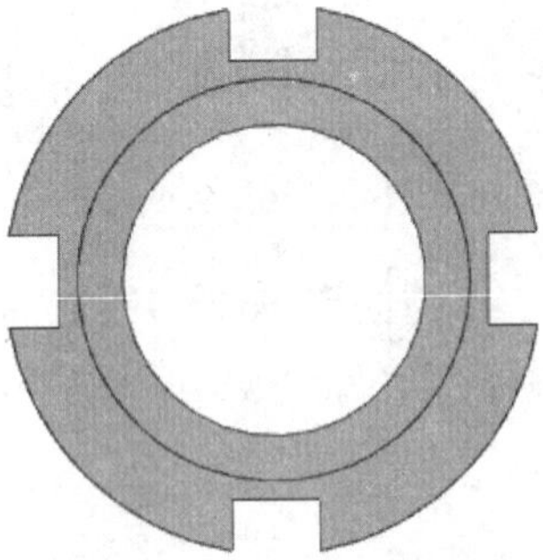

图 9-92　指定点

（5）单击【倒斜角】按钮，弹出【倒斜角】对话框，对底面外边缘和最高面内、外边缘分别倒角，距离分别为 2、1、1，如图 9-93 所示。

（6）单击【螺纹】命令按钮，弹出【螺纹】对话框，螺纹类型为详细，选择螺纹面，如图 9-94 所示。选择起始面，如图 9-95 所示。在弹出的对话框中单击【螺纹轴反向】，【螺纹】对话框再次弹出，依次输入小径 19.5、长度 7、螺距 2.5、角度 60，如图 9-96 所示。单击【确定】按钮，生成螺纹，如图 9-97 所示。完成螺塞的绘制，单击【保存】按钮，保存文件。

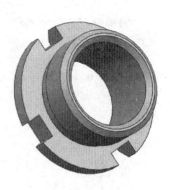

图 9-93　生成圆柱

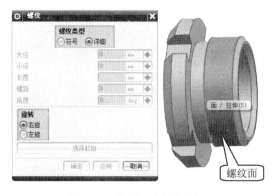

图 9-94　选择一个圆柱面

图 9-95　选择起始面

图 9-96　【螺纹】对话框

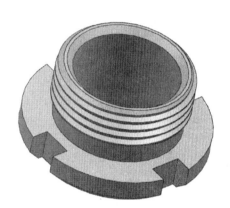

图 9-97　生成螺纹

9.2　装配建模

完成部件建模后，本节介绍其装配的具体过程和方法。将齿轮泵的 6 个零件装配成完整的齿轮泵。装配思路为：创建一个文件夹将作完的 6 个图放入，在此文件夹中新建一文件，然后装配将 6 个文件一次添加到装配图中并添加装配约束，具体操作步骤如下。

（1）【新建】文件。执行【文件】/【新建】命令或单击【标准】工具栏中的【新建】按钮，弹出【新建】对话框，在模型选项卡中选择建模模块，设置文件名为"zhuangpei.prt"，单击【确定】按钮，进入建模环境。

（2）执行【开始】/【装配】按钮，将装配工具条调出，如图 9-98 所示。

（3）添加泵体。单击【添加组件】按钮，弹出【添加组件】对话框，单击【打开】按钮，找到 9.1.3 文件。定位方式选择【绝对原点】，其余选项采用系统默认值，如图 9-99 所示。

（4）单击【确定】按钮，将泵体添加到装配图中，如图 9-100 所示。

图 9-98　装配工具条

图 9-99 【添加组件】对话框

图 9-100 泵体

（5）固定泵体。单击【装配约束】按钮，弹出【装配约束】对话框，【类型】选择【固定】，选择泵体为要约束的几何体，单击【确定】按钮，如图 9-101 所示。

（6）添加前泵盖，单击【添加组件】按钮，弹出【添加组件】对话框，单击【打开】按钮，找到 9.1.4 文件。选择【通过约束】定位方式，其余选项采用系统默认值，如图 9-102 所示。

图 9-101 装配约束

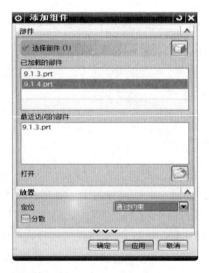

图 9-102 【添加组件】对话框

（7）单击【确定】按钮，弹出【装配约束】对话框，【类型】选择接触对齐，方位下拉列表中选择首选接触。依次选择泵体的一个端面跟前泵盖的端面（选择接触面时应注意 Ø5 的孔的位置可以对正），如图 9-103 所示。

（8）在预览选项中勾选在主窗口中预览组件，检查接触方向是否正确。如方向正确，单击【确定】按钮进行下一步约束；如方向错误，单击【返回上一个约束】按钮，调转方向。如图 9-104 所示。

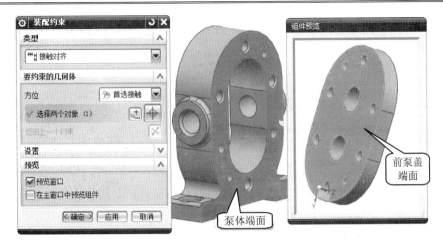

图 9-103　装配约束

（9）单击【移动组件】按钮![img]，弹出【移动组件】对话框，选择前泵盖，运动方式选择【动态】，单击指定方位，图中出现坐标系，拖动坐标轴或两坐标轴间的球可以使前泵盖移动或旋转，调整前泵盖位置，使其与泵体大致对应，如图 9-105 所示。

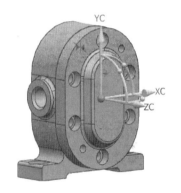

图 9-104　装配约束-接触　　　　　　　图 9-105　移动组件

（10）单击【装配约束】按钮![img]，弹出【装配约束】对话框，【类型】选择接触对齐，在【方位】下拉列表中选择【自动判断中心/轴】，分别选择泵体和前泵盖上对应的Ø5 通孔的内圆柱面，如图 9-106 所示。

图 9-106　【装配约束】对话框

（11）将【类型】改为平行，选择第一个对象为前泵盖一侧竖直的面（左右均可），选择第二个对象为泵体浸出油口的环形端面，如图 9-107 所示。单击【确定】按钮，完成前泵盖的装配，如图 9-108 所示。

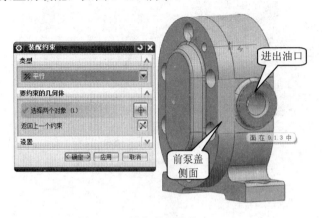

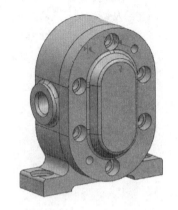

图 9-107　添加装配体约束

图 9-108　装配体①

（12）添加主动齿轮轴。单击【添加组件】按钮，弹出【添加组件】对话框，单击【打开】按钮，找到 9.1.1 文件。选择【通过约束】定位方式，其余选项采用系统默认值，如图 9-109 所示。

（13）单击【确定】按钮，进入【装配约束】对话框，在【类型】下拉菜单中选择【接触对齐】，在【方位】列表中选择【自动判断中心/轴】，分别选择主动轴的中心轴和前泵盖上部内孔的中心轴。通过【移动组件】调整主动轴位置，生成如图 9-110 所示的效果。

（14）单击【装配约束】按钮，弹出【装配约束】对话框，【类型】选择接触对齐，在【方位】下拉列表中选择【接触对齐】，在【方位】列表中选择【首选接触】，分别选择主动轴跟前泵盖的两个接触面，单击【确定】按钮，如图 9-111 所示。

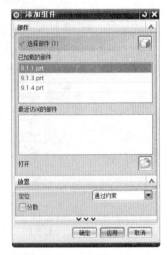

图 9-109　【添加组件】对话框

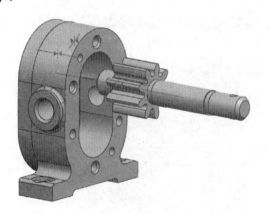

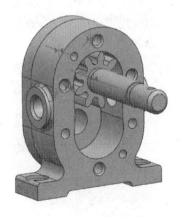

图 9-110　装配约束

图 9-111　装配体②

（15）重复步骤（13），选择 9.1.2 文件，将从动齿轮轴调入，打开【装配约束】对话框，在【类型】下拉菜单中选择【接触对齐】，在【方位】列表中选择【自动判断中心轴】，分别选择从动轴的中心轴和前泵盖下部内孔的中心轴。在【方位】列表中选择【首选接触】，分别选择从动轴和前泵盖的两个接触面，单击【应用】按钮，再选择两个齿轮的接触面，单击【确定】按钮，如图 9-112 所示。

（16）添加后泵盖。单击【添加组件】按钮 ，弹出【添加组件】对话框，单击【打开】按钮，找到 9.1.5 文件。选择【通过约束】定位方式，其余选项采用系统默认值，如图 9-113 所示。

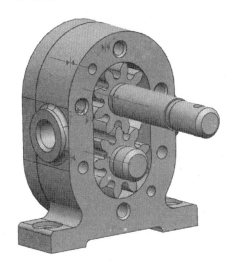

图 9-112　装配体③

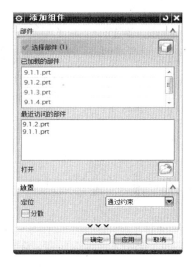

图 9-113　【添加组件】对话框

（17）单击【确定】按钮，弹出【装配约束】对话框，【类型】选择【首选接触】，【方位】下拉列表中选择【首选接触】。依次选择泵体的另一个端面和后泵盖的端面，单击【确定】按钮。通过【移动组件】调整主动轴位置（注意Ø5 通孔位置的对应），生成如图 9-114 所示的效果。

（18）单击【装配约束】按钮 ，弹出【装配约束】对话框，在【方位】下拉列表中选择【自动判断中心/轴】，分别选择泵体和后泵盖对应Ø5 孔的中心线，单击【确定】按钮，如图 9-115 所示。

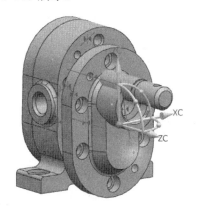

图 9-114　移动组件

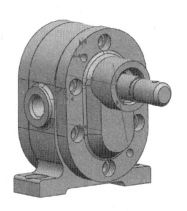

图 9-115　装配约束

（19）将【类型】改为平行，选择第一个对象为后泵盖一侧竖直的面（左右均可），选择第二个对象为泵体浸出油口的环形端面，如图 9-116 所示。单击【确定】按钮，完成前泵盖的装配，如图 9-117 所示。

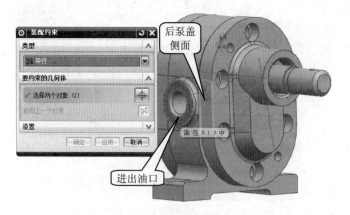

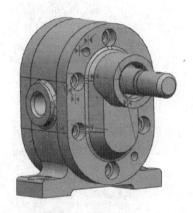

图 9-116　装配约束

图 9-117　装配体③

（20）添加螺塞。单击【添加组件】按钮，弹出【添加组件】对话框，单击【打开】按钮，找到 9.1.5 文件。选择【通过约束】定位方式，其余选项采用系统默认值，如图 9-118 所示。

（21）单击【确定】按钮，弹出【装配约束】对话框，【类型】选择【接触对齐】，【方位】下拉列表中选择【自动判断中心/轴】。依次选择主动齿轮轴的任一圆柱面和螺塞内孔的圆柱面，单击【应用】按钮，如图 9-119 所示。

（22）将【方位】改为首选接触，分别选择螺塞和后泵盖的环形端面，如图 9-120 所示。单击【确定】按钮，完成整体装配。

（23）打开资源条中的【装配导航器】选项卡，如图 9-121 所示。右击约束，将"在图形中显示约束"选项去掉，完成操作，生成最终装配体，如图 9-122 所示。单击【保存】按钮，保存文件。

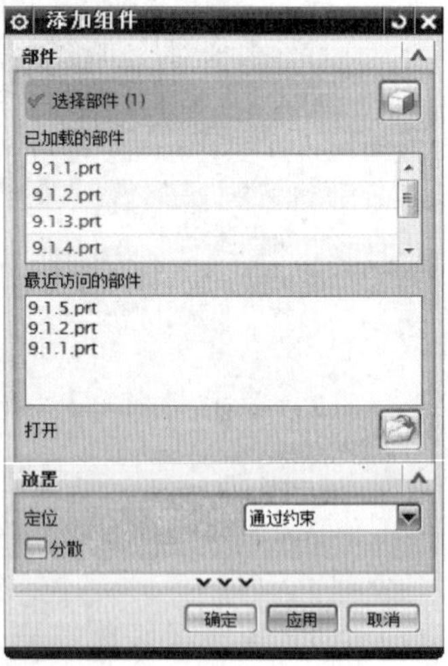

图 9-118　【添加组件】对话框

图 9-119　装配约束

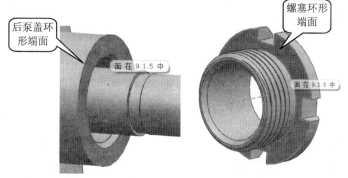

图 9-120　接触面

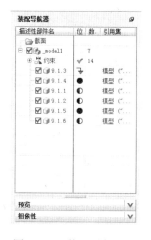

图 9-121　装配导航器图

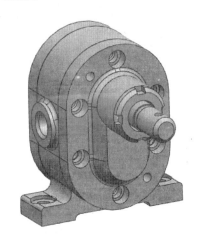

图 9-122　装配完成

9.3　本 章 小 结

本章详细介绍了齿轮泵 6 个部分的设计创建过程。通过对其操作过程的学习，帮助用户进一步熟悉 UG NX 8.5 的实体建模和编辑命令，初步掌握建模思路。从二维草图生成三维实体，然后对三维实体进行特征操作，以生成满足要求的模型。最后详细介绍了齿轮泵的装配过程。

9.4　思 考 与 练 习

1. 思考题

（1）UG NX 8.5 如何绘制齿轮？

（2）装配环境下，如何显示和隐藏装配约束？

（3）装配环境下，添加组件有几种定位方式？第一个组件一般用什么定位方式？最常用的是什么定位方式?

2. 练习题

建立手压阀的相关零件的三维模型,完成装配。

(1)阀体,如图 9-123 所示。

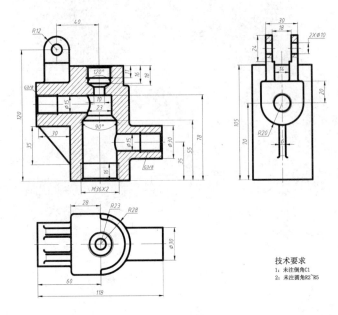

图 9-123　阀体

(2)阀杆,如图 9-124 所示。

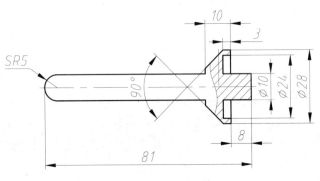

图 9-124　阀体

(3)手柄,如图 9-125 所示。

(4)球头,如图 9-126 所示。

(5)销钉,如图 9-127 所示。

(6)弹簧,如图 9-128 所示。

(7)调节螺母,如图 9-129 所示。

(8)胶垫,如图 9-130 所示。

(9)螺套,如图 9-131 所示。

(10)总装配如图 9-132 所示。

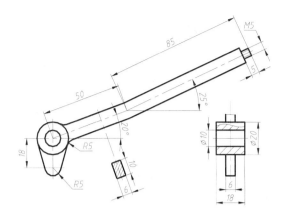

图 9-125　阀体

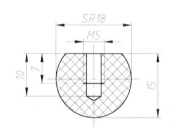

图 9-126　球头

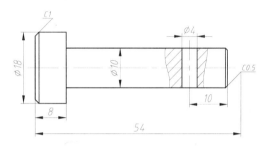

图 9-127　销钉

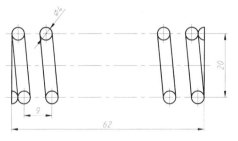

旋向　右
有效圈　6
总圈数　8.5
展开长度　488

图 9-128　弹簧

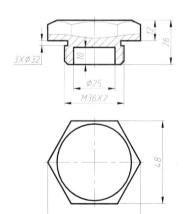

图 9-129　调节螺母

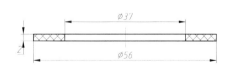

图 9-130　胶垫

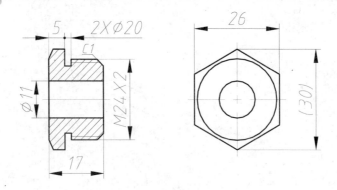

图 9-131　螺套

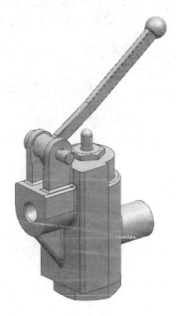

图 9-132　手压阀装配图